Flutter基础与实战

从入门到APP跨平台开发

赵龙 / 编著

机械工业出版社
CHINA MACHINE PRESS

本书旨在帮助读者快速入门 Flutter、掌握 Flutter 开发技能，从而具备一定的 Flutter 跨平台开发能力。本书在内容编排上主要分为以下三个部分。

第一部分（第 1～5 章）是 UI 构建基础篇，纵向概述 Flutter 开发中用到的基础组件（如 Text、Image）、UI 布局排版组件（如 Column）、滑动组件（如 NestedScrollView）和功能性组件（如手势识别）等。

第二部分（第 6～10 章）是核心功能篇，涵盖动画、弹框、绘图、插件开发、文件操作与网络请求等。

第三部分（第 11～13 章）是实战应用篇，将前两部分的内容加以应用，并补充开发细节，如应用图标配置、打包发布、权限请求、各种工具类封装，还提供了一个 APP 的基础架构以及短视频应用与电商类应用。读者可以直接在本书提供的源码基础上搭建企业级的应用。

此外，本书还具有较强的工具属性，便于随时查阅，陪伴读者完成 Flutter 的学习旅程。

本书适合想要入门 Flutter，进行应用开发的技术人员阅读。

图书在版编目（CIP）数据

Flutter 基础与实战：从入门到 APP 跨平台开发 / 赵龙编著. —北京：机械工业出版社，2021.11

ISBN 978-7-111-69062-7

Ⅰ. ①F…　Ⅱ. ①赵…　Ⅲ. ①移动终端-应用程序-程序设计
Ⅳ. ①TN929.53

中国版本图书馆 CIP 数据核字（2021）第 180007 号

机械工业出版社（北京市百万庄大街 22 号　邮政编码　100037）
策划编辑：秦　菲　　责任编辑：秦　菲
责任校对：张艳霞　　责任印制：郜　敏
三河市宏达印刷有限公司印刷

2022 年 1 月第 1 版 • 第 1 次印刷
184mm×260mm • 21.25 印张 • 523 千字
标准书号：ISBN 978-7-111-69062-7
定价：129.00 元

电话服务
客服电话：010-88361066
010-88379833
010-68326294

网络服务
机　工　官　网：www.cmpbook.com
机　工　官　博：weibo.com/cmp1952
金　　书　　网：www.golden-book.com
机工教育服务网：www.cmpedu.com

前言

Flutter是谷歌的移动UI框架。目前，主流的移动开发平台是Android和iOS，每个平台上的开发技术不一样，如在Android中支持Java与Kotlin，在iOS中支持Objective-C与Swift，针对每一个开发平台都需要特定的人员进行。Flutter是最新的跨平台开发技术，可以快速在iOS和Android上构建高质量的原生用户界面，而且一套代码同时适配Android、iOS、macOS、Windows、Linux等多个系统。

本书共3篇分为13章，第1章介绍了Dart语言基础及Flutter的项目配置和APP调试；第2～4章分别介绍了Flutter中常用的基础组件、UI布局排版组件以及功能性组件；第5章介绍了滑动视图中的ScrollView、PageView、ListView和GridView；第6章是动画专题，介绍了基本动画、Tween动画以及一些其他动画的使用；第7章是弹框专题，内容包括基本弹框的使用、Dialog中的状态更新以及自定义弹框；第8章是绘图专题，内容包括绘图功能实现、绘制基本图形、绘制贝塞尔曲线、绘制文本、绘制图片；第9章是插件开发专题，主要介绍了Flutter与原生双向通信和插件发布；第10章介绍了文件操作与网络请求，内容包括异步编程、文件读写和网络请求库；第11章将前面章节中的内容加以应用，并补充开发细节；第12章介绍了短视频应用的跨平台开发；第13章介绍了电商类应用的跨平台开发。

读前须知

本书面向的读者对象：

1）Flutter初学者；

2）Web前端、iOS开发、Android开发人员；

3）想更多了解Flutter进阶实战的技术人员。

本书开发所需的软硬件工具如下。

1）开发硬件工具：MacBook Pro（Retina，15in，Mid 2015）版本10.15.6（19G73）。

2）开发软件工具：Android Studio 4.1、Xcode Version 12.2（12B45b）。

3）测试手机：

① Android模拟器，尺寸6.9英寸（1英寸=2.54厘米）、分辨率2160×1080像素，Android版本9。

② iPhone7，系统版本13.3.1，4.7英寸，分辨率1334×750像素；

③ iPhone11，系统版本13.5.1，6.1英寸，分辨率1792×828像素。

本书开发的语言环境如下：

```
Flutter 1.23.0-18.0.pre • channel dev • https://github.com/flutter/flutter.git
Framework • revision 37ebe3d82a (6 weeks ago) • 2020-10-13 10:52:23 -0700
Engine • revision 6634406889
Tools • Dart 2.11.0 (build 2.11.0-213.0.dev)
```

开发软件工具Android Studio依赖的Flutter插件版本为51.0.2，Dart插件版本为201.79245。

勘误与支持

在进行本书每一章节的构思时，笔者都在考虑如何才能把各个知识点由简到详且更有条理地论述，如何才能使读者快速理解每个知识点以及实际项目中的开发使用，也在担心会不会因自己的理解有偏差而误导了读者，所以特留下以下几种联系方式来与大家保持交流。

由于写作水平与时间有限，书中难免存在不妥之处，读者可通过邮箱 928343994@ qq.com 与公众号——“我的大前端生涯”（biglead）与笔者联系。

本书所涉及的源码保存在笔者的 github 仓库中：https://github.com/zhaolongs/flutter_ book_jixie。

本书的勘误表将会在笔者的博客中发布，欢迎读者在博客上留言。博客地址为 https://blog.csdn.net/zl18603543572 与 https://juejin.im/user/712139263459176。

致谢

在本书完稿之际，回顾 6 个多月的时光，笔者为自己想出的黄金时间分割方法，为自己每周坚持的骑行释放，为自己不为环境变化而放弃的执着而感到欣慰与自豪。

感谢家人，他们在本书的创作期间，给予我奋斗的精神力量与生活上无微不至的照顾，使我能够全身心地充分利用每一天的每一分钟。

感恩我曾经所经历过的、挥洒过汗水和青春的学校与公司以及项目中的每个人与每件事情，这些都是我生命中的宝贵记忆和前进动力。

最后，感谢机械工业出版社的秦菲编辑和相关工作人员，本书能够顺利出版离不开他们认真负责的工作态度。

赵 龙

目录

前言

UI 构建基础篇

核心功能篇

实战应用篇

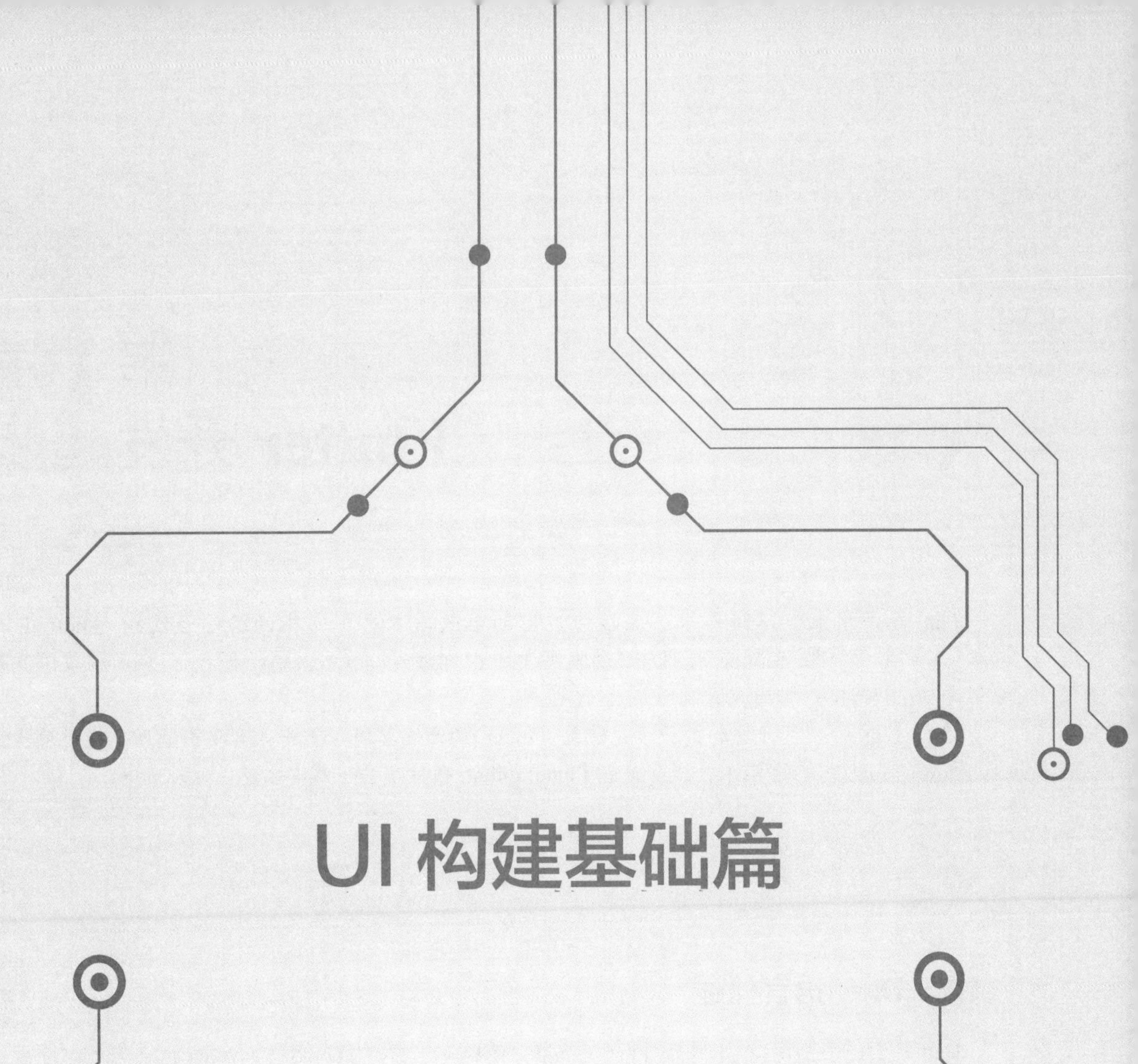

UI 构建基础篇

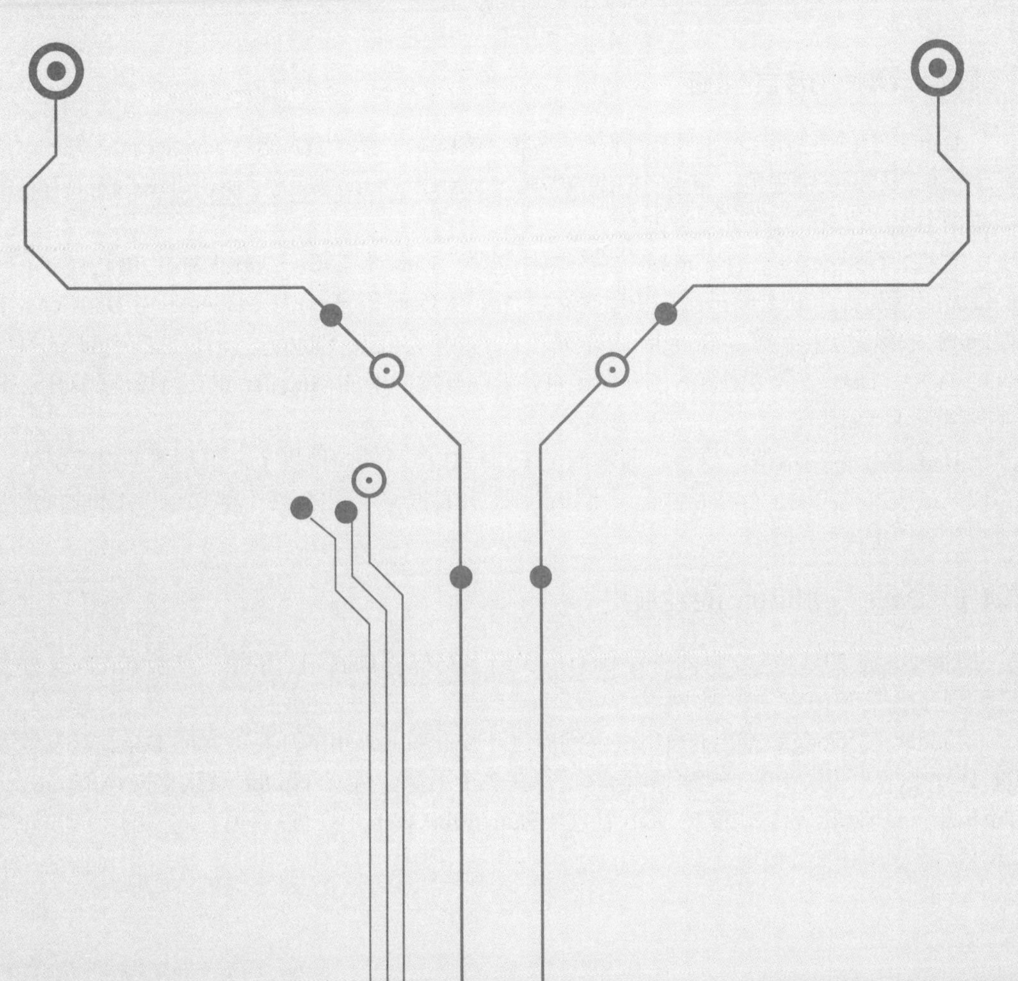

第1章 Flutter 开发起步

Flutter 是用来创建跨平台、高性能应用的框架，本书中所指的跨平台泛指 Android 与 iOS，本章主要介绍 Flutter 与 Dart 的发展史，内容涉及 Flutter 编译模式、Dart 核心语言基础、Android Studio 工具调试技巧等。

进行 Flutter 项目开发的第一步是配置 Flutter 的开发环境，首先是需要去官网下载对应平台（Windows、macOS）的 SDK，或者是到 Flutter github 项目下去下载安装包，地址如下。

```
#Flutter github 项目地址
https://github.com/flutter/flutter/releases
#Flutter 官网项目地址
https://flutter.dev/docs/development/tools/sdk/releases
```

1.1 Dart 语言概述

Dart 语言的最初定位是一种运行在浏览器中的脚本语言。因为使用 JavaScript 开发的程序混乱不堪，没有严谨的程序范式与语言数据类型限定，所以 Dart 就是为了解决 JavaScript 存在的在语言本质上无法改进的缺陷而设计的。

最初，Google 自家的 Chrome 浏览器中内置了 Dart 虚拟机（Dart VM），可以直接高效地运行 Dart 代码。在 2015 年前后，由于少有项目使用 Dart 语言，所以 Google 将 Dart VM 引擎从 Chrome 中移除。再后来，Google 内部孵化了开发移动框架 Flutter，并且在 Google 的操作系统 Fuchsia 中，Dart 被指定为官方的开发语言，前端开发框架的 Angular 也在持续迭代对应 Dart 版本的 AngularDart。

Dart 属于应用层编程语言，通常情况下运行在自己的虚拟机上，但是在特定情况下，它也可以编译成本机代码运行在硬件上（比如在移动开发框架中，Flutter 会将代码编译成指定平台的本机代码以提高性能）。

1.1.1 Dart 与 Flutter 的发展史

Google 在 2011 年 10 月的丹麦 GOTO 大会上发布了 Dart 语言的第一个版本，Dart 语言从诞生到现在已经有 10 年了。

Flutter 是 Google 推出并开源的移动应用开发框架，采用的开发语言是 Dart，开发者可以通过 Dart 语言开发 APP，一套代码同时运行在多个平台。目前 Flutter 默认支持 Android、iOS、Fuchsia 三个移动平台，也支持 Web 开发（Flutter for Web）和 PC 开发。本书的示例和介绍主要是基于 iOS 和 Android 平台的。

Flutter 第一个版本支持 Android 操作系统，开发代号称作 Sky，于 2015 年 4 月的 Flutter 开发者会议上公布，然后在上海 Google Developer Days 的主题演讲中，Google 宣布了 Flutter Release Preview 2，这是 Flutter 1.0 之前的最后一个重要版本。

2018 年 12 月 4 日，Flutter 1.0 在 Flutter Live 活动中发布，是该框架的第一个“稳定”版本。

2019 年 12 月 11 日，在 Flutter Interactive 活动上，Google 发布了 Flutter 1.12，宣布 Flutter 是第一个为环境计算设计的 UI 平台。

2020 年 5 月 6 日，Flutter 1.17.0 稳定版发布。

Google 的发布声明称，Flutter 1.17.0 版本关闭了 Flutter 1.12 版本的 6339 个问题，从 231 位贡献者那里合并了 3164 个提交请求，并修复了许多错误。与 Flutter 一同发布的还有 Dart 2.8、iOS Metal 渲染支持、新的 Material 组件和新的网络追踪调试工具等。

2020 年 8 月 6 日，Flutter 1.20 稳定版发布，Flutter 1.20 基于 Dart 2.9 构建，提供了文字自动补全功能和全新的 TimePicker 风格，同时 DatePicker 也支持范围选择，引入 InteractiveViewer 组件用来简化手势缩放的操作，Slider、RangeSlider 滑动条风格进行了更新，Visual Studio Code 开发工具有更多的 Flutter 扩展工具。

2020 年 10 月 1 日，Flutter 1.22 发布，Flutter 1.22 侧重于确保 Android 11 和 iOS 14 与 Flutter 兼容。

2021 年 3 月 4 日，Flutter 2.0 发布，在 Flutter 2.0 中，桌面和 Web 支持也正式进入 stable 渠道。

在 2021 年 5 月的 Google I/O 大会上，Flutter 2.2 发布，其升级主要是新创建项目默认启用空类型安全 (null safety)以及对 Web 应用提供了 service workers 后台缓存、Android 应用中增加了延迟组件、iOS 应用中增加着色器的预编译、DevTools 套件的调试功能增加等。

1.1.2 编译模式概述

在程序开发中，编译模式一般分为 JIT 和 AOT 两大类。

JIT 全称为 Just in Time（即时编译），如 V8 JS 引擎，它能够即时编译和运行 JavaScript 代码。这种模式的优点就是可以直接将代码分发给用户，而不用考虑机器架构，缺点就是源代码量大，将会花费 JIT 编译器大量的时间和内存来编译和执行。

AOT 全称为 Ahead of Time（事前编译），典型的例子就是像 C/C++代码需要被编译成特殊的二进制文件，才可以通过进程加载和运行。这种模式的优势就是速度快，在密集计算或者图形渲染的场景下能够获得比较好的用户体验。

在对 Flutter APP 进行代码开发时（Debug 模式），使用热更新（Hot Reload）可以方便快速地刷新 UI，同时也需要比较高的性能来进行视图渲染，所以 Flutter 在 Debug 模式下使用了 Kernel Snapshot 编译模式（Dart 的 bytecode 模式，不区分架构，Flutter 项目内也叫作 Core Snapshot，可以归类为 AOT 编译）。

在生产阶段，应用需要非常快的速度，所以 Flutter 使用的是 AOT 编译模式。

1.2 Dart 语言核心

Dart 属于强类型语言，其中 var、dynamic 用来声明动态类型变量，与 JavaScript、Kotlin、Java10 中的 var 等语言类似。与 JavaScript 不同的是在 Dart 中 var 一旦指定类型后，后期是不能再次修改类型的，dynamic 关键字声明的数据类型与 JavaScript 中的一致。先看一段 JavaScript 代码。

```
//JavaScript 中声明
var  flag = "张三"; //字符串类型
//重新赋值数字类型
flag = 33; //类型修改成数值类型
```

在上述 JavaScript 代码中 var 声明的变量类型可在后期随赋值类型的修改而改变。在 Dart 中关键字 dynamic 声明的类型与 JavaScript 中 var 声明的类型一致，代码描述如下。

```
//Dart 中声明
dynamic  flag = "张三"; //字符串类型
//修改类型
flag = 33; //类型修改成数值类型
```

在 Dart 中，使用 var 是不允许像 JavaScript 中使用 var 一样修改关键字类型的，如下代码在 Dart 中直接使用会直接编译报错提示，如图 1-1 所示。

```
//Dart 中声明
var  flag = "张三"; //字符串类型
//修改类型
flag = 33; //类型修改成数值类型
```

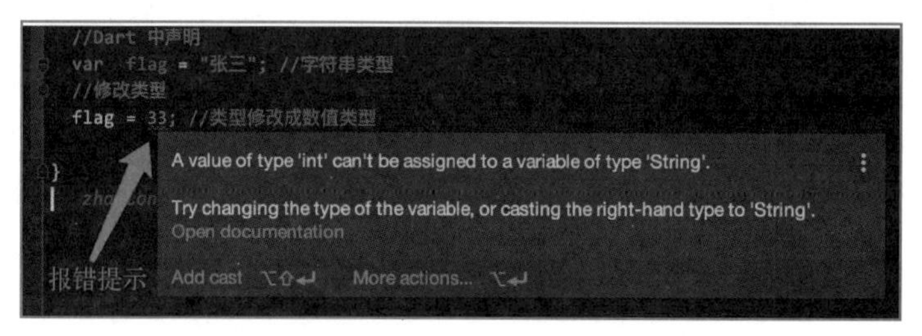

图 1-1　Dart 中 var 动态类型报错提示说明图

Dart 中 number 类型分为 int 和 double。Dart 中没有 float 类型。Dart 中的 bool 类型相当于 Java 中的 boolean 与 Objective-C 中的 BOOL。

Dart 中的变量声明方式如下。

```
//全局变量定义
//以下画线开头的只可以在文本文件中调用
int _number = 10

//全局变量定义 项目工程中都可以引用
Int versionCode = 100;

class UserBean{
  //只可以在本类中访问 外部如果需要访问，可以通过 get 方法使用
  int _age;
  //定义 set 方法 在类外部为_age 属性赋值
  void set age=>age;
  //定义 get 方法 在类外部获取 age 属性的值
  int get age=>_age;

  //未使用下画线开头定义的变量可直接通过类对象实例引用
  String username;
  //静态变量可以直接使用类引用
  static String userSchool;
}
```

如下测试函数中使用 UserBean 中的变量：

```
void testUserBean(){
  //无须创建UserBean对象，直接使用类名引用
  String userSchool = UserBean. userSchool;

  //创建UserBean的实例对象
  UserBean userBean = new UserBean();
  //或者可以这样来写
  UserBean userBean1 = UserBean();

  //然后使用类实例来访问username
  String username = userBean. Username;
  //使用类实例来访问 _age 属性 通过get方法 age
  int age = userBean.age;
}
```

1.2.1 Dart 方法函数

在 Dart 语言中定义方法的方式与其他语言类似，方法定义格式如下。

```
返回值类型  方法名称(参数){

  return 返回值;
}
```

在 Java 中，方法名称一样但是参数不一样，被称为方法的重载，在 Java 中写法如下。

```
///Java中的方法重载
///无参数 无返回值
 void test1(){

 }
///必选参数
 void test1(String name){

 }
```

在 Dart 中定义方法的重载，一个方法就可达到效果，代码如下。

```
///参数 name 可选参数
void test1([String name]){

}
```

上述声明的 test1 方法在使用时直接调用 test1()或者 test1("张三")，还可使用 Objective-C 的方式来声明变量名称以调用 test1(name: "张三")，这种以变量名称显示的调用方法定义代码如下。

```
///参数 name 可选的命名参数
void test1({String name}){

  }
```

在 Dart 中也有箭头函数，上述的 test1 方法简写成箭头函数代码如下。

```
 //箭头函数
 void test1({String name}) => print("arrow function");
```

1.2.2 Map、List、Set 的基本使用

Map 用来存储对象类型的数据，List 与 Set 用来存储数组类型的数据，本小节主要介绍 Map、List、Set 中数据的添加、修改、循环遍历查询。

Map 用来保存 key-value（键值对）的数据集合，分为 HashMap（无序）、LinkedHashMap（有序）、SplayTreeMap（查询快）。Map 的创建实例如下。

```
// 创建一个 Map 实例，默认实现是 LinkedHashMap。
Map()

// 创建一个 LinkedHashMap 实例，包含 other 中的所有键值对。
Map.from(Map other)

// 创建一个 Map 实例，其中 Key 和 Value 由 iterable 的元素计算得到。
Map.fromIterable(Iterable iterable, {K key(element), V value(element)})

 // 将指定的 keys 和 values 关联，创建一个 Map 实例。
Map.fromIterables(Iterable<K> keys, Iterable<V> values)

 // 使用 LinkedHashMap 创建一个严格的 Map。
Map.identity()

 // 创建一个不可修改、基于哈希值的 Map，包含 other 的所有项
Map.unmodifiable(Map other)
```

在实际项目中结合数据创建 Map 实例，创建一个空 Map 的代码如下。

```
// 创建一个 Map 实例，按插入顺序进行排列，默认无数据
  var dic = new Map();
  print(dic);  // {}
  // 创建一个空的 Map，Map 允许 null 作为 key
  var dic5 = new Map.identity();
  print(dic5);  //{}
```

创建有一个有初始值的 Map，代码如下。

```
// 根据一个 Map 创建一个新的 Map，按插入顺序进行排列
var dic1 = new Map.from({'name': '张三'});
print(dic1);  // {name: 张三}

// 根据 List 创建 Map，按插入顺序进行排列
List<int> list = [1, 2, 3];
// 使用默认方式，key 和 value 都是数组对应的元素
var dic2 = new Map.fromIterable(list);
print(dic2);  // {1: 1, 2: 2, 3: 3}


// 设置 key 和 value 的值
var dic3 = new Map.fromIterable(list, key: (item) => item.toString(), value: (item) => item
* item);
print(dic3);  // {1: 1, 2: 4, 3: 9}

// 创建一个不可修改、基于哈希值的 Map
var dic6 = new Map.unmodifiable({'name': 张三});
print(dic6); // {name: 张三}
```

根据 List 数据来创建 Map，代码如下。

```
// 两个数组映射一个字典，按插入顺序进行排列
List<String> keys = ['name', 'age'];
var values = [张三, 20];
// 如果有相同的 key 值，后面的值会覆盖前面的值
var dic4 = new Map.fromIterables(keys, values);
print(dic4);  // {name: 张三, age: 20}
```

对于 Map 来讲，初始化创建时可以赋值也可以是空的。在实际开发中，当创建可变的 Map 数据集合时，往往会根据不同的操作来修改不同的数据，代码如下。

```
// 根据一个 Map 创建一个新的 Map，按插入顺序进行排列
// 在这里通过泛型指定了 Map 中 key 的类型为 String 类型，value 是动态的
Map<String, dynamic> dic1 = new Map.from({'name': '张三'});
print(dic1);  // {name: 张三}

//修改 name 的值
dic1['name'] = '李四';
//向 Map 中添加新的键值对数据
dic1['age'] = 23;
```

然后获取 Map 中的数据，操作如下。

```
//根据 key 获取对应的值
String name = dic1= dic1['name'];

///遍历获取 Map 中所有的数据
dic1.forEach((key, value) {
  print("${key} is ${value}");
});
```

List 与 Set 都是用来存储数组类型数据，区别是 Set 不可保存重复数据，也就是说 Set 中的数据具有唯一性。在这里只分析 List，Set 与 List 的使用方法一致。代码如下。

```
// 创建非固定长度的 List
var testList = List();
// 也可以 List testList = List();
print(testList.length); // 0
// 创建固定长度的 List
var fixedList = List(4);
print(testList.length); // 4

 ///向 Lsit 中添加数据
testList.add("hello");
testList.add(123);


// 创建元素类型固定的 List
var typeList = List<String>(); // 只能添加字符串类型的元素

typeList.add("张三"); // 正确
typeList.add(1); // 错误  类型不正确

// 直接赋值 创建 List
var numList = [1, 2, 3];
```

获取 List 中数据的方法也比较多，如下是获取 List 中单个元素值（获取 List 中指定位置的

值）的基本方法。

```
///直接根据索引获取 0 号位置上的数据
String  value = list[0];
/// 等效于 elementAt 方法获取
String value1 = list.elementAt(0);
```

查找 List 中的元素：

```
List<String> list = ["test1", "xioming", "张三","xioming", "张三","李四"];

///从索引 0 处开始查找指定元素，返回指定元素的索引
int index = list.indexOf("张三"); ///index 2
///
///从索引 0 处开始查找指定元素，如果存在则返回元素索引，否则返回-1
int index2 = list.indexOf("张三",3); ///  4
///
///从后往前查找，返回查找到的第一个元素的索引
int index4 = list.lastIndexOf("张三");/// 4
```

循环遍历 List 中的数据：

```
///创建测试用的 List
List<String> testList = ["test1", "xioming", "张三", "xioming", "张三", "李四"];

///方式一 遍历获取 List 中的所有数据
testList.forEach((value) {
  //value 就是 List 中对应的值
});

///方式二 遍历获取 List 中的所有数据
for(int i=0;i<testList.length;i++){
  ///根据索引获取 List 中的数据
  var value = testList[i];
}

//方式三
//while+iterator 迭代器遍历，类似 Java 中的 iterator
while(testList.iterator.moveNext()) {
  //获取对应的值
  var value = testList.iterator.current;

}

//方式四 增强 for 循环
//for-in 遍历
for (var value in testList) {
  //value 就是 List 中对应的值
}
```

List 数据结构转 Map 数据结构：

```
List<String> testList = ["test1", "xioming", "张三", "xioming", "张三", "李四"];
print(testList); //[test1, xioming, 张三, xioming, 张三, 李四]
//将 list 转为 Map 结构数据
Map<int,String> map = testList.asMap();
print(map); //{0: test1, 1: xioming, 2: 张三, 3: xioming, 4: 张三, 5: 李四}
```

随机排列 List 中的数据顺序：

```
List<String> testList = ["test1", "xioming", "张三", "xioming", "张三", "李四"];
print(testList); //[test1, xioming, 张三, xioming, 张三, 李四]

//将 list 中的数据重新随机排列
testList.shuffle();
print(testList); //[test1, xioming, xioming, 李四, 张三, 张三]
```

升序排列 List 中的数据：

```
List<String> testList = ["A", "D",  "F", "F","B", "C",];
print(testList); //[A, D, F, F, B, C]

///升序排列
testList.sort();
print(testList);//[A, B, C, D, F, F]
```

合并 List 中的数据：

```
//创建一个 List 并添加初始化数据
List<int> list = [1,2,3,4];

//创建一个 List 并添加初始化数据
List<int> list2 = [2,3,4,5];

//将两个 List 中的数据合并成一个 Iterable
Iterable<int> lsit3=list2.followedBy(list);

print("list: "+list.toString());//list: [1, 2, 3, 4]
print("list2: "+list2.toString());//list2: [2, 3, 4, 5]
print("list3: "+lsit3.toString());//list3: (2, 3, 4, 5, 1, 2, 3, 4)
```

1.2.3 Dart 中的流程控制

（1）for 循环

```
main() {
   List<String> colorList = ['deep', black, 'blue', 'green'];
   for (var i = 0; i < colorList.length; i++) {//可以用 var 或 int
      print(colorList[i]);
   }
}
```

（2）while 循环

```
main() {
   List<String> colorList = ['deep', black, 'blue', 'green'];
   var index = 0;
   while (index < colorList.length) {
      print(colorList[index++]);
   }
}
```

（3）do-while 循环

```
main() {
   List<String> colorList = ['deep', black, 'blue', 'green'];
   var index = 0;
   do {
      print(colorList[index++]);
```

```
    } while (index < colorList.length);
}
```

（4）if-else 逻辑判断

```
void main() {
  var numbers = [1, 2, 3, 4, 5, 6, 7];
  for (var i = 0; i < numbers.length; i++) {
    if (numbers[i].isEven) {
      print('偶数: ${numbers[i]}');
    } else if (numbers[i].isOdd) {
      print('奇数: ${numbers[i]}');
    } else {
      print('非法数字');
    }
  }
}
```

（5）三元运算符(? :)

```
void main() {
  var numbers = [1, 2, 3, 4, 5, 6, 7, 8, 9, 10, 11];
  for (var i = 0; i < numbers.length; i++) {
      num targetNumber = numbers[i].isEven ? numbers[i] * 2 : numbers[i] + 4;
      print(targetNumber);
  }
}
```

（6）switch-case 选择语句

```
Color getColor(String colorName) {
  Color currentColor = Colors.blue;
  switch (colorName) {
    case "red":
      currentColor = Colors.red;
      break;
    case "blue":
      currentColor = Colors.blue;
      break;
    case "yellow":
      currentColor = Colors.yellow;
      break;
  }
  return currentColor;
}
```

1.3 Flutter 项目配置文件

Android Studio 是谷歌推出的非常强大的开发工具，本书中所有的代码都是在 Android Studio 中进行开发调试的。首先使用 Android Studio 来创建第一个 Flutter 项目 Hello World。图 1-2 是 Android Studio 默认显示的项目列表欢迎页面，单击“Create New Flutter Project”。

如图 1-3 所示为创建新的 Flutter 项目的第二步，在此选择“Flutter Application”，然后单击“Next”按钮。

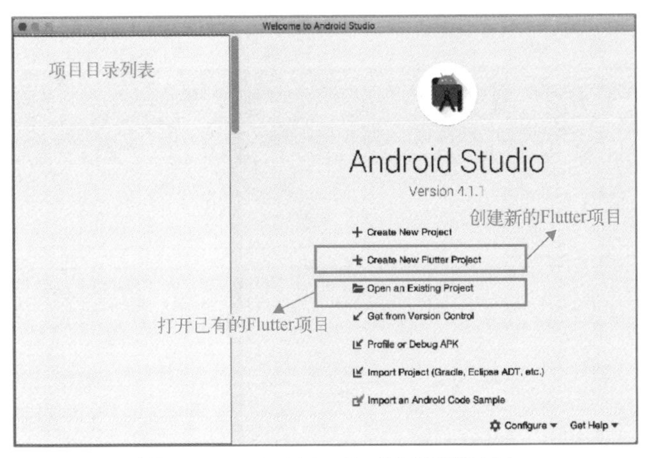

图 1-2　Android Studio 项目列表示图

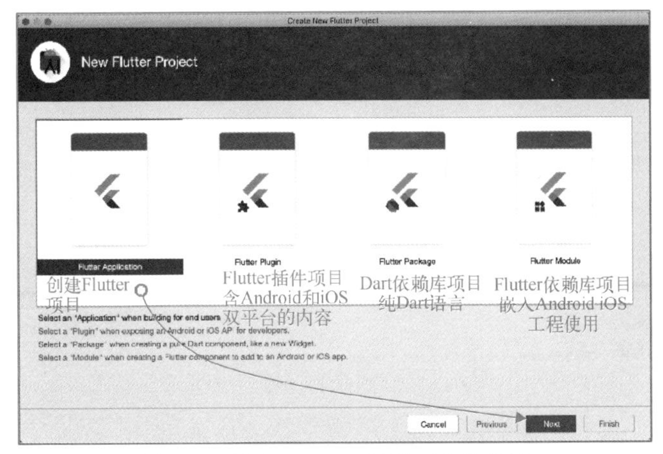

图 1-3　创建 Flutter 项目第二步效果图

如图 1-4 所示是创建新的 Flutter 项目的第三步，即配置项目的一些基本信息，用户可根据实际情况进行配置，然后单击“Next”按钮。

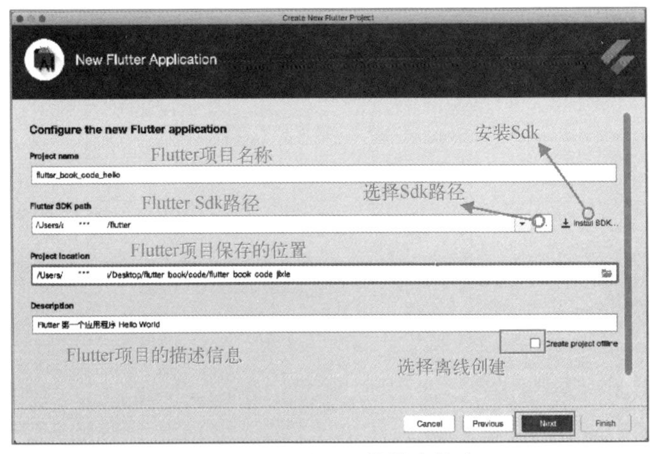

图 1-4　配置项目的基本信息

如图 1-5 所示为创建 Flutter 项目的第四步，即配置应用程序的包名，这里配置的是 APP 的唯一标识，对应 iOS 平台下的 Bundle Identifier 值（如图 1-6 所示）和 Android 平台下的

applicationId 应用标识（如图 1-7 所示）。

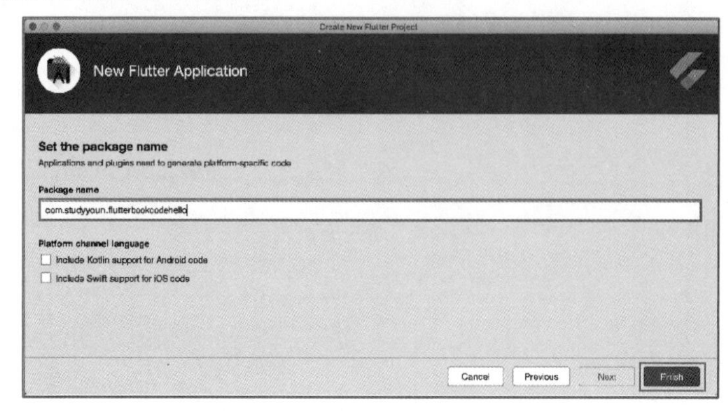

图 1-5　配置应用程序的包名

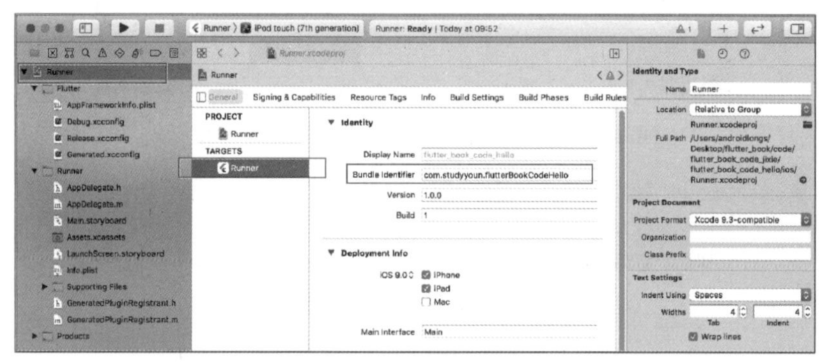

图 1-6　iOS 项目工程示例图

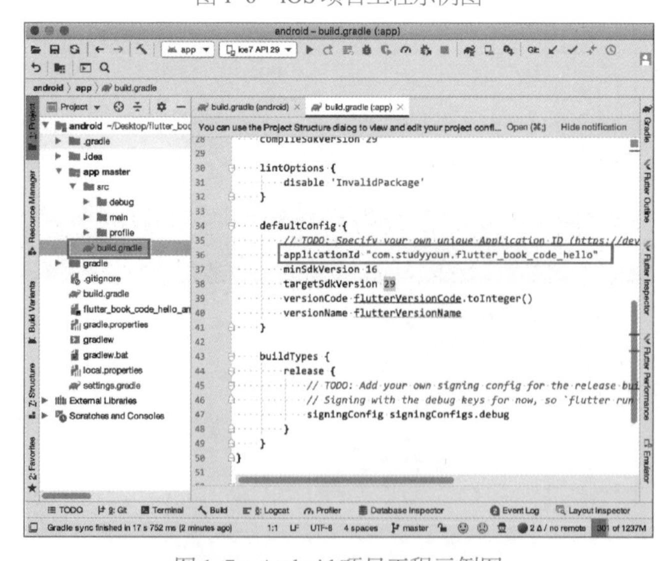

图 1-7　Android 项目工程示例图

单击图 1-5 中的“Next”按钮完成项目创建，进入如图 1-8 所示的页面，然后选择模拟器，单击“启动运行”按钮。

lib 目录下就是编写 Dart 语言代码的目录空间，默认创建的 main.dart 就是 Flutter 项目的启动文件，main 函数就是程序启动入口，默认生成的 Flutter 页面是一个点击累加的计数器。

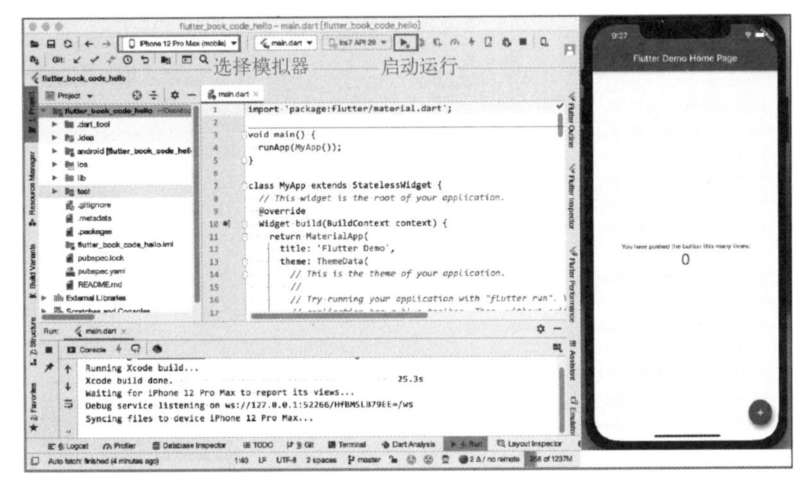

图 1-8　Flutter 默认创建的项目工程示例图

默认生成的项目代码如下。

```
import 'package:flutter/material.dart';

void main() {
  runApp(MyApp());
}

class MyApp extends StatelessWidget {
  @override
  Widget build(BuildContext context) {
    //根视图
    return MaterialApp(
      //应用主题
      theme: ThemeData(
        primarySwatch: Colors.blue,
      ),
      //应用默认显示的页面
      home: MyHomePage(),
    );
  }
}

//应用显示的第一个页面
class MyHomePage extends StatefulWidget {
  @override
  _MyHomePageState createState() => _MyHomePageState();
}

class _MyHomePageState extends State<MyHomePage> {
  @override
  Widget build(BuildContext context) {
    //页面脚手架
    return Scaffold(
      //标题
      appBar: AppBar(
        title: Text("第一个 Flutter 应用程序"),
      ),
      //中间显示的一个文本
      body: Center(
        child: Text(
```

```
            "Hello World",
            //文本样式
            style: TextStyle(
              //文本大小
              fontSize: 33,
              //文本加粗
              fontWeight: FontWeight.bold),
          ),
        ),
      );
    }
  }
```

修改后的代码就是要创建生成的 Hello World 界面，如图 1-9 所示。

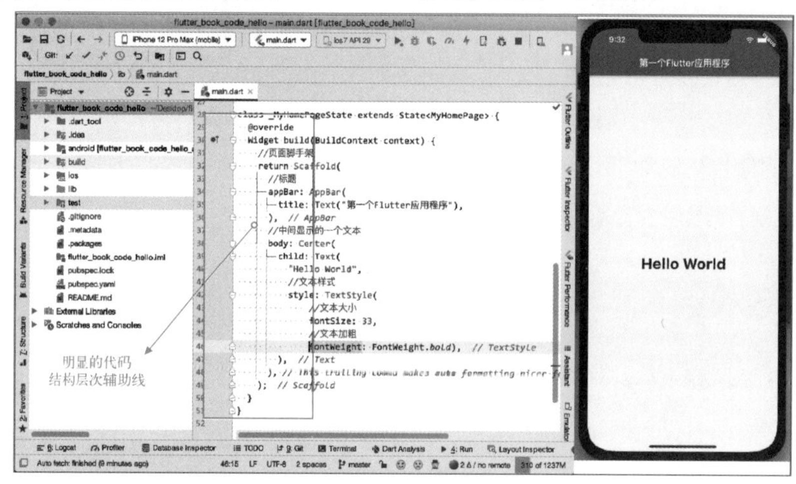

图 1-9　Flutter Hello World 运行效果图

不用担心 Dart 语言的多重嵌套导致代码阅读维护性差。如图 1-9 中所示，Android Studio 开发工具中提供了明显的代码结构层级效果图。图 1-10 所示为 Android Studio 中的基础操作面板说明图。在接下来的章节中，会陆续用到这些功能，具体使用中再进行详细说明。

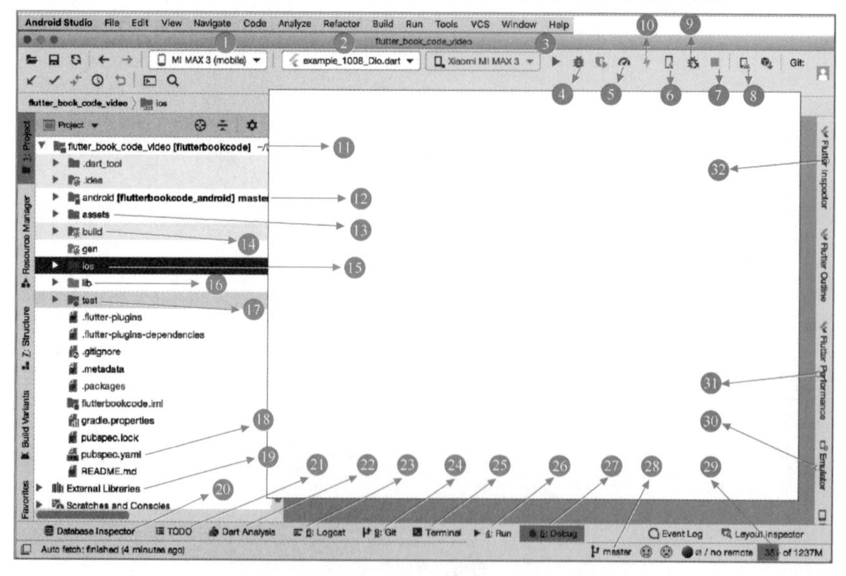

图 1-10　Android Studio 基础操作面板说明图

1.3.1 pubspec 配置文件依赖库引用说明

pubspec 配置文件就是图 1-10 所示的⑱，该配置文件主要用来配置 Flutter 开发的一些依赖，打开的视图如图 1-11 所示。

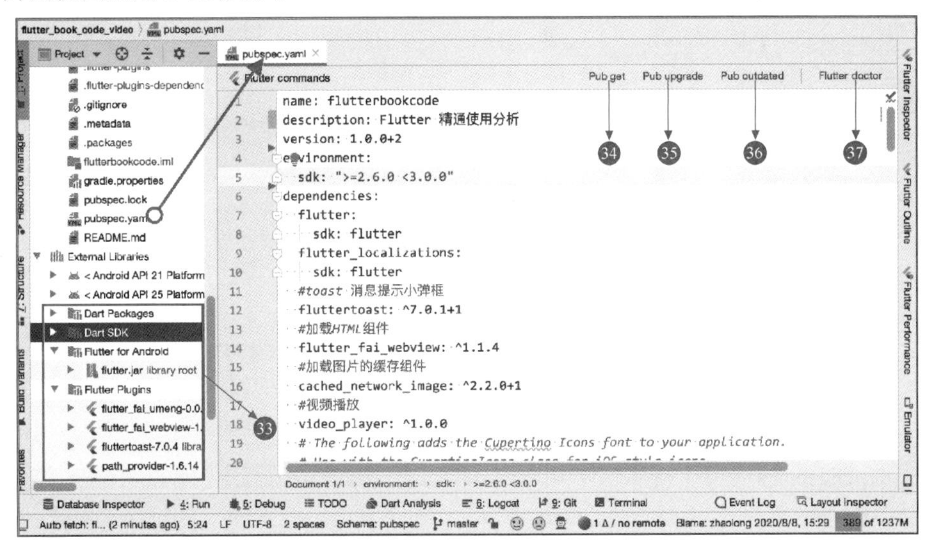

图 1-11 Flutter 配置文件 pubspec.yaml 文件说明图

在 pubspec.yaml 文件中，name 就是当前项目的项目名称；description 是配置项目说明；version 是版本信息，包括两部分，如图 1-11 中所示的 1.0.0+2，指的是版本号为 1.0.0，编译次数为 2。版本号对应 Android 原生中的 versionName，iOS 原生中的 Version；编译次数对应 Android 原生中的 versionCode，iOS 原生中的 Build，如图 1-12 所示（需要注意的是版本信息只能递增）。

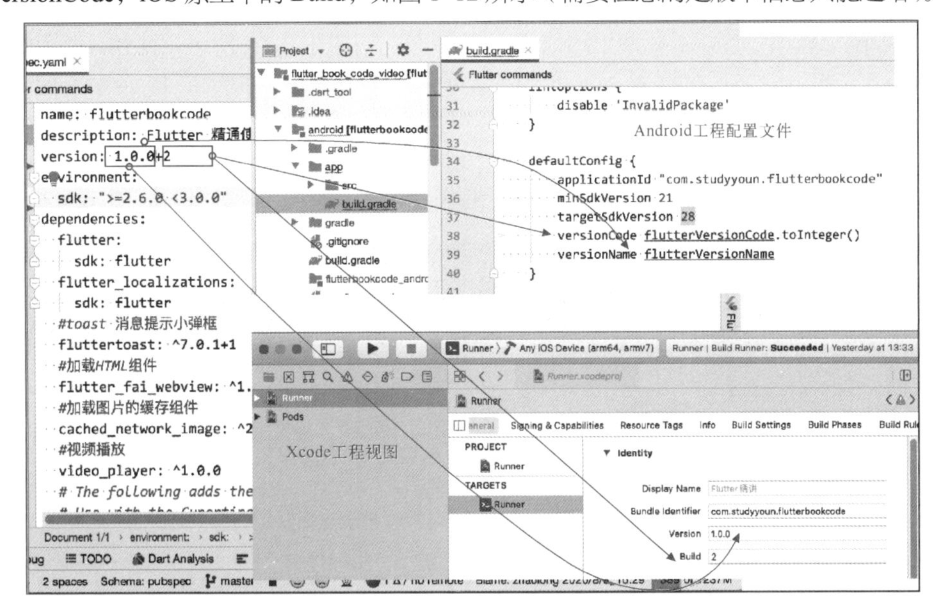

图 1-12 Flutter 配置文件版本信息对应说明图

属性 environment 就是配置的当前项目的 Dart Sdk 开发环境，图 1-10 中的㉕就是 Android Studio 自带的命令行工具，通过命令 flutter –version 可查看当前开发环境信息，如图 1-13 所示。

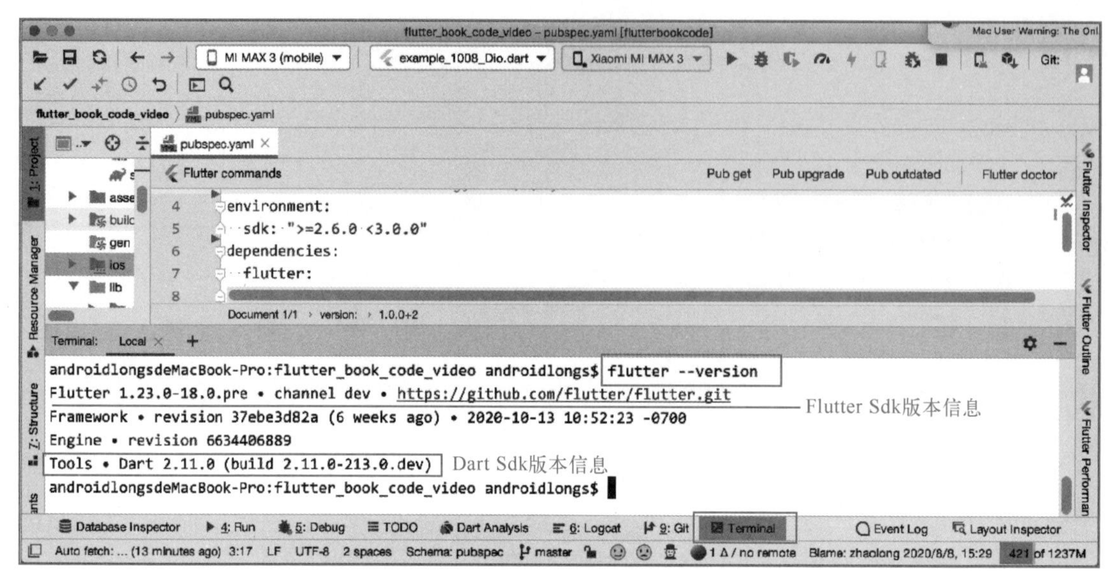

图 1-13　Android Studio Terminal 命令行开发环境说明图

属性 dependencies 之下就是配置依赖库这些信息了，配置的依赖库内容最终会被放在图 1-11 中的㉝处。依赖库有两种，一种是纯 Dart 语言库，一种是插件类型的，包括 Android、iOS 双平台的内容。

配置依赖库有三种方式，第一种就是使用 pub 仓库，地址如下。

```
//国内
https://pub.flutter-io.cn/
//国外
https://pub.dev/
```

可以在 pub 仓库中搜索需要使用的依赖库或者插件，如图 1-14 所示。搜索到使用的插件或者依赖库后点击打开，然后根据 installing 中的提示添加依赖即可，如图 1-15 所示。此处添加的依赖信息如下。

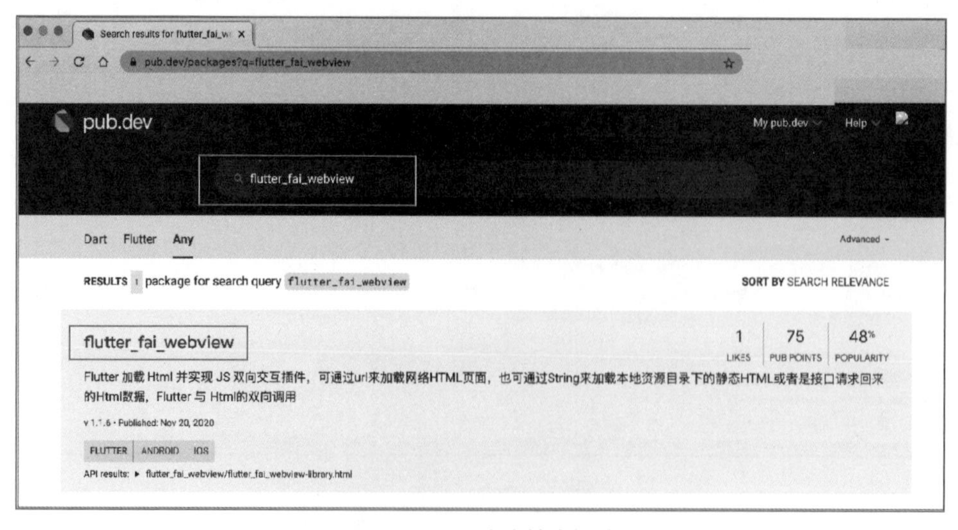

图 1-14　pub 仓库搜索插件

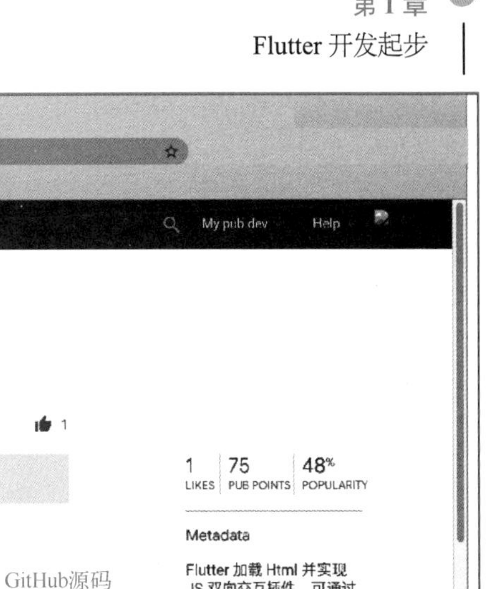

图 1-15　pub 仓库插件使用详情

```
dependencies:
  flutter_fai_webview: ^1.1.6
```

版本号 1.1.6 前面的 ^ 符号代表小版本的自动升级，也可以不写 ^ 符号，表示指定版本依赖，代码如下。

```
dependencies:
  flutter_fai_webview: 1.1.6
```

第二种方式是通过 git 形式，如此处添加 webview，将其修改为 github 的依赖如下（#为 pubspec.yaml 文件中的注释内容）。

```
# url 表示插件的地址  ref 表示插件的分支
  flutter_fai_webview:
    git:
      url: https://github.com/zhaolongs/Flutter_Fai_Webview.git
      ref: master
```

第三种方式是通过本地路径依赖，使用 path 关键字，代码如下。

```
#  抖动动画依赖库
  shake_animation_widget :
    path: /Volumes/code/ico/Desktop/… /shake_animation_widget
```

在添加好依赖后，需要在 Terminal 命令工具中执行 flutter pub get 命令加载依赖，或者使用如图 1-11 中所示的 ㉞ 按钮操作。

```
flutter packages get        // 获取 pubspec.yaml 中所有的依赖关系
flutter packages upgrade  //获取 pubspec.yaml 中所有列表中的依赖项的最新版
```

1.3.2　图片等资源管理配置

如图 1-10 的 ⑬ 是自定义的静态资源目录，静态资源配置效果图如图 1-16 所示。一般在

APP 中会用到一些图标、字体、动画、JSON、JS 文件等，这些文件会被打包到应用程序安装包内，assets 文件夹名称可以自定义，此处根据 Android、iOS 原生习惯定义为 assets。

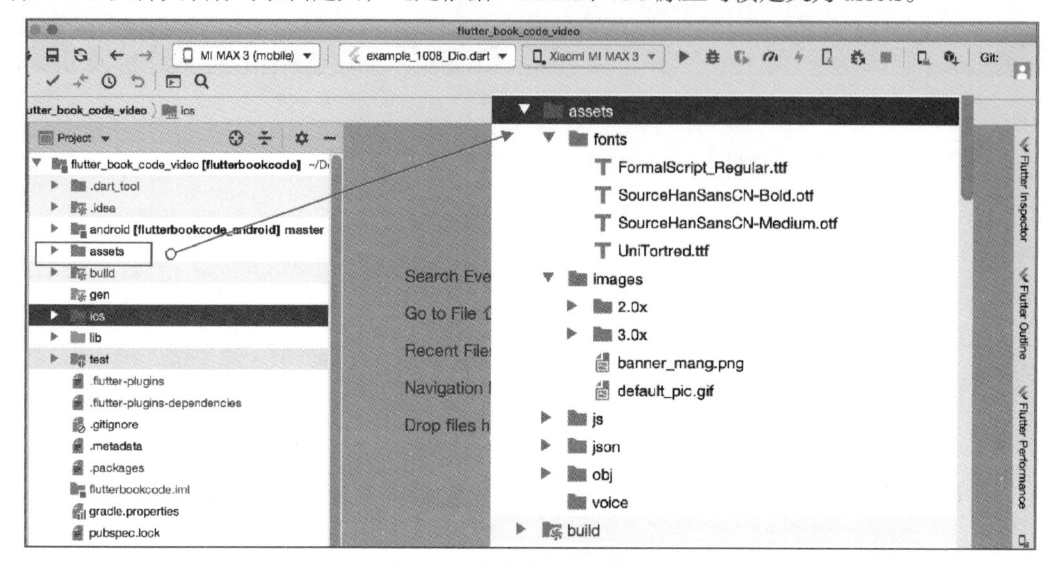

图 1-16　静态资源配置效果图

定义好文件夹后，就需要在 pubspec.yaml 配置文件中进行配置，代码如下。

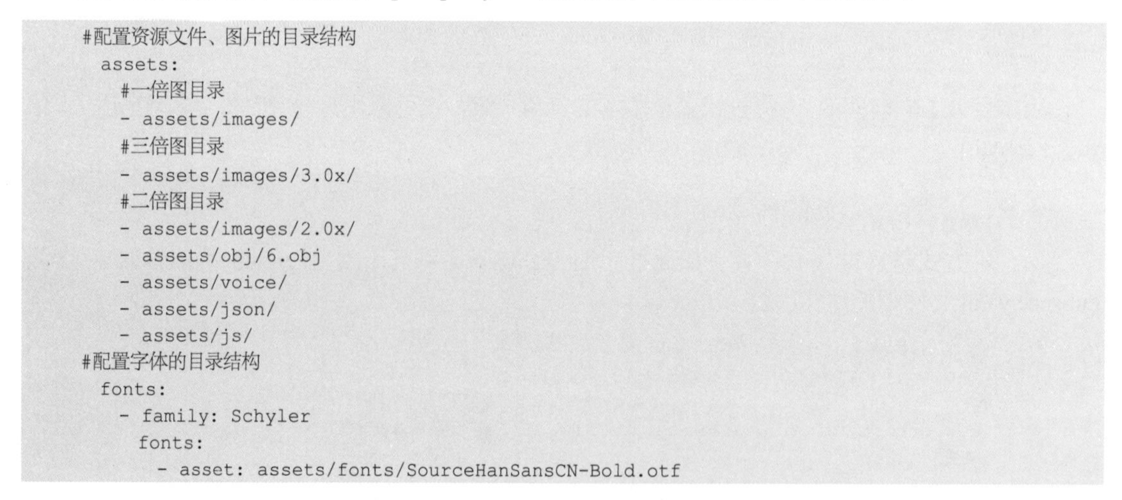

```
#配置资源文件、图片的目录结构
  assets:
    #一倍图目录
    - assets/images/
    #三倍图目录
    - assets/images/3.0x/
    #二倍图目录
    - assets/images/2.0x/
    - assets/obj/6.obj
    - assets/voice/
    - assets/json/
    - assets/js/
#配置字体的目录结构
  fonts:
    - family: Schyler
      fonts:
        - asset: assets/fonts/SourceHanSansCN-Bold.otf
```

在实际应用开发中用到的图标资源比较多，所以这里直接配置的是资源目录文件夹。

1.4　Flutter APP 的调试技巧

合理地使用开发工具，可以有效提升开发效率，本节将介绍使用 Android Studio 日志调试、断点调试、Flutter Inspector 快速定位代码、Flutter Performance 内存跟踪调试。

1.4.1　Android Studio 的日志使用技巧

Flutter 项目的中的日志分为两类：一类是 Android 原生与 iOS 原生中输出的日志信息；一类是从 Dart 项目中输入的日志信息。在 Dart 中可通过 print 函数来输出日志。

```
print("测试数据");
debugPrint("测试数据");
```

print 函数输出的日志信息在任何运行模式下都会输出，debugPrint 输出的日志信息只会在程序 debug 模式下输出，查看日志信息如图 1-17 所示。

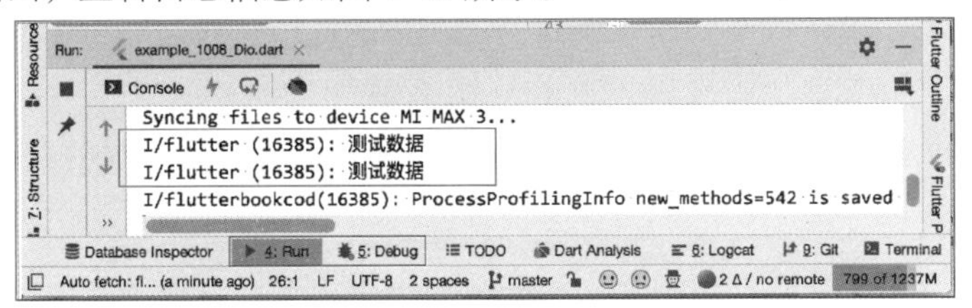

图 1-17　普通日志输出效果图

Logcat 也是 Android Studio 中一个强大的日志输入视图工具，可以在图 1-10 中的㉓位置点击打开，如图 1-18 所示。

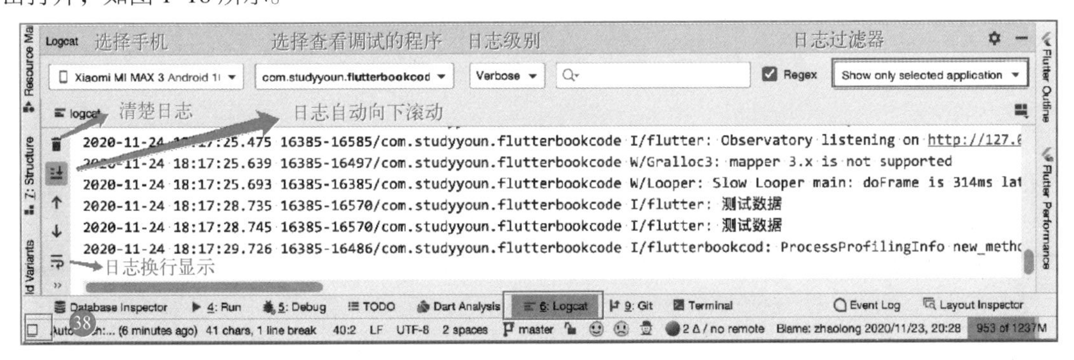

图 1-18　LogCat 日志信息效果图

有些 Android Studio 底部工具栏上默认没有 Logcat 这个选项，可以在图 1-18 所示的㊳号位置选择打开。

1.4.2　断点调试——逐行追踪代码

Flutter 有三种运行模式：Debug、Release、Profile，这三种模式在 build 的时候是完全独立的。

Debug 模式可以在真机和模拟器上同时运行：会打开所有的断言，包括 debugging 信息、debugger aids（比如 observatory）和服务扩展，如图 1-10 中的③号位置就是默认使用 Debug 模式来运行项目，同时命令 flutter run 运行的也是 Debug 模式。

Release 模式只能在真机上运行，不能在模拟器上运行，该模式会关闭所有断言和 debugging 信息，以及所有 debugger 工具。Release 模式在快速启动、快速执行和减小包体积方面进行了优化，禁用所有 debugging aids 和服务扩展。这个模式是为了部署给最终用户使用的。命令 flutter run --release 就是以这种模式运行的。

Profile 模式只能在真机上运行，不能在模拟器上运行。该模式下将保留一些调试功能来配置应用程序的性能，类似于 Release 模式，区别是 Profile 模式启用了某些服务扩展，例如，启用了性能覆盖的扩展以及启用了跟踪，并且支持源代码级调试工具（如 DevTools）连接到该进程，通过命令 flutter build --profile 来构建 profile 模式，或者通过如图 1-10 所示的⑤号位置的按钮启动。

在程序的执行过程中，程序代码是由上而下一行一行执行的，断点调试就是在每一行代码处打个断点，然后使用程序阻塞在断点处不执行，再调度该处对应的数据与逻辑，如图 1-19 所示。在使用断点调式时，首先需要在调试的代码处打断点，然后单击 Android Studio 工具栏的中的断点（断言）模式启动应用程序。

图 1-19　Flutter 中断点调试说明图

如图 1-20 所示为 Android Studio 中断点方式运行操作说明图。

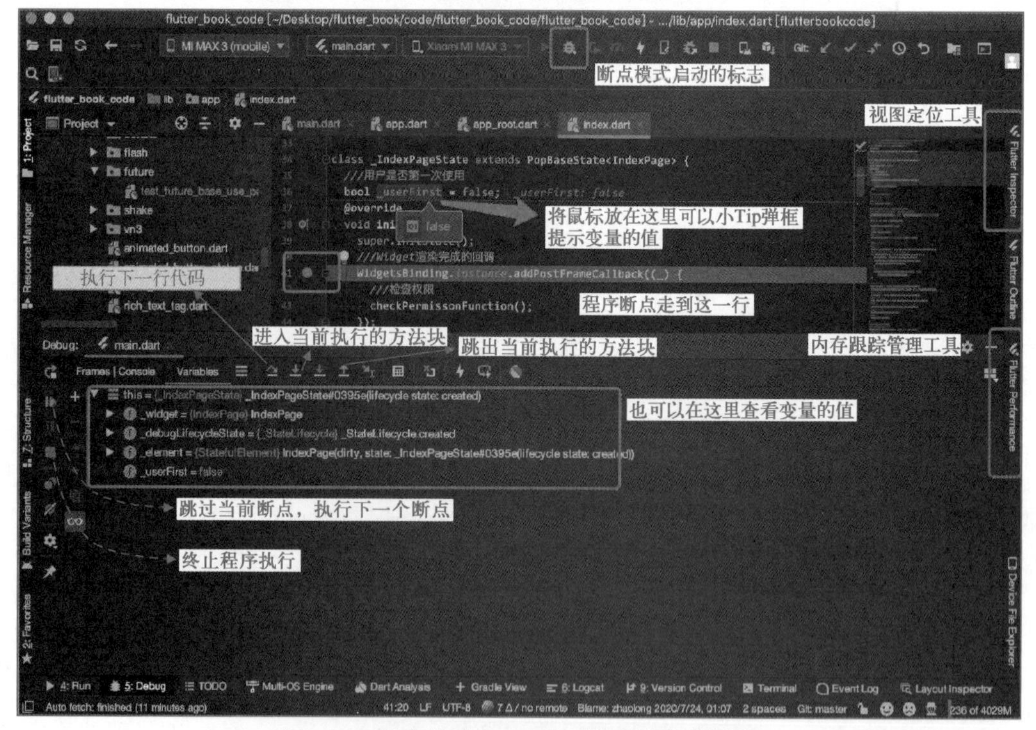

图 1-20　断点调试 Flutter 应用程序操作说明图

1.4.3　Flutter Inspector 调试快速定位元素

Flutter Inspector 视图定位工具，就是在程序运行时，通过点击手机屏幕上运行的视图，可快速自动定位到当前视图中 Widget 对应的那一行实现代码，这个功能在大型项目中（一般有大量的代码块积累）非常适用，可以极大程度地节省开发者定位代码的时间消耗，由原来的手动检索代码过渡到现在的自动定位代码。

单击如图 1-20 所示的 Android Studio 右侧边栏的视图定位工具 Flutter Inspector（图 1-10 所示的 32 号位置），操作步骤如图 1-21 所示。

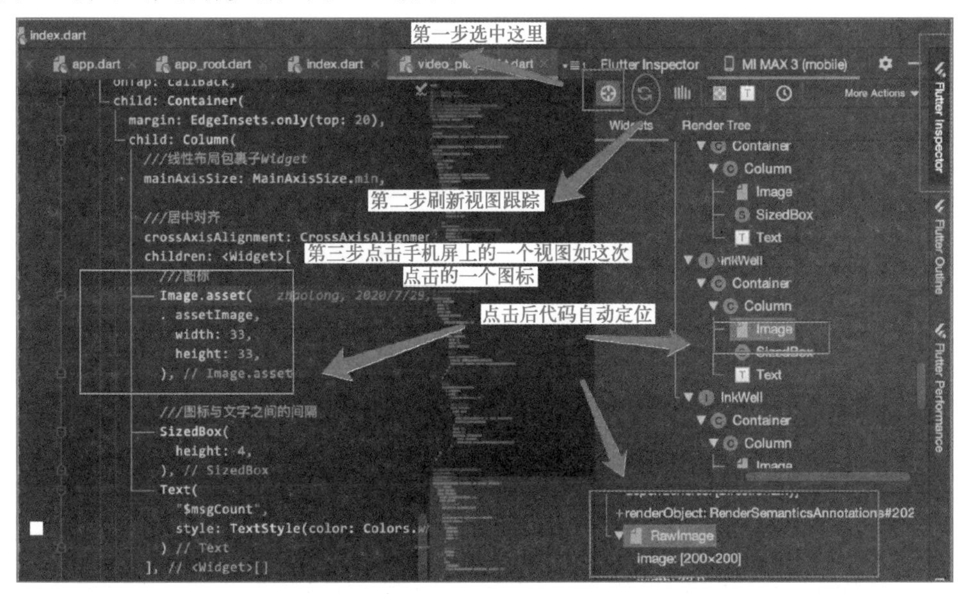

图 1-21　Flutter Inspector 视图定位工具操作说明图

1.4.4　Flutter Performance 调试应用绘制消耗

要开发一款体验舒适的应用程序，内存管理是必不可少的，通过 Android Studio 的 Flutter Performance 内存管理工具可以实时跟踪应用程序的内存消耗。例如，进入一个页面后，内存消耗有明显上升，退出这个页面后，内存用量没有下降，这就表明有内存泄漏，达到一定的量后，用户操作会明显卡顿，甚至异步崩溃。所以有了这个工具辅助后，可以帮助开发人员很好地定位内存异常的位置。如图 1-22 所示，单击 Android Studio 右侧边栏的 Flutter Performance（如图 1-10 所示的㉛号位置）标签可打开内存管理与 Frame 绘制跟踪监控控制面板，在这个页面中可以实时跟踪应用内存消耗与页面 Widget 绘制消耗情况。

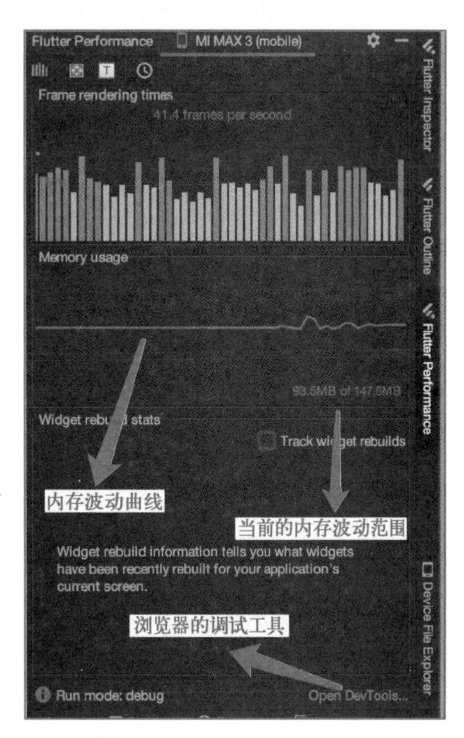

图 1-22　Flutter Performance 内存管理工具说明图

小结

本章为本书的开篇，概述了 Dart 语言核心基础，这些知识在后续章节中会陆续用到。本书运用 Flutter 创建了第一个 Hello World 项目工程，并讲解了 Android Studio 开发工具的调试技巧，应用调试技巧可以显著提升开发效率。

第 2 章 基础组件

在 Flutter 中，Material Design 设计风格的 MaterialApp 组件封装了很多安卓风格的小 Widget，iOS 设计风格的 CupertinoApp 封装了很多 iOS 风格的小 Widget。

在 Flutter 中，从显示界面的 UI 组件（如 Text、Image 等），再到功能性的组件（如手势 InkWell 组件等），都是基于 Widget 构建的。一个应用程序是由若干个显示 UI 组件与功能性组件组合起来的，那么对于 Flutter 应用程序来讲，则是由若干个 Widget 组合起来的，它们组合到一起，形成一个 Widgets 树形结构，类似 dom 树，如图 2-1 所示。

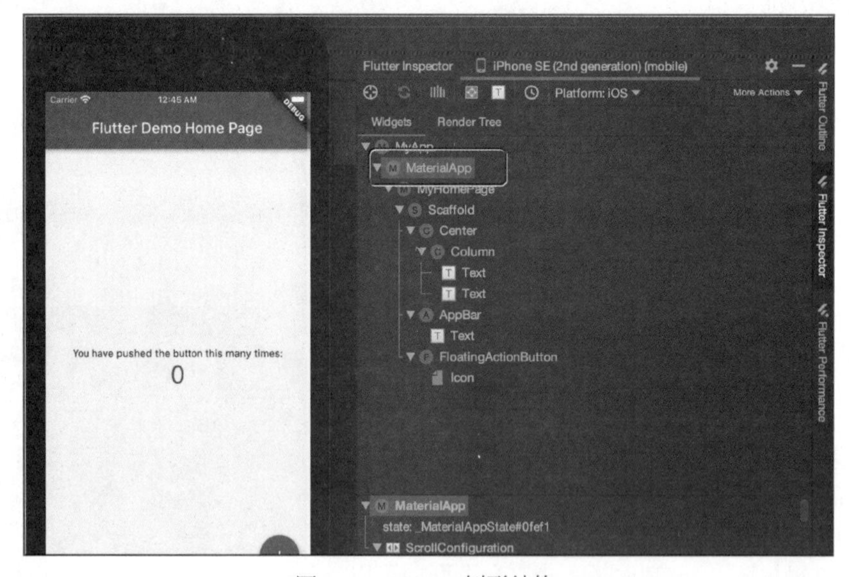

图 2-1　Widgets 树形结构

2.1　MaterialApp

MaterialApp 组件是 Material Design 设计风格在 Flutter 中的体现，常用于开发 Material Design 设计风格的 APP。一般情况下，一个应用程序中存在一个 MaterialApp 组件是合理的，所以 MaterialApp 组件常用在 Widgets 树结构的顶层，或者可以理解为用来构建应用的根布局。如图 2-1 所示，在创建的默认 Flutter 项目中，MaterialApp 是被作为第一个（根视图）来创建的，对应的代码如代码清单 2-1 所示。

```
///代码清单 2-1
///lib/code/code2/example_201_MaterialApp_page.dart
//应用入口
void main() {
  ///启动根目录
  runApp(MaterialApp(
    home: Example201(),
  ));
}

class Example201 extends StatelessWidget {
  @override
  Widget build(BuildContext context) {
    return MaterialApp(
      title: 'Flutter Demo',//安卓任务栏中的应用标题
      theme: ThemeData(//使用的应用主题
        primarySwatch: Colors.blue,
        visualDensity: VisualDensity.adaptivePlatformDensity,
      ),
      //默认显示的首页面
      home: MyHomePage(title: 'Flutter Demo Home Page'),
    );
  }
}
```

2.1.1 路由配置

在应用程序开发中，路由可理解为在屏幕上渲染显示的页面。在 Android 原生开发中，要打开一个新的页面，先初始化一个 Intent，绑定目标页面的 class，然后调用 Context 的 startActivity 方法。在 iOS 原生开发中，要打开一个新的页面，首先创建一个 ViewController 对象，然后用 pushViewController 推出一个新的页面。

在 Flutter 中，打开一个新的页面有两种方式，一种是静态路由，一种是动态路由。

静态路由，在 MaterialApp 组件中通过 routes 来配置跳转规则，routes 配置的是一个 Map，这个 Map 中 key 对应路由名称。value 对应路由页面，如代码清单 2-2 所示。

```
///代码清单 2-2 静态路由配置
///lib/code/code2/example_202_MaterialApp_page.dart
void main() => runApp(MyApp2());
//定义根目录 Widget
class MyApp2 extends StatelessWidget {
  @override
  Widget build(BuildContext context) {
    return MaterialApp(
      //配置路由规则
      routes: {
        //默认页面
        "/":(BuildContext context) => MyHomePage (),//默认创建的启动页面
        "/first": (BuildContext context) => FirstPage(),//自定义的页面
        "/second": (BuildContext context) => SecondPage(),//自定义的页面
      },
    );
  }
}
```

然后通过 Navigator 的 pushNamed 方法打开对应的页面。通过静态路由的方式打开页面 SecondPage，代码如下。

```
Navigator.of(context).pushNamed('/second');
```

动态路由不通过 routes 配置，无指定的路由名字，在使用时直接使用 Navigator 来打开，代码如下。

```
Navigator.of(context).push(new MaterialPageRoute(builder: (_) {
//Secondpage 就是要打开的目标页面
return new Secondpage();
}),);
```

要退出当前 Widget 页面，有三种方式：第一种是点击手机的返回按钮（物理按钮，安卓手机），或者是在全面屏手机上左侧边缘或者右侧边缘手势滑动退出，在 iOS 手机上手势由左向右滑动退出；第二种是点击页面 AppBar 中默认的左上角的返回箭头；第三种就是在页面中通过 Navigator 的 pop 方法主动调用退出页面 Widget 的方式。

调用 Navigator 的 pop 方法，可以理解为将页面推出路由栈，如果需要回传参数，可以直接写在 pop 方法中，需要注意的是，在回传数据与接收数据的地方，数据类型要保持一致，也需要注意在关闭当前页面时，最好判断一下当前页面是否是页面栈中的最后一个页面，也就是 Widgets 树中的最后一个 Widget，如果是的话，再强行执行 pop 方法，那么栈中就会无 Widget 页面，导致页面黑屏。所以安全的代码如下。

```
if (Navigator.of(context).canPop()) {
 Navigator.of(context).pop();
}
```

Navigator 也提供了便捷的方法来关闭页面，代码如下。

```
Navigator.of(context).maybePop();
```

Navigator 的 maybePop 方法在关闭页面时，会自动判断是否可关闭。如果当前页面是 Widgets 树中的最后一个页面，就不进行操作，否则就直接关闭当前页面。

一般在实际项目中会有这样的使用场景：A 页面将参数传递给 B 页面，然后 B 页面在关闭时再将一个处理结果值传递给 A 页面，代码清单 2-3 所示即通过静态路由的方式配置两个页面。

```
///代码清单 2-3 两个路由页面之间的传值
///lib/code/code2/example_203_MaterialApp_page.dart
void main() => runApp(MyApp2());

class MyApp2 extends StatelessWidget {
  @override
  Widget build(BuildContext context) {
    return MaterialApp(
      //配置路由规则
      routes: {
        "/": (BuildContext context) => Example202A(), //默认显示页面
        "/second": (BuildContext context) => Example202B(), //自定义的页面
      },
    );
  }
}
```

定义 A 页面（Example202A）代码如下。

```
///代码清单 2-4 A 页面的定义
///lib/code/code2/example_203_MaterialApp_page.dart
class Example202A extends StatefulWidget {
  @override
  State<StatefulWidget> createState() {
    return _ExampleAState();
  }
}
class _ExampleAState extends State<Example202A> {
  //定义变量来接收 B 页面返回数据
  String result ="";
  @override
  Widget build(BuildContext context) {
    return Scaffold(
      appBar: AppBar(title: Text("A 页面"),),
      body: Column(
        children: [
          ElevatedButton(
            child: Text("点击打开 B 页面"),
            onPressed: () {
              openBFunction();
            },
          ),

          ElevatedButton(
            child: Text("点击打开 B 页面 并获取 B 页面回传的参数"),
            onPressed: () {
              openBAndResultFunction();
            },
          ),

          Container(child: Text("页面 B 返回数据为 $result"),)
        ],
      ),
    );
  }
  ... ...
}
```

2-1 A 页面定义效果图

在静态路由使用场景下进行传值，首先在 A 页面中定义参数，参数类型可以是任意的，在这里使用一个 Map<String,String>，然后跳转至 B 页面，传递参数，代码如下。

```
//打开 B 页面
void openBFunction() {
  Map<String, String> map = new Map();
  map["name"] = "张三";
  //跳转第二个页面
  //[arguments]传到第二个页面的参数
  Navigator.of(context).pushNamed("/second", arguments: map);
}
```

如果需要获取第二个页面关闭时回传到第一个页面的数据，可以使用 then 函数，代码如下。

```
//打开 B 页面并获取回传参数
void openBAndResultFunction() {
  Map<String, String> map = new Map();
  map["name"] = "张三";
  //跳转至第二个页面
```

```
    //[arguments]传到第二个页面的参数
    Navigator.of(context).pushNamed("/second", arguments: map).then((value) {
      //当页面二关闭且不设置传值时 value 的值为 null
      if (value != null) {
        //需要注意的是，这里的数据类型与第二个页面关闭时返回的类型一致才可以
        Map<String, String> resultMap = value;
        print("页面二回传的数据是 ${resultMap['result']}");
        //刷新页面显示
        setState(() {
          result = resultMap.toString();
        });
      }
    });
  }
```

然后在 B 页面（Example202B）中定义一个退出按钮与一个显示接收到的数据的 Text 组件，如代码清单 2-5 所示。

```
///代码清单 2-5 B 页面的定义
///lib/code/code2/example_203_MaterialApp_page.dart
class Example202B extends StatefulWidget {
  @override
  State<StatefulWidget> createState() {
    return _ExampleBState();
  }
}

class _ExampleBState extends State<Example202B> {
  //记录传过来的参数
  String _message = "";
  //页面创建时执行的第一个方法
  @override
  void initState() {
    super.initState();
  }
  ///页面创建执行的第二个方法
  ///页面 State、Context 已绑定
  @override
  void didChangeDependencies() {
    super.didChangeDependencies();

    //是否是路由栈中的第一个页面
    bool isFirst = ModalRoute.of(context).isFirst;
    //当前手机屏幕上显示的是否是这个页面 Widget
    bool isCurrent = ModalRoute.of(context).isCurrent;
    //当前 Widget 是否是活跃可用的
    //当调用 pop 或者是关闭当前 Widget 时 isActive 为 false
    bool isActive = ModalRoute.of(context).isActive;

    if (isActive) {
      //获取路由信息
      RouteSettings routeSettings = ModalRoute.of(context).settings;
      //获取传递的参数
      Map<String, String> arguments = routeSettings.arguments;
      //变量赋值
      _message = arguments.toString();
    }
```

2-2 B 页面定义效果图

```
    }

    @override
    Widget build(BuildContext context) {
      return Scaffold(
        appBar: AppBar( title: Text("B 页面"),),
        body: Column(
          children: [
            FlatButton(
              child: Text("关闭当前页面"),
              onPressed: () {
                closeBFunction();
              },
            ),
            SizedBox(
              height: 20,
            ),
            Text("接收到的数据是 $_message")
          ],
        ),
      );
    }

    //关闭 B 页面
    void closeBFunction() {
      //这里是向上一个页面回传的数据
      Map<String, String> resultMap = new Map();
      resultMap["result"] = "AESC";
      //回传数据
      Navigator.of(context).pop(resultMap);
    }
  }
```

在 B 页面中获取 A 页面传递的数据需要在 didChangeDependencies 生命周期中获取，因为这里使用了 context，所以不能在 initState 方法中获取，原因是在 initState 中 context 还未绑定成功。然后单击 B 页面中的“关闭当前页面”按钮关闭 B 页面，并回传数据，回到 A 页面后，获取回传的数据，显示如图 2-2 所示。

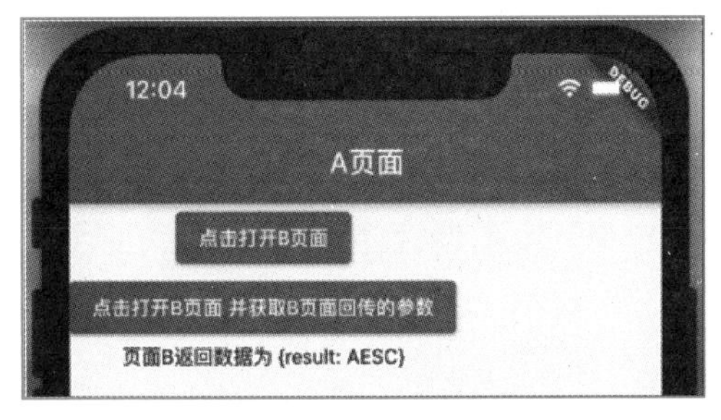

图 2-2　A 页面显示 B 页面回传参数效果图

在动态路由中传值就比较方便了，可直接通过构造函数传值，代码如下。

```
//动态路由方式打开 C 页面
void openC() {
  //跳转至第二个页面
  Navigator.of(context).push(new MaterialPageRoute(builder: (_) {
    //直接通过构建函数来传参数
    return new Example202C(title: "这是传递的参数");
  })).then((value) {
    if (value) {//获取 C 页面回传的数据 C 页面关闭时回调此处
      Map<String, String> resultMap = value;
      print("页面二回传的数据是 ${resultMap['result']}");
    }
```

```
  });
}
```

然后在页面 Example202C 通过插值法来直接获取数据，代码如下。

```
///代码清单 2-6  C 页面的定义
///lib/code/code2/example_203_MaterialApp_page.dart
class Example202C extends StatefulWidget {
  final String title;//定义变量接收参数
  Example202C({this.title});
  @override
  State<StatefulWidget> createState() {
    return _Example202CState();
  }
}

class _Example202CState extends State<Example202C> {
  @override
  Widget build(BuildContext context) {
    return Scaffold(
      appBar: AppBar(title: Text("C 页面"),),
      body: Column(
        children: [
          FlatButton(
            child: Text("关闭当前页面"),
            onPressed: () {
              closeCFunction();
            },
          ),
          SizedBox(
            height: 20,
          ),
          Text("接收到的数据是 ${widget.title}")
        ],
      ),
    );
  }

  //关闭 B 页面
  void closeCFunction() {
    //这里是向上一个页面回传的数据
    Map<String, String> resultMap = new Map();
    resultMap["result"] = "AESC";
    ///回传数据
    Navigator.of(context).pop(resultMap);
  }
}
```

MaterialApp 组件中通过 home 属性来配置默认显示的页面，如代码清单 2-1 中，home 属性配置的 MyHomePage 就是当前 Flutter 应用启动加载的第一个 Flutter 页面。

配置 Flutter 启动页面的方式二是在 MaterialApp 组件的属性 routes 中配置“/”，然后指向需要默认打开的页面，routes 接收的是一个 Map，这种配置方式称为静态路由配置，代码如下。

```
///代码清单 2-7 启动默认页面配置方式二
///lib/code/code2/example_204_MaterialApp_page.dart
void main() => runApp(MyApp2());
//定义根目录 Widget
```

```
class MyApp2 extends StatelessWidget {
  @override
  Widget build(BuildContext context) {
    return MaterialApp(
      //配置路由规则
      routes: {
        //默认页面
        "/":(BuildContext context) => MyHomePage (),
        "/first": (BuildContext context) => FirstPage(),
      },
    );
  }
}
```

配置 Flutter 默认启动页面的方式三是在 MaterialApp 组件的 initialRoute 属性中指定初始化打开的页面对应的路由，代码如下。

```
///代码清单 2-8 启动默认页面配置方式三
///lib/code/code2/example_204_MaterialApp_page.dart
class MyApp3 extends StatelessWidget {
  @override
  Widget build(BuildContext context) {
    return MaterialApp(
      //配置路由规则
      routes: {
        "/first": (BuildContext context) => FirstPage(),
      },
      initialRoute: "/first",
    );
  }
}
```

需要注意的是，在代码清单 2-8 所示的配置方式三中，initialRoute 指定的是静态路由的名称，这个名称需要在 routes 中配置后才能使用，如果没有配置，而是直接使用，就会抛出如下异常。

```
flutter: ══╡ EXCEPTION CAUGHT BY FLUTTER FRAMEWORK ╞══════════
flutter: The following message was thrown:
flutter: Could not navigate to initial route.
flutter: The requested route name was: "/first"
flutter: There was no corresponding route in the app, and therefore the initial route specified
will be
flutter: ignored and "/" will be used instead.
flutter: ══════════════════════════════════════════════════════════
flutter: Another exception was thrown: Could not find a generator for route RouteSettings
("/", null) in the _WidgetsAppState.

════════ Exception caught by widgets library ═════════════════
A GlobalKey was used multiple times inside one widget's child list.
```

需要注意的是，这三种方式是互斥的，只允许单独配置使用。如果同时配置了 routes 中的“/”与 initialRoute，那么当运行程序时会抛出如下异常。

```
════════ Exception caught by widgets library ═════════════════
The following assertion was thrown building MaterialApp(dirty, state: _MaterialAppState#
4b124):
If the home property is specified, the routes table cannot include an entry for "/",
since it would be redundant.
```

```
'package:flutter/src/widgets/app.dart':
Failed assertion: line 207 pos 10: 'home == null ||
        !routes.containsKey(Navigator.defaultRouteName)'
```

配置 Flutter 默认启动页面的总结如下。

1）通过 MaterialApp 的 home 属性来配置，直接创建页面对象即可。

2）通过在 MaterialApp 的 routes 属性中配置“/”来指向显示的页面对象。

3）通过 MaterialApp 的 initialRoute 属性来指向 routes 属性配置的静态路由名称。

CupertinoApp 组件与 MaterialApp 组件是同一个级别的，也可以通过以上三种方式来配置默认显示的页面。不同的是 CupertinoApp 构建的是苹果设计风格的应用程序，在 CupertinoApp 组件之下，需要使用 Cupertino 系列的组件来构建应用。

2.1.2 语言环境与主题配置

在默认创建的 Flutter 应用的文本输入框 TextField 中，长按显示的复制与粘贴、日期控件的界面是英文的，即使手机系统设置的是中文语言环境，显示仍然是英文的。如果需要配置为中文显示，首先需要添加 Flutter 应用的多语言功能支持。在配置文件 pubspec.yaml 中添加 localizations 多语言环境支持，代码如下。

```
dependencies:
  flutter:
    sdk: flutter

  flutter_localizations:
sdk: flutter
```

然后在根布局视图下的 MaterialApp 组件中设置中文语言环境，代码如下。

```
///代码清单 2-9 配置中文语言环境设置
///lib/code/code2/example_205_MaterialApp_page.dart

//应用入口
main() => runApp(themDataFunction());

MaterialApp themDataFunction() {
  return MaterialApp(
    //加载显示的首页面
    home: MyHomePage(),
    localizationsDelegates: [
      //初始化默认的 Material 组件本地化
      GlobalMaterialLocalizations.delegate,
      //初始化默认的 通用 Widget 组件本地化
      GlobalWidgetsLocalizations.delegate,
    ],
    //当前区域，如果为 null 则使用系统区域，一般用于语言切换
    //传入两个参数，语言代码，国家代码。这里配置为中国
    locale: Locale('zh', 'CN'),
    //定义当前应用程序所支持的语言环境
    supportedLocales: [
      const Locale('en', 'US'), // 英文
      const Locale('zh', 'CN'), // 中文
    ],);
}
```

ThemeData 是在 Flutter 中对各组件样式的封装，在 Flutter 中通过 MaterialApp 的 theme 属性

来配置，代码如下。

```
///代码清单 2-10 ThemeData 的基本使用概述
///lib/code/code2/example_206_MaterialApp_page.dart
//应用入口
main() => runApp(themDataFunction());

MaterialApp themDataFunction() {
  return MaterialApp(
    theme: ThemeData(
        brightness: Brightness.light,
        primarySwatch: Colors.blue,
        primaryColor: Colors.deepPurple),
    themeMode: ThemeMode.dark,
    darkTheme: ThemeData(),

    //加载显示的首页面
    home: MyHomePage(),
  );
}
```

在上述代码中用到了 theme 与 darkTheme，这两个属性都是来配置应用的主题色的，themeMode 是用来配置当前主题色的方案的，取值可为 ThemeMode.system 跟随当前系统的主题色、ThemeMode.light 使用亮色主题、ThemeMode.dark 使用暗色主题。

ThemeData 的 primarySwatch 属性可以理解为一个基本的主要的配色设定，也就是说，当在 ThemeData 中单独指定 primarySwatch 后，没有指定其他颜色配置时，其他如 primaryColor 等 11 个属性会引用 primarySwatch 配置的颜色值。

从源码中得知，当 primarySwatch 没有主动指定颜色时，程序默认取 Colors.blue，所以在创建 Flutter 默认工程时，生成的默认页面中大部分组件是蓝色系的颜色。

primaryColor 可以理解为用来配置主颜色，AppBar 标题栏、TabBar 等一般是一个 Widget 页面的头，所以 primaryColor 配置的默认颜色为这些组件配置默认取用的背景颜色。

accentColor 可理解为引人注意的颜色，也可以理解为当前活跃的颜色，如 TabBar 的 indicator 指示线的颜色、开关 Switch 被选中后显示的高亮颜色等。

ThemeData 中的 highlightColor 是高亮颜色，如按下 Button 时显示的高亮颜色。

splashColor 是点击反馈水波纹效果的颜色配置，例如点按 Button 显示的水波纹扩散的颜色。

当然还有许多配置不同使用场景下的 Widget 样式，详见表 2-1。

表 2-1　ThemeData 其他属性一览

属　　性	说　　明
sliderTheme	用来配置 Slider 滑块组件的主题样式
tabBarTheme	用来配置标签栏 TabBar 组件的主题样式
tooltipTheme	可以理解为轻量级点击提示 Tooltip 组件的主题样式
cardTheme	用来配置卡片布局 Card 组件的样式
chipTheme	用来配置碎片组件 chip 的主题样式，chip 组件一般用于显示标签功能
materialTapTargetSize	配合 clip 组件一起使用，当值为 MaterialTapTargetSize.shrinkWrap 时，clip 距顶部距离为 0；值为 MaterialTapTargetSize.padded 时距顶部有一个默认的距离
appBarTheme	用来配置 AppBar 标题栏的主题样式，在第四章 AppBar 组件中也会逐一分析
bottomAppBarTheme	用来配置底部工具栏组件 BottomAppBar 的主题样式

（续）

属　性	说　明
colorScheme	可理解为颜色主题，会覆盖 ThemeData 中的 accentColor、cardColor 等颜色配置，当 colorScheme 没有配置时，默认取用 ThemeData 中配置的 pprimarySwatch、primaryColorDark、accentColor、cardColor、backgroundColor、errorColor、brightness 来创建一个 ColorScheme
dialogTheme	用来配置对话框 Dialog 的主题样式
floatingActionButtonTheme	用来配置悬浮按钮 FloatingActionButton 的主题样式
navigationRailTheme	用来配置导航组件 NavigationRail 的主题样式
snackBarTheme	用来配置消息提示组件 SnackBar 的主题样式
bottomSheetTheme	用来配置底部滑出组件 BottomSheet 的样式
popupMenuTheme	用来配置 PopupMenuButton 的主题样式
bannerTheme	MaterialBanner 的主题样式配置
dividerTheme	用来配置分割线 Divider 组件的样式
InputDecorationTheme	用来配置 TextField 文本输入框的各种提示文本的样式
buttonBarTheme	用来配置 ButtonBar 组件的主题样式

2.2 Scaffold 组件

Scaffold 可称为脚手架，一般通过它搭建页面的基本结构。一个页面可以理解为由三个部分组成：header 头部，或者称之为标题栏；body 体，可称之为内容主体页面；bottom 脚，可称之为页面的尾部，比如 bottomBar。

对于 Scaffold 来讲，AppBar 就是它的头，body 中配置加载的 Widget 就是它的主体，底部菜单导航栏就是它的尾部，如图 2-3 所示。

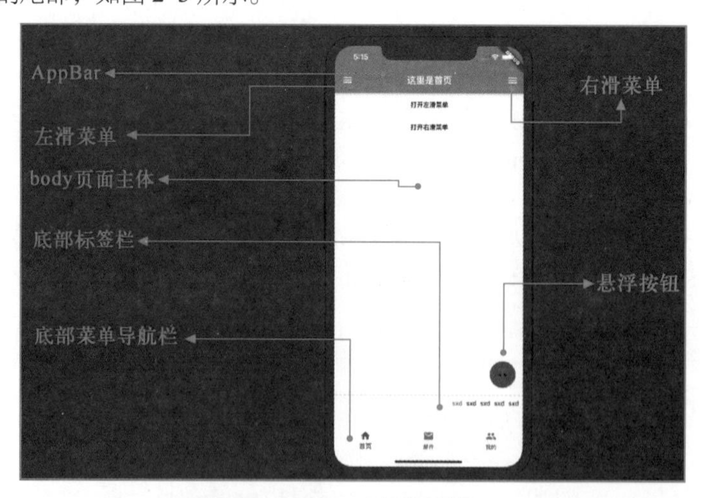

图 2-3　Scaffold 组件结构图

在 Flutter 项目中，通过 main 函数执行 runAPP 方法，然后使用 MaterialApp 组件来构建一个根布局 Widget。一般启动初始化页面，没有标题也没有底部内容区，只有一个内容 body 主区，然后通过 home 或者其他属性来配置这个启动页面，代码如下。

```
///代码清单 2-11 Scaffold 的基本使用
///lib/code/code2/example_207_scaffold_page.dart
```

```
//应用入口
void main() {
  ///启动根目录
  runApp(MaterialApp(
    home: Example207(),
  ));
}
class Example207 extends StatefulWidget {
  @override
  State<StatefulWidget> createState() {
    return _ExampleState();
  }
}
class _ExampleState extends State<Example207> {
  @override
  Widget build(BuildContext context) {
    //Scaffold 用来搭建页面的主体结构
    return Scaffold(
      //页面的主内容区
      //可以是单独的 StatefulWidget 也可以是当前页面构建的如 Text 文本组件
      body: Center(child: Text("启动页面"),),);
  }
}
```

2-3 Scaffold
启动页面

所以对于 Scaffold 来讲，它实现了基本的 Material Design 设计结构，一般可以用作单页面的主结构，就是一个页面的父容器，在实际项目开发中。由标题栏与页面主体构成的页面也是比较常见的，在 Flutter 中也可通过 Scaffold 来实现，代码如下。

```
///代码清单 2-12 Scaffold 基本页面构建
///lib/code/code2/example_208_scaffold_page.dart
class Example208 extends StatefulWidget {
  @override
  State<StatefulWidget> createState() {
    return _ExampleState();
  }
}
class _ExampleState extends State<Example208> {
  @override
  Widget build(BuildContext context) {
    //Scaffold 用来搭建页面的主体结构
    return Scaffold(
      appBar: AppBar(title: Text("标题"),),//页面的头部
      //页面的主内容区
      //可以是单独的 StatefulWidget 也可以是当前页面构建的如 Text 文本组件
      body: Center(child: Text("显示日期"),),);
  }
}
```

2-4 Scaffold
常用页面格局

Scaffold 组件的属性 appBar 的功能是配置一个 AppBar，用来构成页面的头部，类似于 Android 原生开发中的 AppBar 与 ToolBar，iOS 原生开发中的 UINavigationBar。

2.2.1 FloatingActionButton 悬浮按钮

Scaffold 组件中通过属性 floatingActionButton（简称 FAB）来配置页面右下角的悬浮按钮，基本使用代码如下。

```
///代码清单 2-13 FAB 的基本使用
```

```
///lib/code/code2/example_209_scaffold_page.dart
class Example209 extends StatefulWidget {
  @override
  State<StatefulWidget> createState() {return _ExampleState();}
}
class _ExampleState extends State<Example209> {
  @override
  Widget build(BuildContext context) {
    return Scaffold(//Scaffold 用来搭建页面的主体结构
      appBar: AppBar(title: Text("标题"),),//页面的头部
      //页面的主内容区
      body: Center(child: Text("显示日期"),),
      //悬浮按钮
      floatingActionButton: FloatingActionButton(
        //一般建议使用 Icon
        child: Icon(Icons.add), onPressed: () {
        print("点击了悬浮按钮");
      },),);
  }}
```

2-5 Scaffold 中悬浮按钮配置

FAB 有三种类型：regular、mini、extended。regular 与 mini 是相对的，区别在于 mini 类型是缩小版本。默认创建的 FAB 是 regular 类型，可通过将属性 mini 设为 true，将 FAB 切换为 mini 类型，两种类型的 FAB 大小分别为 56.0、46.0，效果如图 2-4 所示。

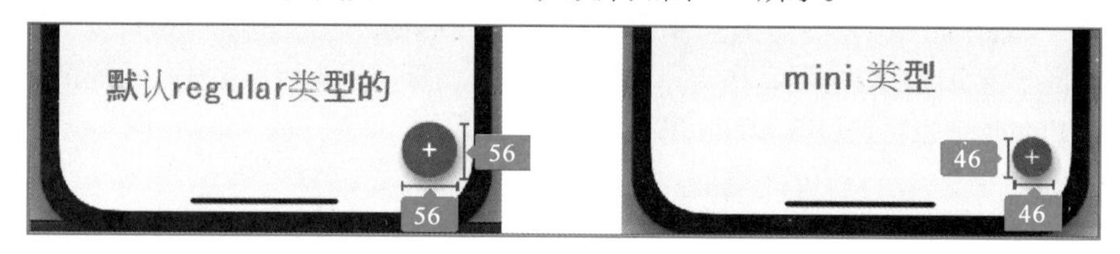

图 2-4 FAB 不同类型尺寸对比图

对于 extended 类型，可以通过 FloatingActionButton. extended 方式来创建，也可以通过构造函数来创建，不过要指定属性 isExtended 的值为 true，与前两者的不同是它可以指定一个 Label 来显示文本，同时也限制了子 Widget 为 Icon 类型，对应添加子 Widget 的方式已不是 child，而是封装成 icon 属性，代码如下。

```
///FloatingActionButton 的 extended 类型
FloatingActionButton buildFAB() {
  return FloatingActionButton.extended(
    //通过 icon 来配置显示的图标
    icon: Icon(Icons.add), onPressed: () {print("点击了悬浮
按钮"); },
    label: Text("测试文本"),);//通过 labe 来配置文本信息
}
```

2-6 extended 类型的 FAB 效果

2.2.2 侧拉页面 drawer 配置

Scaffold 的属性 drawer 用来配置左侧侧拉页面，属性 endDrawe 配置右侧侧拉页面。当配置了 Scaffold 的 drawer 内容时，就会在 AppBar 的左侧多出一个菜单按钮，当点击这个按钮或者从手机左侧边缘向右滑动就可触发这个页面。代码如下。

```
///代码清单 2-14 侧拉页面的基本使用
///lib/code/code2/example_210_scaffold_page.dart
class Example210 extends StatefulWidget {
```

2-7 配置侧拉菜单栏后 AppBar 左右出现的效果

```
  @override
  State<StatefulWidget> createState() {
    return _ExampleState();
  }
}
class _ExampleState extends State<Example210> {

  @override
  Widget build(BuildContext context) {
    return Scaffold(
      drawer:buildDrawer() ,//左侧侧拉页面
      endDrawer: buildDrawer(),//右侧侧拉页面
      appBar: AppBar(title: Text("标题"),),
      body: Center(child: Text("body 内容区域"),),
    );
  }

  //封装方法来构建 Widget 代码块
  Container buildDrawer(){
    return Container(//2.6 节中有讲解
      color: Colors.white, //背景颜色
      width: 200,
      //Column 可以让子 Widget 在垂直方向线性排列
      child: Column(
        children: <Widget>[
          Container(
            color: Colors.blue, height: 200,
            child: Text("这是一个 Text"),),
          Container(
            color: Colors.red, height: 200,
            child: Text("这是一个 Text2"),),
        ],
      ),
    );
  }
}
```

需要注意的是，此处左侧图标占用的是 AppBar 的 leading 属性，右侧占用的是 actions 属性。当自定义这两个属性值后，就需要再自定义打开侧拉页面的方法，通常打开侧拉页面的方法如下。

```
// 打开左侧拉页面
Scaffold.of(context).openDrawer();
// 打开右侧拉页面
Scaffold.of(context).openEndDrawer();
```

2.2.3 bottomNavigationBar 配置底部导航栏菜单

在 Scaffold 中，通过 bottomNavigationBar 属性来配置页面底部导航栏，在通用的 APP 应用场景非常常见，代码如下。

```
///代码清单 2-15 底部导航栏页面基本结构
///lib/code/code2/example_212_scaffold_page.dart
```

```
class Example212 extends StatefulWidget {
  @override
  State<StatefulWidget> createState() {return _ExampleState();}}
class _ExampleState extends StatExample212> {
  @override
  Widget build(BuildContext context) {
    return Scaffold(
      appBar: AppBar(title: Text("底部菜单栏"),),
      body: Center(child: Text("当前选中的页面是$_tabIndex"),),
      bottomNavigationBar: buildBottomNavigation(),//底部导航栏
    );
  }
 ...
}
```

2-8 底部菜单栏

用封装的方式来构建导航栏，代码如下。

```
///代码清单 2-16 导航栏构建
///lib/code/code2/example_212_scaffold_page.dart
//选中的当前标签的索引
int _tabIndex = 0;

//底部导航栏用到的图标
List<Icon> normalIcon = [Icon(Icons.home), Icon(Icons.message),
  Icon(Icons.people)];

//底部导航栏用到的标题文字
List<String> normalTitle = ["首页", "消息", "我的"];

//构建底部导航栏
BottomNavigationBar buildBottomNavigation() {
  //创建一个 BottomNavigationBar
  return new BottomNavigationBar(
    items: <BottomNavigationBarItem>[
      new BottomNavigationBarItem(
          icon: normalIcon[0], label: normalTitle[0],),
      new BottomNavigationBarItem(
          icon: normalIcon[1], label: normalTitle[1],),
      new BottomNavigationBarItem(
          icon: normalIcon[2], label: normalTitle[2],),
    ],
    type: BottomNavigationBarType.fixed, //显示效果
    currentIndex: _tabIndex,  //当前选中的页面
    backgroundColor: Colors.white, //导航栏的背景颜色
    // fixedColor 配置的是当 type 属性为 BottomNavigationBarType.fixed 时选择项的颜色
    //fixedColor: Colors.deepPurple,
    selectedItemColor: Colors.blue, //选中时图标与文字的颜色
    unselectedItemColor: Colors.grey, //未选中时图标与文字的颜色
    iconSize: 24.0, //图标的大小
    onTap: (index) {//点击事件
      setState(() {_tabIndex = index; });
    },
  );
}
```

属性 type 是 fixed 模式，fixed 限制的切换效果是在导航栏菜单切换时，图标和文字标题会有微微缩放的动画效果，对于 shifting 来讲，切换动画效果更明显，在 shifting 模式下，只有当前选

中的 item 的图标与文字才会显示出来，未选中的 item 中，标题文字是隐藏的，如图 2-5 所示。

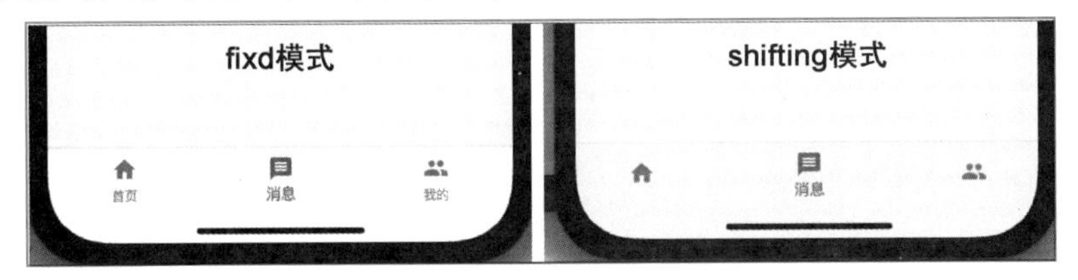

图 2-5　fixed 与 shifting 模式效果图

也可以结合 BottomAppBar、TabBar 和 TabBarView 这样的组合来实现常见的首页底部菜单栏切换页面功能，代码如下。

```
///代码清单 2-17 自定义底部菜单导航栏
///lib/code/code2/example_214_scaffold_page.dart
class Example214 extends StatefulWidget {
  @override
  State<StatefulWidget> createState() {
    return _ExampleState();
  }
}

class _ExampleState extends State<Example214>
    with SingleTickerProviderStateMixin {

  ///子页面
  List<Widget> bodyWidgetList = [
    ScffoldHomeItemPage(0),
    ScffoldHomeItemPage(1),
    ScffoldHomeItemPage(2),
  ];

  List<Tab> tabWidgetlist = [
    Tab(text: "首页",icon: Icon(Icons.home),),
    Tab(text: "消息",icon: Icon(Icons.message),),
    Tab(text: "我的",icon: Icon(Icons.people),),
  ];
  ...
  }
```

然后创建 TabBar 与 TabBarView 联动的控制器，代码如下。

```
//创建控制器
TabController _tabController;

@override
void initState() {
  super.initState();
  ///创建控制器
  _tabController = new TabController(
      //初始化显示的页面
      initialIndex: 0,
      //页面个数
      length: bodyWidgetList.length, vsync: this);
}
```

再通过 Scaffold 的 body 属性结合 TabBarView 来装载页面，bottomNavigationBar 来配置 BottomAppBar 组件，代码如下。

```
@override
Widget build(BuildContext context) {
  //Scaffold 用来搭建页面的主体结构
  return Scaffold(
    //页面的头部
    appBar: AppBar(title: Text("底部菜单栏切换页面"),),
    //页面的主内容区
    body: TabBarView(
      controller: _tabController,
      children: bodyWidgetList,
    ),
    //底部导航栏
    bottomNavigationBar: buildBottomAppBar(),
  );
}
```

使用 BottomAppBar 组件可以自定义任意的子组件来实现菜单栏，在这里使用的是 TabBar 结合 Tab 的方式，因为默认情况下 TabBar 没有提供修改背景色以及 Tab 点击的高亮颜色等，所以在这里使用 Material 来设置 TabBar 的背景颜色，通过 Theme 来设置 Tab 的点击高亮颜色与水波纹颜色，如代码清单 2-18 所示。

```
///代码清单 2-18 BottomAppBar 的基本使用
///lib/code/code2/example_214_scaffold_page.dart
BottomAppBar buildBottomAppBar() {
  //创建一个 BottomAppBar
  return BottomAppBar(
    child: Theme(
      data: ThemeData(
        highlightColor: Colors.blueGrey[600], //点击的高亮颜色
        splashColor: Colors.grey, //水波纹颜色
      ),
      //用来配置 TabBar 的背景颜色
      child: Material(
        color: Colors.grey[300],
        child: TabBar(
          labelColor: Colors.blue, //选中的 Tab 图标与文字的颜色
          unselectedLabelColor: Colors.blueGrey, //未选中的 Tab 图标与文字的颜色
          tabs: tabWidgetlist, //所有的 Tab
          controller: _tabController, //联动控制器
          indicatorColor: Colors.grey[300], //下划线的颜色
          indicatorWeight: 1.0, //下划线的高度
        ),
      ),
    ),
  );
}
```

2.3 AppBar

AppBar 显示在 APP 的顶部，对应 Android 早期的 ActionBar 和后来的 Toolbar 与 AppBar，以及 iOS 中的 UINavigationBar。

AppBar 由 leading、bottom、title、actions、flexibleSpace 这几部分组成，如图 2-6 所示，图中未标出 flexibleSpace 的位置，flexibleSpace 主要应用在 SliverAppBar 中。

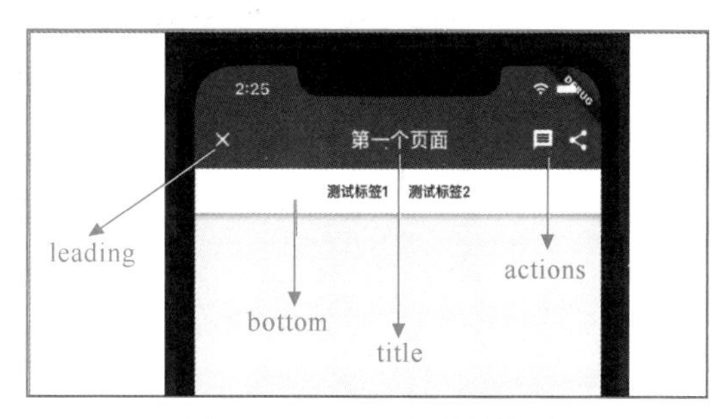

图 2-6 AppBar 组件结构图

2.3.1 AppBar 的基本使用

在 Flutter 中，一般使用 Scaffold 组件来构建页面的基本结构，然后通过 Scaffold 组件的 appBar 属性来配置 AppBar 组件。AppBar 的基本使用代码如下。

2-9 AppBar 基本使用效果图

```
///代码清单 2-19 AppBar 的基本使用
///lib/code/code2/example_216_appbar_page.dart
class Example216 extends StatefulWidget {
  @override
  State<StatefulWidget> createState() {
    return _ExampleState();
  }
}

class _ExampleState extends State<Example216>{
  @override
  Widget build(BuildContext context) {
    //Scaffold 用来搭建页面的主体结构
    return Scaffold(
      //页面的头部
      appBar: AppBar(
        //左侧按钮
        leading: IconButton(icon: Icon(Icons.close),onPressed: (){},),
        //中间显示的内容
        title: Text("这里是 title"),
        // title 内容居中
        centerTitle: true,
        //右侧显示的内容
        actions: [
          IconButton(icon: Icon(Icons.share),onPressed: (){},),
          IconButton(icon: Icon(Icons.message),onPressed: (){},),
          IconButton(icon: Icon(Icons.more_horiz_outlined),onPressed: (){},),
        ],
      ),
      //页面的主内容区
      body: Center(child:Text("测试页面")),
    );
  }
}
```

2.3.2 在 AppBar 中实现可滑动切换的标签栏

AppBar 组件的 title 属性是一个 Widget 类型，这就意味着可以定义任意的 Widget。在这里结合 TabBar 与 TabBarView 实现一个可滑动的标签栏切换页面效果，如图 2-7 所示。代码如下。

图 2-7　AppBar title 属性配置的标签页面

```
///代码清单 2-20 顶部标签栏
///lib/code/code2/example_217_appbar_page.dart
class Example217 extends StatefulWidget {
  @override
  State<StatefulWidget> createState() {
    return _ExampleState();
  }
}

class _ExampleState extends State<Example217>
with SingleTickerProviderStateMixin {

  //控制器
  TabController _tabController;
  //Tab 集合
  List<Tab> tabs = <Tab>[];
  //主体页面的集合
  List<Widget> bodyList = [];

  @override
  void initState() {
    super.initState();
    //初始化 Tab 如新闻资讯类 APP 分类
    tabs = <Tab>[
      Tab(text: "Tab0",), Tab( text: "Tab1",),
      Tab(text: "Tab3",),  Tab( text: "Tab4",),
    ];

    //创建模拟页面 如新闻资讯类 APP 的分类列表
    for (int i= 0; i <tabs .length; i++) {
      bodyList.add(ItemPage(i));
    }

    //参数一 initialIndex 初始选中第几个
    //参数二[length] 标签的个数
    //参数三[vsync]动画同步依赖
    _tabController =
        TabController(initialIndex: 0, length: tabs.length, vsync: this);
  }
 … …
}
```

对应的 build 方法代码如下。

```
///代码清单 2-21 顶部标签栏
///lib/code/code2/example_217_appbar_page.dart
@override
Widget build(BuildContext context) {
  //Scaffold 用来搭建页面的主体结构
  return Scaffold(
    //标题
    appBar: AppBar(
      //配置 TabBar
      title: TabBar(
        //可以和 TabBarView 关联使用同一个 TabController
        controller: _tabController,
        //子 Tab
        tabs: tabs,
        isScrollable: false,
      ),
      //标题居中
      centerTitle: true,
    ),
    //页面的主内容区
    body: TabBarView(
      //联动控制器
      controller: _tabController,
      //所有的子页面
      children: bodyList,
    ),
  );
}
```

TabBar 用来实现标签栏功能，TabBar 中配置 Tab，默认情况下 TabBar 的属性 isScrollable 为 false，TabBar 中的 Tab 能平均分配水平方向上的空间，不可滑动，一般应用于固定少量 Tab 的情况。当配置为 true 时，每个 Tab 的宽度就是包裹其内容的宽度，并且可滑动。

将代码清单 2-20 中的 Tab 再添加上图标的配置，代码如下。

```
///lib/code/code2/example_218_appbar_page.dart
tabs = <Tab>[
    Tab(text: "Tab0",icon: Icon(Icons.add),),
    Tab(text: "Tab1",icon: Icon(Icons.android_rounded),),
    Tab(text: "Tab2",icon: Icon(Icons.ios_share),),
    Tab(text: "Tab3",icon: Icon(Icons.open_in_browser),),
    Tab(text: "Tab4",icon: Icon(Icons.file_upload),),
  ];
```

然后将代码清单 2-21 中构建的 TabBar 配置在 AppBar 的 bottom 属性上，实现效果如图 2-8 所示。这种效果还是比较常用的，如新闻资讯类应用的分类浏览、商品交易应用中的订单列表页面等。

图 2-8　AppBar bottom 属性配置的标签栏

AppBar 的 bottom 属性可配置使用 PreferredSizeWidget 组件的子类，AppBar、TabBar 都继承于此。在实际应用场景中，如果需要配置其他组件，可通过 PreferredSize 组件来结合使用。

2.4　文本显示 Text 组件

在 Flutter 中，Text 组件用于显示文本，类似 Android 里的 TextView，iOS 里的 UILabel。基本使用代码如下。

```
new Text('这里是文本')
```

在 Text 组件中通过 textAlign 来配置文字的对齐方式，取值类型为 TextAlign 枚举类型，可取值如表 2-2 所示。

表 2-2　文本对齐方式取值简述

类　别	全　称	类　别	全　称
TextAlign.left	左对齐	TextAlign.right	右对齐
TextAlign.justify	单行文字占满空间	TextAlign.start	开始方向对齐
TextAlign.end	结束方向对齐	TextAlign.center	居中对齐

默认情况下，Text 中的文本默认的文字对齐方式是 TextAlign.start。在中英文中，人们的书写习惯是从左向右，所以 Text 在应用程序中呈现出的是左对齐。在部分地区，人们的操作习惯是从右向左，所以在其环境中呈现出的是右对齐。

设置文字对齐方式时，需要结合文本的绘制方向 textDirection，textDirection 有两个取值：一个是 TextDirection.ltr 从左向右；一个是 TextDirection.rtl，从右向左。在中文环境下，文本绘制方向是从左向右，此时 textDirection 的方向就是 ltr 值，这种情况与 left 左对齐的效果一致。基本使用代码如下。

```
Text buildText2() {
  return Text(
    "执剑天涯，从你的点滴积累开始，所及之处，必精益求精",
    //文字在开始方向对齐
    textAlign: TextAlign.start,
    //文字方向从左向右
    textDirection: TextDirection.ltr,
  );
}
```

2-10　文字方向从左向右

当修改文字的方向为从右向左，代码如下。

```
Text buildText() {
  return Text(
    "执剑天涯，从你的点滴积累开始，所及之处，必精益求精",
    //文字在开始方向对齐
    textAlign: TextAlign.start,
    //文字方向从右向左
    textDirection: TextDirection.rtl,
  );
}
```

2-11　文字方向从右向左

对于 TextAlign.justify 模式，是针对英文效果，中文无效果，代码如下。

```
Text buildText3() {
  return Text(
```

```
        "Sometimes the thing you're searching  for your whole life, it's
right there by your side all along.",
        //文字在开始方向对齐
        textAlign: TextAlign.justify,
        //文字方向从左向右
        textDirection: TextDirection.ltr,
        style: TextStyle(fontSize: 25),
      );
    }
```

2-12 文字对齐 start 模式与 justify 模式对比

可以通过设置 Text 组件的 softWrap 属性来控制其是否自动换行，当 softWrap 为 false 时，Text 中的文本超出父组件配置的宽度时，不会自动换行，会直接被裁剪掉。

```
    Widget buildText4() {
      return Container(
        width: 100,
        child: Text(
          "Sometimes the thing you're searching  for your whole life, it'srig-
ht there by your side all along.",
          style: TextStyle(fontSize: 25),
          //设置是否自动换行  默认为 true 自动换行
          //设置为 false 不会自动换行
          softWrap:false,
        ),
      );
    }
```

2-13 文字自动换行对比效果图

所以可以通过配置 softWrap 来满足单行显示的业务需求，当然也可以设置 Text 的最大行数为 1 来达到同样的效果。

当文本超出设置区域后，可通过配置 Text 的 TextOverflow 属性来限制超出部分的显示模式，可取值描述如表 2-3 所示。

表 2-3 TextOverflow 取值简述

取 值	描 述
TextOverflow. clip	超出宽度的文本直接裁剪，裁剪多余的部分不作显示
TextOverflow. fade	超出宽度的文本以透明渐变方式结尾
TextOverflow. ellipsis	超出宽度的文本以省略号的方式结尾
TextOverflow. visible	超出的部分照常显示

基本使用代码如下。

```
    Widget buildText4() {
      return Container(
        width: 300,
        child: Text(
          "Sometimes the thing you're searching  for your whole life, it's right there by your side
all along.",
          style: TextStyle(fontSize: 25),
          //设置是否自动换行。默认为 true，自动换行
          //设置为 false 不会自动换行
          softWrap:false,
          //设置超出的部分使用省略号
          overflow: TextOverflow.ellipsis,
        ),
```

```
    );
}
```

几种 TextOverflow 模式运行效果对比如图 2-9 所示。

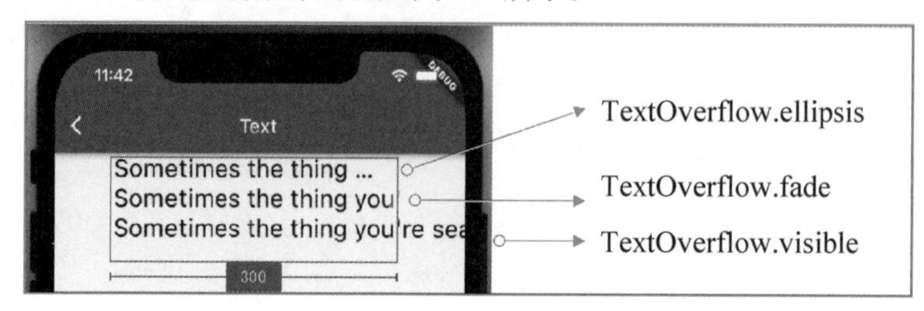

图 2-9　不同 overflow 模式对比效果图

2.4.1　Text 组件的样式 TextStyle

在文本显示组件 Text 中，通过 TextStyle 属性来配置显示的文本的样式，style 的取值为 TextStyle 类型，如表 2-4 中所示为 TextStyle 的常用类型配置。

表 2-4　TextStyle 属性配置说明

取　值	类　型	说　明
color	Color	文本的颜色
backgroundColor	Color	Text 文本的背景色
fontSize	double	字体大小配置
fontWeight	FontWeight	字体粗细配置
fontStyle	FontStyle	字体样式配置，如常规体、斜体
letterSpacing	double	字条之间的间隔
wordSpacing	double	单词之间的间隔
textBaseline	TextBaseline	文本绘制时对齐的基线
height	double	文本的高度
foreground	Paint	通过 Paint 来设置文本的颜色，不能与 color 属性同时配置，属于互斥关系
background	Paint	用来绘制 Text 文本的背景颜色，不能与 backgroundColor 同时配置
shadows	List<ui.Shadow>	字体阴影设置
decoration	TextDecoration	Text 的装饰线配置，如下画线、删除线
decorationColor	Color	装饰线的颜色配置
decorationStyle	TextDecorationStyle	装饰线的样式，如波浪式线、实线、虚线等
decorationThickness	double	装饰线的粗细配置
fontFamily	String	字体设置
fontFamilyFallback	fontFamilyFallback	fontFamily 字体加载后，优先选择从此处配置的字体

TextStyle 的基本使用代码如下。

```
///代码清单 2-22　常用文本样式配置描述
///lib/code/code2/example_221_text_page.dart
Widget buildText() {
  return Container(
    child: Text(
```

```
        "执剑天涯，从你的点滴积累开始，所及之处，必精益求精 Sometimes the thing you're searching for your whole life, it's right there by your side all along.",
        style: TextStyle(
          //文字大小
          fontSize: 25,
          //设置文字的粗细规则为常规体
          fontWeight: FontWeight.normal,
          //设置文字为斜体
          fontStyle: FontStyle.italic,
          //字符与字符之间的间隔
          letterSpacing: 12.0,
          //单词之间的间隔
          wordSpacing: 20.0,
        ),
      ),
    );
```

2-14 TextStyle 基本使用效果图

TextStyle 中的 decoration 属性可用来配置文本中的下画线、删除线等装饰，基本使用代码如下。

```
///代码清单 2-23 删除线配置
///lib/code/code2/example_222_text_page.dart
Widget buildText() {
  return Container(
    child: Text(
      "执剑天涯，从你的点滴积累开始，所及之处，必精益求精 Sometimes the thing you're searching for your whole life, it's right there by your side all along.",
      style: TextStyle(
        fontSize: 16,
        //设置中间删除装饰样式
        decoration: TextDecoration.lineThrough,
        //配置删除线为红色
        decorationColor: Colors.red,
        //双线样式
        decorationStyle: TextDecorationStyle.double,
        //加粗
        decorationThickness: 2,
      ),
    ),
  );
}
```

2-15 文本删除线效果图

decoration 属性还可以用来配置装饰线的位置，可取值如表 2-5 中所示，效果对比如图 2-10 所示。

表 2-5 TextDecoration 属性取值说明

取　值	说　明	取　值	说　明
TextDecoration.none	无 默认	TextDecoration. lineThrough	文本中间
TextDecoration.underline	文本底部	TextDecoration.overline	文本顶部

图 2-10 文本装饰线位置对比效果图

decorationStyle 属性还可以用来配置装饰线的样式，可取值如表 2-6 所示，效果对比如图 2-11 所示。

表 2-6　TextDecorationStyle 属性取值说明

取　　值	说　　明
TextDecorationStyle.solid	单线，实心线
TextDecorationStyle.double	双线，实心线
TextDecorationStyle.dotted	单线，点点虚线
TextDecorationStyle.dashed	单线，短横线虚线
TextDecorationStyle.wavy	单线，连续波浪线

图 2-11　文本装饰线样式对比效果图

2.4.2　RichText 组件的基本使用

在 Flutter 中，使用 RichText 实现一段文本中多种文字风格的功能，类似 Android 中的 SpannableString 与 iOS 中的 NSMutableAttributedString。基本使用代码如下。

```
///代码清单 2-24 RichText 的基本使用
///lib/code/code2/example_225_text_page.dart
Widget buildRichText() {
  return RichText(
    //文字区域
    text: TextSpan(
        text: "登录即代表同意",
        style: TextStyle(color: Colors.grey),
        children: [
          TextSpan(
              text: "《用户注册协议》",
              style: TextStyle(color: Colors.blue),
              //点击事件
              recognizer: TapGestureRecognizer()
                ..onTap = () {
                  print("点击用户协议");
                }),
          TextSpan(
            text: "与",
            style: TextStyle(color: Colors.grey),
          ),
          TextSpan(
              text: "《隐私协议》",
              style: TextStyle(color: Colors.blue),
              //点击事件
```

2-16 RichText 基本使用效果图

```
            recognizer: TapGestureRecognizer()
              ..onTap = () {
                print("点击隐私协议");
              })
        ]),
  );
}
```

TextSpan 的构造函数代码描述如下。

```
const TextSpan({
//显示的文本
  this.text,
//可包含的子 Widget
  this.children,
//当前文本片段 TextSpan 的片段
  TextStyle style,
//手势识别
  this.recognizer,
//文本标签内容
  this.semanticsLabel,
}) : super(style: style,);
```

TextSpan 可以通过 children 属性来无限嵌套使用。使用此原理可开发一个用于显示搜索内容高亮颜色的依赖库 flutter_tag_layout，实际业务场景中就是搜索框搜索出的列表显示内容中有与关键字相同的内容就使用高亮颜色显示。读者可以直接添加依赖使用。

```
flutter_tag_layout: ^0.0.3
```

基本使用代码如下。

```
///代码清单 2-25
///lib/code/code2/example_226_text_page.dart
import 'package:flutterbookcode/demo/rich_text_tag.dart';

Widget buildRichText() {
  //参数一为显示的文本段落
  //参数二为筛选的关键词
  return RichTextTag(
      "Sometimes the thing you're searching  for your whole life, it's right
there by your side all along.",
      "th");
}
```

2-17 RichText-Tag 基本使用效果图

2.5 文本输入框 TextField 组件

本小节所有的代码位于：

```
///代码清单 2-26 文本输入框
///lib/code/code2/example_227_textfield_page.dart
```

在 Flutter 中，组件 TextField 用来输入文本，类似 Android 的输入框 EditText 与 iOS 的文本输入框 UITextField 和 UITextView。基本使用代码如下。

```
new TextField()
```

效果如图 2-12 所示，默认有一条下画线，默认情况下不获取输入焦点，下画线为灰色，获取输入焦点后下画线变为高亮蓝色。

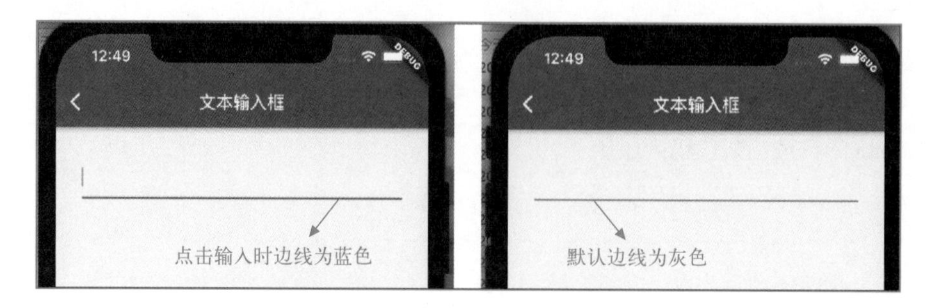

图 2-12　文本输入框 TextField 的基本使用

TextField 的属性 autofocus 用来配置是否自动获取输入焦点，默认为 true，表示自动获取输入焦点，就是当页面中有 TextField 输入框时，手机键盘会自动弹出。

```
TextField(
  //自动获取输入焦点
  autofocus: true,
)
```

通过配置属性 obscureText 为 true，可以隐藏输入的文本，通常使用在输入密码选项时，此时需要设置 TextField 的最大行数 maxLines 的值为 1，因为在实际应用中，密码一般不会太长，一行足够用户输入，如图 2-13 所示。代码如下。

```
/// 文本输入框，密码，隐藏文本
Widget buildTextField2() {
  return new TextField(
    //隐藏输入的文本
    obscureText: true,
    //最大可输入 1 行
    maxLines: 1,
  );
}
```

如当设置 obscureText 的值为 true，同时 maxLines 的值为 2 时，运行程序出现异常，异常日志如下。

```
═══════ Exception caught by widgets library
The following assertion was thrown building TextFieldPassword(dirty, state: _PageState#
2a751):
Obscured fields cannot be multiline.
'package:flutter/src/material/text_field.dart':
Failed assertion: line 375 pos 15: '!obscureText || maxLines == 1'
```

在实际项目开发中，在输入手机号码的界面，需要限制输入的字数为 11 位，可通过 maxLength 属性来配置，之后在 TextField 的右下角默认会出现输入文字计数器，如图 2-14 所示。

```
new TextField(
  maxLength: 11,
);
```

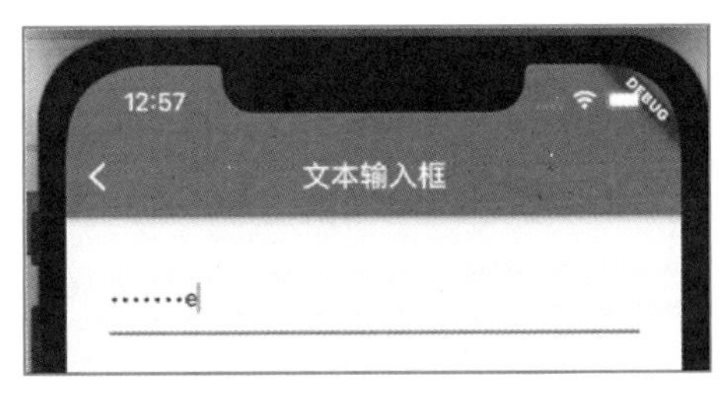

图 2-13 TextField 输入不可见

图 2-14 文字计数器效果图

有些使用场景往往不显示右下角的文本输入计数，但是依然需要限制输入的字数功能，可通过如下代码来实现。

```
// 字数输入限制。实现方式二，右下角不会有文字计数器
Widget buildTextField4() {
  return new TextField(
    //输入文本格式过滤
    inputFormatters: <TextInputFormatter>[
      //当长度大于 11 的时候就不允许再输入了
      LengthLimitingTextInputFormatter(11)
    ],);
}
```

在实际项目开发中，如登录页面的输入手机号与密码功能，一般手机号会限制为 11 位，然后要求只能输入数字，代码如下。

```
// 限制只能输入数字
Widget buildTextField5() {
  return new TextField(
    //设置键盘的类型
    keyboardType: TextInputType.phone,
    //输入文本格式过滤
    inputFormatters: [
      //输入的内容长度为 11 位
      LengthLimitingTextInputFormatter(11),
      //只允许输入数字
      WhitelistingTextInputFormatter.digitsOnly
    ],
  );
}
```

在实际项目需求中，可能还需要其他过滤方式，可采用与正则表达式匹配的方式，需要导入 services，代码如下。

```
import 'package:flutter/services.dart';
// 限制只能输入字母，正则过滤
 Widget buildTextField6() {
   return new TextField(
     //输入文本格式过滤
     inputFormatters: [
       //使用正则过滤
       WhitelistingTextInputFormatter(RegExp("[a-zA-Z]")),
     ],
   );
 }
```

在限制单行输入时，可配置 maxLines 为 1，或者也可使用 inputFormatters 来配置。当两者

同时配置时，inputFormatters 的优先级高。通过属性 maxLines 来限制输入框最多可输入 3 行文字。以上设置代码如下。

```
//maxLine 用来配置输入框可输入的行数
Widget buildTextField7() {
  return new TextField(
    //设置最大行数为 3 行
    maxLines: 3,
    //输入文本格式过滤
    inputFormatters: [
      //限制单行 会覆盖 maxLines 属性配置的行数
      BlacklistingTextInputFormatter.singleLineFormatter
    ],
  );
```

对于输入邮箱的格式验证，一般邮箱的内容是由大小写字母、数字、@字符、'.'字符组成，可通过组合多个正则表达式来实现需求，代码如下。

```
//输入邮箱控制
Widget buildTextField8() {
  return new TextField(
    //输入文本格式过滤
    inputFormatters: [
      WhitelistingTextInputFormatter(RegExp("[@]|[A-Za-z0-9]|[.]")),
    ],
  );
}
```

将文本输入框 TextField 设置为不可编辑有两种方式：一是设置 TextField 的属性 enabled 的值为 false；二是设置 TextField 的只读属性 readOnly 为 true。两者的区别是用到的边框样式不一样。

2.5.1 背景样式 InputDecoration

TextField 默认情况下是有一个底部边框效果的，在实际项目开发中，是满足不了设计需要的。通过属性 decoration 配置 InputDecoration 可以定义更多效果，如去掉默认底部边框线。代码如下。

```
///设置无边框
Widget buildTextField() {
    return new TextField(
      //边框样式设置
      decoration: InputDecoration(
        //设置无边框
        border: InputBorder.none,
      ),
    );
  }
```

InputDecoration 常用取值及其说明见表 2-7。

表 2-7 InputDecoration 常用取值

取　值	说　明
InputBorder.none	无边框
OutlineInputBorder	上下左右都有边框
UnderlineInputBorder	只有下边框，默认使用

对于 OutlineInputBorder，装饰的 TextField 的边框上下左右都有边框，如图 2-15 所示。

默认的 OutlineInputBorder 创建的四个圆角的弧度参数为 4.0，修改四个角的弧度参数为 40，如图 2-16 所示，形成的这个弧度实际上是以 40 为半径的圆的 1/4，代码如下。

```
Widget buildTextField2() {
  return new TextField(
    decoration: InputDecoration(
      //设置上下左右都有边框
      border: OutlineInputBorder(
        //设置边框四个角的弧度
        borderRadius: BorderRadius.all(Radius.circular(40)),
      ),
    ),
  );
}
```

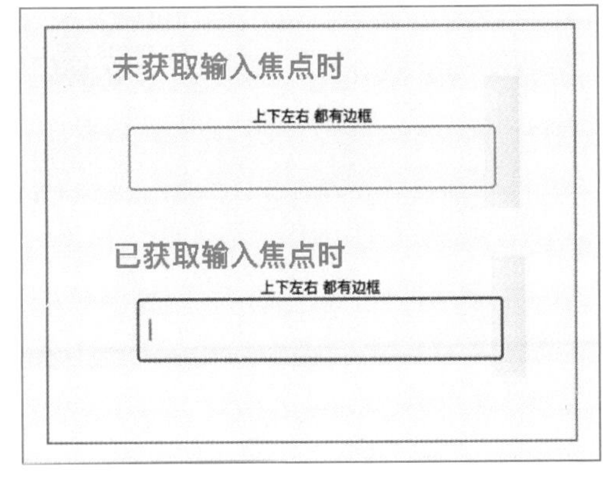

图 2-15 OutlineInputBorder 四周都有边框

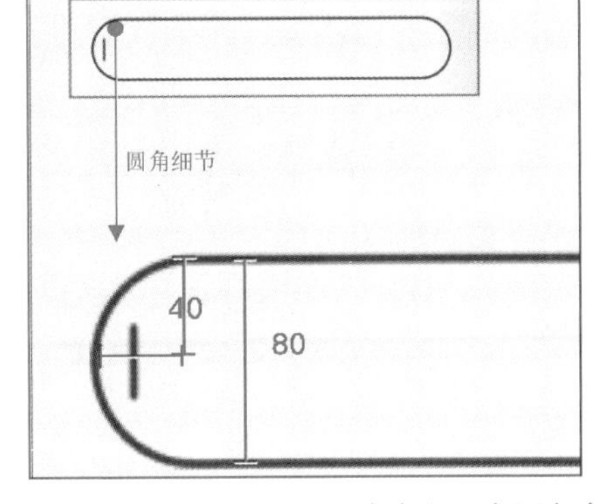

图 2-16 OutlineInputBorder 自定义四角圆角半径

无论是使用下边框线 UnderlineInputBorder 还是四周边框线 OutlineInputBorder，在程序运行中，都可看到当 TextField 未获取输入焦点时，边框线是灰色的，获取输入焦点时，边框线是蓝色的。当然这个是使用默认主题配置的颜色，还可以配置多种状态下的边框样式，代码见 https://github.com/zhaolongs/flutter_book_jixie/blob/v1/flutter_book_code_video/lib/code/code2/example_228_textfield_page.dart（代码清单 2-27）。

如图 2-17 所示，是实际项目开发中的一种应用场景，在输入框内有提示语“请输入姓名”和“请输入密码”，当输入姓名和密码后，提示语就会消失。

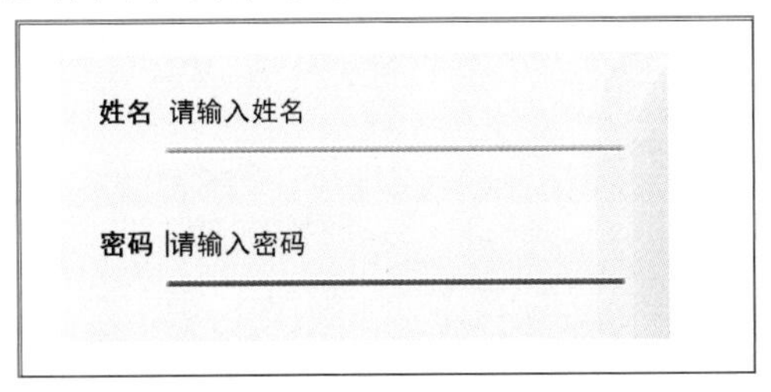

图 2-17 输入框提示语设置

在 Flutter 中，可通过设置 TextField 的 decoration 属性中的 InputDecoration 中的 hintText 来实现，代码如下。

```
TextField(
```

```
      decoration: InputDecoration(
        //提示文本
        hintText: "请输入姓名",
        //提示文本样式
        hintStyle: TextStyle(color: Colors.grey,fontSize: 12.0)
      ),
    ),
```

InputDecoration 中的 labelText 也是一种提示，就是在 TextField 未获取焦点时，labelText 配置文本内容显示在 TextField 中间，或显示在 TextField 输入内容的相同位置，当 TextField 获取焦点进行内容输入或者已输入内容时，labelText 的文本会被移动到顶部的 boder 边线上，代码如下。

2-18 labelText 提示语设置

```
///代码清单 2-28 TextField 中的 labelText 提示语设置
///lib/code/code2/example_230_textfield_page.dart
class Example230 extends StatefulWidget {
  @override
  State<StatefulWidget> createState() {
    return _ExampleState();
  }
}

class _ExampleState extends State<Example230> {
  @override
  Widget build(BuildContext context) {
    //Scaffold 用来搭建页面的主体结构
    return Scaffold(
      appBar: AppBar(title: Text("登录"),),
      body: Container(
        margin: EdgeInsets.all(30.0),
        //线性布局竖直方向的线性排列
        child: Column(
          children: [
            new TextField(
              //边框样式设置
              decoration: InputDecoration(
                labelText: "用户名",
                border: OutlineInputBorder(
                  //设置边框四个角的弧度
                  borderRadius: BorderRadius.all(Radius.circular(10)),
                ),
              ),
            ),
            SizedBox(height: 20,),//竖直方向的间隔设置
            new TextField(
              obscureText: true, //隐藏输入的文本
              maxLines: 1, //最大可输入 1 行
              decoration: InputDecoration( //边框样式设置
                labelText: "密码",//提示语
                border: OutlineInputBorder(
                  //边框圆角
                  borderRadius: BorderRadius.all(Radius.circular(10)),
                ),
              ),
            ),
          ],
        ),
```

```
      ),
    );
  }
}
```

2.5.2 文本控制器 TextEditingController

通过 TextEditingController 可实现为绑定的输入框 TextField 预设内容、获取 TextField 中输入的内容、监听 TextField 中的文字输入变化等。

首先是创建控制器，代码如下。

```
//创建文本控制器实例
//创建方式一
TextEditingController _editingController = new TextEditingController();

//创建方式二。其中 text 是预设置的内容
TextEditingController _controller2 = new TextEditingController(text: "初始化内容");
```

然后在 TextField 中使用，代码如下。

```
new TextField(
    //绑定控制器
    controller: _editingController,
  )
```

最后通过控制器获取 TextField 中输入的内容，代码如下。

```
String result = _editingController.text;
```

在 TextField 中预设内容时，有两种方法，一种是在创建控制器时通过构造函数中的 text 属性来配置，另一种是通过控制器实例直接赋值，代码如下。

```
_editingController.text = "初始化内容";
```

这两种赋值方式预设内容后，默认的输入光标还是显示在输入文本的最前面，实际业务需求中一般是期望光标停留在输入文本的最后的，可通过如下方法来设置。

```
///代码清单 2-29 文本控制的基本使用
///lib/code/code2/example_231_textfield_page.dart
// 设置 TextField 中显示的内容并保持输入光标在文本最后面
void setEditeInputTextAndSelectionFunction(String flagText) {
  //控制初始化的时候鼠标保持在文字最后
  _editingController = TextEditingController.fromValue(
    //用来设置初始化时的显示
    TextEditingValue(
      //用来设置文本 controller.text = "0000"
      text: flagText,
      //设置光标的位置
      selection: TextSelection.fromPosition(
        //用来设置文本的位置
        TextPosition(
            affinity: TextAffinity.downstream,
            // 光标向后移动的长度
            offset: flagText.length),
      ),
    ),
  );
```

```
}
```

EditingControlldr 也可以添加一个 Listener 监听，在当前的文本输入框 TextField 获取或者失去焦点、有文本输入时可监听到变化，代码如下。

```
///代码清单 2-30 文本输入监听
///lib/code/code2/example_231_textfield_page.dart
///在页面初始化时调用
@override
void initState() {
  super.initState();
  addListener();
}
// 最好是在 initState 方法中调用
void addListener(){
  // 添加监听。当 TextFeild 中内容发生变化时，回调和焦点变动也会触发
  // TextField 的 onChanged 方法当 TextFeild 文本发生改变时才会回调
  _editingController.addListener((){
    //获取输入的内容
    String currentStr = _editingController.text;
  });
}
```

2.5.3 输入焦点与键盘控制

FocusNode 可以用来捕捉欲监听 TextField 的焦点，同时也可通过 FocusNode 来控制对应的 TextField 的焦点。FocusNode 的使用分四步。

第一步，创建 FocusNode，代码如下。

```
//创建 FocusNode 对象实例
 FocusNode focusNode = FocusNode();
```

第二步，初始化函数中添加焦点监听，代码如下。

```
///代码清单 2-31 FocusNode 输入框焦点事件的捕捉与监听
 ///lib/code/code2/example_232_textfield_page.dart
@override
void initState() {
  super.initState();

    //添加 listener 监听
    //对应的 TextField 失去或者获取焦点都会回调此监听
     focusNode.addListener((){
       if (focusNode.hasFocus) {
         print('得到焦点');
       }else{
        print('失去焦点');
       }
     });
}
```

第三步，在 TextField 中引用 FocusNode，代码如下。

```
new TextField(
  //引用 FocusNode
  focusNode: focusNode,
),
```

第四步，在页面 Widget 销毁时，释放 focusNode，代码如下。

```
//页面销毁
@override
void dispose() {
  super.dispose();
  focusNode.dispose();//释放
}
```

在项目开发中，关于 focusNode 的常用方法代码如下。

```
 //获取焦点
 void getFocusFunction(BuildContext context){
   FocusScope.of(context).requestFocus(focusNode);
 }

//失去焦点
 void unFocusFunction(){
   focusNode.unfocus();
 }

//隐藏键盘而不丢失文本字段焦点:
 void hideKeyBoard(){
   SystemChannels.textInput.invokeMethod('TextInput.hide');
 }
```

在实际项目中的一个用户操作习惯就是：当输入键盘是弹出状态时，用户点击屏幕的空白处，键盘要隐藏。实现思路就是在 MaterialApp 组件中的第一个根布局中设置一个手势监听，然后在手势监听中处理隐藏键盘的功能，代码如下。

```
// 全局点击空白处理隐藏键盘
Widget buildMainBody(BuildContext context) {
  return GestureDetector(
    onTap: () {
      //隐藏键盘
      SystemChannels.textInput.invokeMethod('TextInput.hide');
    },
    child: ... ...//省略
  );
}
```

2.6 容器 Container 组件

在 Flutter 中，Container 组件是用来放置 widget 的容器，可以设置 padding、margin、位置、大小、边框和阴影等参数。Container 可理解为 Flutter 中的盒子模型，图 2-18 为经典盒子模型的一个效果图。

1）Margin（外边距）：Container 边框外的区域，通过 margin 属性配置。

2）Border（边框）：围绕在内边距外围的边框。

3）Padding（内边距）：内容区域的外围，界于边框与内容区域之间的区域。

4）Content（内容）：盒子的主内容区域，通过 child 属性来配置。

Container 容器基本使用代码如下。

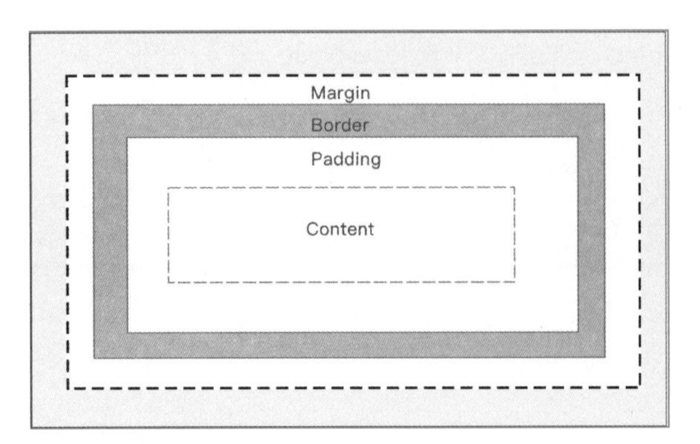

图 2-18　盒子模型分析效果图

```
///代码清单 2-32 Container 容器的基本使用
///lib/code/code2/example_233_container_page.dart
class Example233 extends StatefulWidget {
  @override
  State<StatefulWidget> createState() {
    return _ExampleState();
  }
}

class _ExampleState extends State<Example233> {
  @override
  Widget build(BuildContext context) {
    //Scaffold 用来搭建页面的主体结构
    return Scaffold(
      appBar: AppBar(title: Text("测试"),),
      body: Container(
        //容器的高度
        height: 200,
        //容器的宽度
        width: 200,
        //内边距
        padding: EdgeInsets.all(20),
        //外边距
        margin: EdgeInsets.all(20),
        //当前容器的背景颜色 灰色
        color: Colors.grey,
        child: Container(
          //当前容器的子 Widget 居中
          alignment: Alignment.center,
          //填充父布局
          width: double.infinity,
          height: double.infinity,
          //当前背景白色
          color: Colors.white,
          child: Text("内容文本"),
        ),
      ),
    );
  }
}
```

2-19　Container 基本使用效果图

Container 可实现多种多样的装饰效果，如圆角边框、渐变背景、体育场背景等，通过

decoration 属性来配置使用，color 属性与 decoration 不能同时配置，否则会有冲突异常，decoration 最常用的就是 BoxDecoration 盒模型装饰，其常用属性取值说明如表 2-8 所示。

表 2-8 BoxDecoration 属性取值说明

取　值	类　型	说　明
border	BoxBorder	配置边框、颜色以及线的样式
borderRadius	BorderRadiusGeometry	边框四个角的圆角度
color	Color	Container 的填充色
boxShadow	List<BoxShadow>	阴影
gradient	Gradient	渐变过渡色填充
backgroundBlendMode	BlendMode	图像混合模式
shape	BoxShape	Container 的外边框形状
image	DecorationImage	Container 填充的图片

圆角边框是一个最常用的效果，通过 BoxDecoration 配置可以实现，对应代码如下。

```
///代码清单 2-33 Container 圆角边框
///lib/code/code2/example_234_container_page.dart
 Container buildBorderAndColor() {
   return Container(
     //子 Widget 居中对齐
     alignment: Alignment.center,
     width: 200,
     height: 100,
     decoration: new BoxDecoration(
       // 边框颜色与宽度
       border: new Border.all(color: Color(0xFFFF0000), width: 0.5),
       //边框圆角 四个角全部配置如表 2-8 所示为构建圆角的方法概述
       borderRadius: new BorderRadius.all(
         Radius.circular(20),
       ),
       //填充色
       color: Color(0xFF9E9E9E),
     ),
     child: Text("配置边框与填充色"),
   );
 }
```

2-20 Container 圆角边框效果图

BorderRadius 构建圆角的方法见表 2-9。

表 2-9 BorderRadius 构建圆角的方法描述

取　值	说　明
BorderRadius.all	参数类型为 Radius，同时配置四个角的圆角
BorderRadius.only	可分别配置四个角的圆角，可选参数为 topLeft、topRight、bottomLeft、bottomRight，这四个可选参数配置的类型为 Radius。
BorderRadius.circular	参数类型为 double，同时配置四个角的圆角，并且限定圆角的半径 x 方向半径与 y 方向半径相同
BorderRadius.vertical	以 X 轴为分界线，将四个角分为上下两组，通过可选参数 top 与 bottom 分别配置上边一组圆角 topLeft、topRight 与下边一组 bottomLeft、bottomRight 的圆角样式
BorderRadius.horizontal	以 Y 轴为分界线，将四个角分为左右两组，通过可选参数 left 与 right 分别配置左边一组圆角 topLeft、bottomLeft 与右边一组 topRight、bottomRight 的圆角样式

可通过 Container 的 BoxDecoration 的 boxShadows 属性来配置阴影，代码如下。

```
///代码清单 2-34 Container 阴影 boxShadow 基本使用
///lib/code/code2/example_234_container_page.dart
Container buildBoxShadow() {
  return Container(
    //子 Widget 居中对齐
    alignment: Alignment.center,
    width: 200,
    height: 100,
    decoration: new BoxDecoration(
      color: Colors.blue,
      //可配置多组阴影效果
      boxShadow: [
        //配置阴影
        BoxShadow(
          //阴影的颜色
          color: Colors.red,
          //阴影在 x 轴与 y 轴上的偏移量
          offset: Offset(10.0, 10.0),
          //模糊半径
          blurRadius: 20.0,
          //阴影的延伸量
          spreadRadius: 1,
        )
      ],
    ),
    child: Text("配置阴影"),
  );
}
```

2-21 Container 阴影边框效果图

通过 Contrainer 的 BoxDecoration 的 gradient 属性来配置渐变过渡的样式，常见的颜色渐变过度有 LinearGradient（线性）、RadialGradient（放射）、SweepGradient（扫描）。通过 LinearGradient 实现的一个水平向右的颜色渐变效果，代码如下。

```
///代码清单 2-35 Container  线性渐变颜色过渡
///lib/code/code2/example_234_container_page.dart
Container buildBorder5() {
  return Container(
    //子 Widget 居中对齐
    alignment: Alignment.center,
    width: 200,
    height: 100,
    decoration: new BoxDecoration(
        color: Colors.blue,
        // 线性渐变
        gradient: LinearGradient(
          //渐变过渡的颜色体系
          colors: [Colors.blue, Colors.yellow, Colors.red],
          //过渡的开始位置
          begin: FractionalOffset(0, 0.5),
          //过渡的结束位置
          end: FractionalOffset(1, 0.5),
        )),
    child: Text("配置渐变颜色"),
  );
}
```

2-22 Container 线性渐变效果图

对于 LinearGradient 渐变过渡的方向，读者可以在合理设置的坐标系内灵活应用，对应的坐标系如图 2-19 所示。

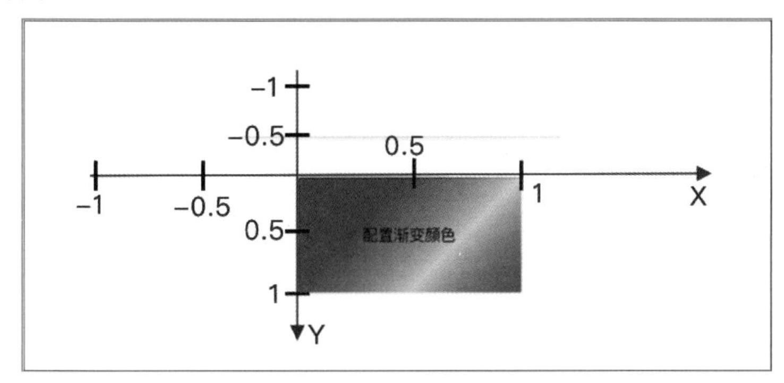

图 2-19　Container 内容坐标系效果图

通过 SweepGradient 来构建扫描式的效果。

```
///代码清单 2-36 Container SweepGradient 扫描渐变
///lib/code/code2/example_234_container_page.dart
Container buildSweep() {
  return Container(
    //子 Widget 居中对齐
    alignment: Alignment.center,
    width: 200,
    height: 100,
    decoration: new BoxDecoration(
      color: Colors.blue,
      // 扫描渐变
      gradient: SweepGradient(
        //渐变过渡的颜色体系
        colors: [Colors.blue, Colors.yellow, Colors.red],
        //过渡的开始角度 默认是 0
        startAngle: 0.0,
        //过渡的结束角度 默认是 2×3.1415926，也就是在默认情况下，是从 0～360
        endAngle: 2×3.14,
        //中心点 默认就是当前 Container 的中心
        //也可以通过 Alignment.center 来配置
        center: FractionalOffset(0.5, 0.5),
      ),
    ),
    child: Text("配置渐变颜色"),
  );
}
```

2-23　Container Sweep 扫描式效果图

环形渐变过渡 RadialGradient，也可称为波浪式的过渡效果，代码如下。

```
///代码清单 2-37 RadialGradient 环形渐变过渡
///lib/code/code2/example_234_container_page.dart
Container buildRadial() {
  return Container(
    //子 Widget 居中对齐
    alignment: Alignment.center,
    width: 200,
    height: 200,
    decoration: new BoxDecoration(
```

2-24　Container Radial 环形效果图

```
        color: Colors.blue,
        // 环形渐变
        gradient: RadialGradient(
          //渐变过渡的颜色体系
          colors: [Colors.red,Colors.yellow, Colors.black, ],
          //渐变颜色的过渡半径
          //由 Container 的短边决定
          radius: 0.5,
          //过渡半径之外的颜色填充模式
          // 默认是 clamp，直接使用 colors 中配置的最后一个颜色填充
          //如这里配置的黑色
          tileMode: TileMode.clamp,
          //中心点 默认就是当前 Container 的中心
          //也可以通过 Alignment.center 来配置
          center: FractionalOffset(0.5, 0.5),
        ),
      ),
      child: Text("配置渐变颜色"),
    );
}
```

2.7 按钮 Button

在 Flutter 中，Button 常用于处理用户的点击事件操作，与 Android 中的 Button 和 iOS 中的 UIButton 功能类似。Flutter 提供了很多预定样式的 Button，表 2-10 列出了一些常用的 Button。

表 2-10 Flutter 中常用的 Button 类别及说明

类　别	说　明	类　别	说　明
MaterialButton	Material Design 风格	OutlinedButton	有外边框的按钮，默认按下无高亮色
RaisedButton	凸起的按钮	OutlineButton	有外边框的按钮，默认按下有高亮色
FlatButton	扁平化的按钮	IconButton	通过图标创建的按钮
TextButton	文本按钮 1.20.0 版本	DropdownButton	下拉框按钮
FloatingActionButton	浮动按钮	ElevatedButton	填充色按钮，1.20.0 版本新增的按钮

MaterialButton 是 Material Design 风格按钮，需要在 MaterialApp 组件中使用，它常用的按钮子类有 RaisedButton、FlatButton、OutlineButton。基本使用如下。

```
///代码清单 2-38 Material Design 风格按钮的基本使用
///lib/code/code2/example_237_button_page.dart
Widget buildMaterialButton() {
  return MaterialButton(
    //按钮上显示的文字
    child: Text('登录'),
    //按钮的点击事件
    onPressed: () {
     print("点击了按钮");
    },
  );
}
```

2-25 Material-Button 按钮的基本使用效果图

MaterialButton 的构造函数说明代码如下。

```
const MaterialButton({
   Key key,
   @required this.onPressed,                //按钮点击事件回调
   this.onHighlightChanged,                 // 高亮显示的回调
   this.textTheme,                          // 文字主题
   this.textColor,                          // 文字颜色
   this.disabledTextColor,                  // 不可点击时文字颜色
   this.color,                              // 背景色
   this.disabledColor,                      // 不可点击时背景色
   this.highlightColor,                     // 点击高亮时背景色
   this.splashColor,                        // 水波纹颜色
   this.colorBrightness,
   this.elevation,                          // 阴影高度
   this.highlightElevation,                 // 高亮时阴影高度
   this.disabledElevation,                  // 不可点击时阴影高度
   this.padding,                            // 内容周围边距
   this.shape,                              // 按钮样式
   this.clipBehavior = Clip.none,           // 抗锯齿剪切效果
   this.materialTapTargetSize,              // 点击目标的最小尺寸
   this.animationDuration,                  // 动画效果持续时长
   this.minWidth,                           // 最小宽度
   this.height,                             // 按钮高度
   this.child,
 })
```

RaisedButton 默认有阴影高度、背景填充，如图 2-20 所示。它的基本使用代码如下。

```
RaisedButton(
  child: Text("RaisedButton 按钮"),
  //点击事件
  onPressed: () {  },),
```

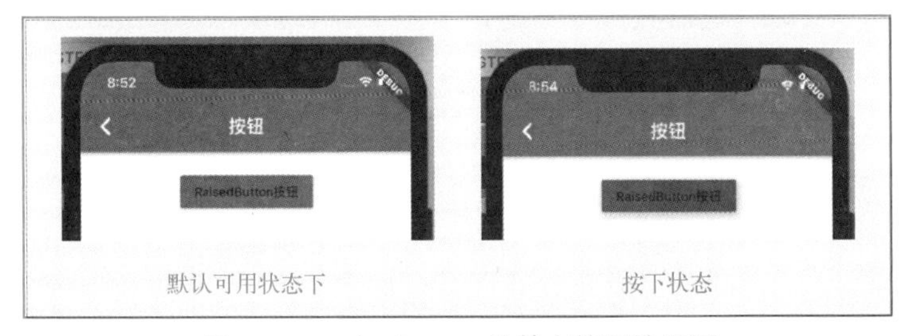

图 2-20　RaisedButton 的基本使用效果图

FlatButton 默认无背景填充，也无阴影高度，如图 2-21 所示。

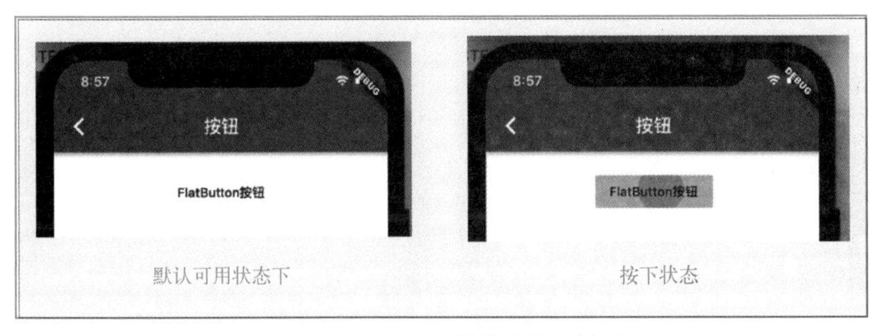

图 2-21　FlatButton 的基本使用效果图

```
FlatButton (
  child: Text("ElevatedButton 按钮"),
  onPressed: () {},
)
```

OutlineButton 默认情况下会带有边框，当点击时，会有填充的背景颜色，如图 2-22 所示。

```
OutlineButton (
  child: Text("ElevatedButton 按钮"),
  onPressed: () {},
)
```

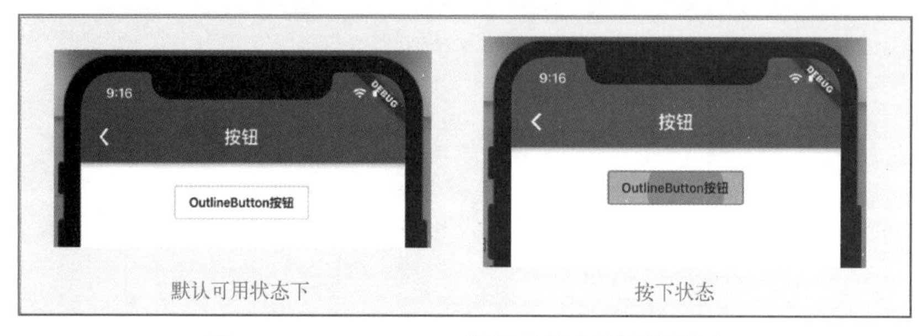

图 2-22　OutlineButton 按钮的基本使用效果图

TextButton 默认无背景填充，也无阴影高度，如图 2-23 所示。

```
TextButton (
  child: Text("ElevatedButton 按钮"),
  onPressed: () {},
)
```

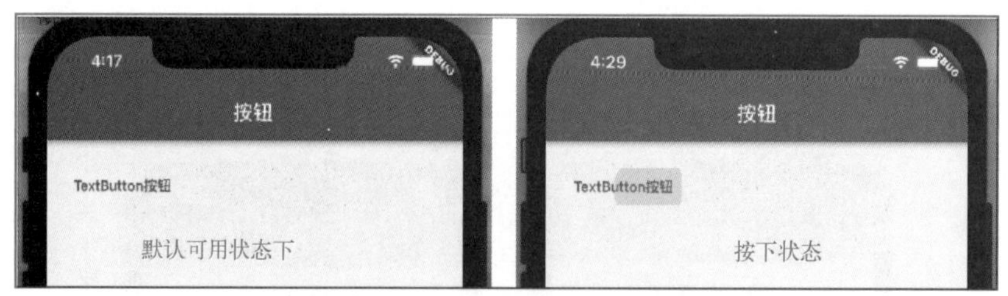

图 2-23　TextButton 按钮的基本使用效果图

TextButton 按钮与 FlatButton 不同的是，FlatButton 按钮按下有高亮颜色显示，而 TextButton 只有水波纹显示，两者默认使用的颜色也不相同。

ElevatedButton 默认情况下会带有圆角边框背景，当点击时，会有水波纹颜色与阴影，如图 2-24 所示。

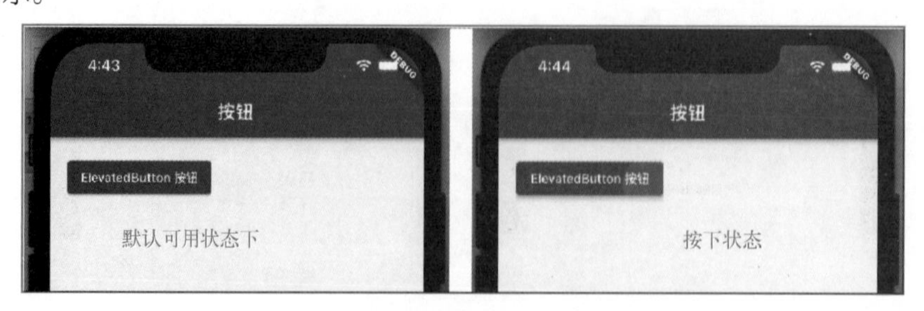

图 2-24　ElevatedButton 按钮的基本使用效果图

```
ElevatedButton(
  child: Text("ElevatedButton 按钮"),
  onPressed: () {},
)
```

图 2-25 为 OutlinedButton 的效果图，与 OutlineButton 定义非常相似，但两者有明显的视觉差异，OutlinedButton 看起来更加舒适。

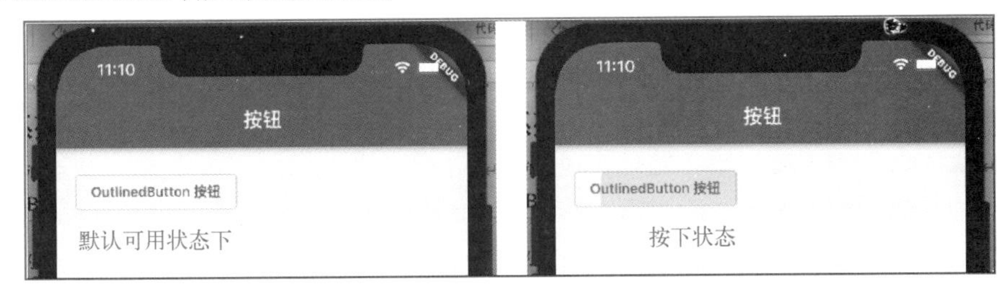

图 2-25　OutlinedButton 按钮的基本使用效果图

```
OutlinedButton(
  child: Text("OutlinedButton 按钮"),
  //点击事件
  onPressed: () {},
)
```

常用的 IconButton 系列按钮有 BackButton、CloseButton、PopupMenuButton，如图 2-26 所示，BackButton 按钮默认配置了后退的图标，基本使用代码如下。

```
BackButton(
  //配置按钮返回箭头的颜色
  color: Colors.blue,
  //返回按钮的点击事件
  onPressed: () {},
)
```

如图 2-27 所示，CloseButton 按钮默认配置了一个关闭图标，基本使用代码如下。

```
CloseButton(
  //配置关闭按钮的颜色
  color: Colors.blue,
  //返回按钮的点击事件
  onPressed: () {},
),
```

图 2-26　BackButton 的使用效果图

图 2-27　CloseButton 的使用效果图

PopupMenuButton 是弹出的菜单按钮，基本使用代码如下。

```
///代码清单 2-39 向下弹出框按钮
///lib/code/code2/example_237_button_page.dart
Widget dividerPopMenu() {
  return new PopupMenuButton<String>(
      //设置小弹框的偏移量，x 轴方向的偏移量为 0，y 轴方向的偏移量为向下偏移 100
      offset: Offset(0, 100),
      itemBuilder: (BuildContext context) => <PopupMenuEntry<String>>[
```

```
          PopupMenuItem<String>(
            child: Text("文本一"),
            value: "value1",
          ),
          new PopupMenuDivider(height: 1.0),
          PopupMenuItem<String>(
            child: Text("文本二"),
            value: "value2",
          ),
          new PopupMenuDivider(height: 1.0),
          PopupMenuItem<String>(
            child: Text("文本三"),
            value: "value3",
          ),
        ],
      //点击子菜单的回调
      onSelected: (String value) {});
  }
```

2-26 PopupMenuButton 基本使用效果图

2.8 图片 Image 组件

在应用开发中，图片资源一般来源于网络、应用程序内 asset 资源目录、手机磁盘上存储的图片、SDK 提供的 Icon 以及相册等。

在 Flutter 中用来加载图片的组件有 AssetImage、DecorationImage、ExactAssetImage、FadeInImage、FileImage、NetworkImage、RawImage、MemoryImage、Image 等。

2.8.1 加载网络图片

通过 Image.network 来加载网络图片，只需要传入对应的网络图片链接就可以，基本使用代码如下。

```
///代码清单 2-40 Image.network 加载网络图片
///lib/code/code2/example_241_image_page.dart
String imageUrl =
    "https://img-blog.csdnimg.cn/20201031094959816.gif";

Widget buildImage() {
  return Image.network(
    imageUrl,
    //图片的填充模式
    fit: BoxFit.fill,
    //图片的宽、高
    width: 100,
    height: 100,
    //加载中的占位
    loadingBuilder: (
      BuildContext context,
      Widget child,
      loadingProgress,
    ) {
      return Text("加载中");
    },
    //加载出错
```

```
    errorBuilder: (
      BuildContext context,
      Object error,
      stackTrace,
    ) {
      return Text("加载出错");
    },
  );
}
```

也可以通过 NetworkImage 来配合 Image 加载网络图片，代码如下。

```
Widget buildImage2() {
  return Image(
    fit: BoxFit.fill,
    width: 100,
    height: 100,
    image: NetworkImage(imageUrl),
  );
}
```

2.8.2 加载本地图片

在移动开发中常用到一些小图片，这些小的图片一般会放在软件项目中，一起打到软件包中，以达到快速加载的目的，如 Android 中的图片存放文件夹 mipmap 或者是 drawble 文件夹，iOS 中的 Assets 目录。

一般沿用 Android 与 iOS 的开发习惯，在 Flutter 的根目录下创建的资源目录还起名为 assets，因为这里的资源可能包含图片、字体、音频等文件，所以在 assets 中再创建对应的目录 images、fonts、voice 等，如图 2-28 所示的目录结构中，images 用来保存图片信息，对应的有 1 倍图、2 倍图、3 倍图目录空间。

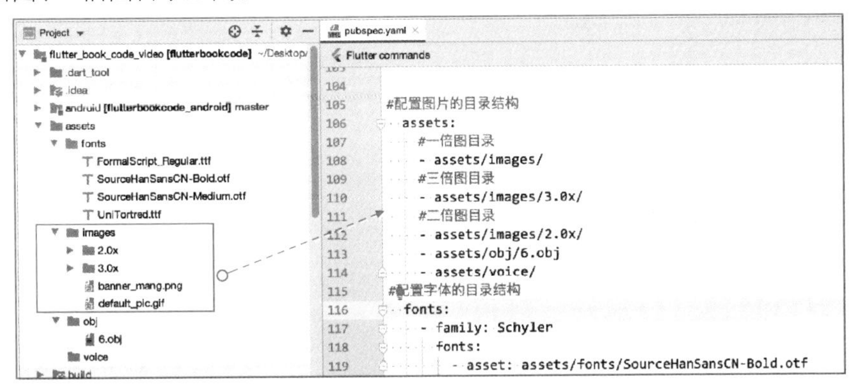

图 2-28 Flutter 中的资源目录空间说明图

在 Flutter 中，通过 Image.asset 来加载资源目录下的图片，它的基本使用代码如下。

```
///代码清单 2-41 Image.asset 加载资源目录图片
///lib/code/code2/example_241_image_page.dart
Widget buildImage3() {
  return Image.asset(
    "assets/images/banner_mang.png",
  );
}
```

```
//或者是
Widget buildImage4() {
  return Image(
    image: AssetImage(
      "assets/images/banner_mang.png",
    ),
  );
}
```

Flutter 会根据当前设备的分辨率加载对应的图片，但是需要按照特定的目录结构来放置图片，目录结构如下。

```
assets
├── images
    ├── xxx.png
    ├── 2.0x
        ├── xxx.png
    ├── 3.0x
        ├── xxx.png
```

需要注意的是，如果期望自动分辨加载，这三种图片都需要配置才可生效，否则只能按指定目录空间来加载使用。

小结

本章讲述了 Flutter 项目开发中 MaterialApp、Scaffold、AppBar、Text、Image、Container、TextField、Button 等基础 Widget，通过这些组件就可以构建基本的应用程序。

第3章 UI布局排版组件

UI 布局主要用于页面的排版，常用的排版方式有线性排列（Column、Row）、层叠排列（Stack）、流式排列（Flow、Wrap）等。

3.1 线性布局 Column 与 Row

线性布局指的是页面布局中的控件摆放方式是以线性的方式摆放的，线性排列有纵向（或称为垂直方向）、横向（水平方向），如图 3-1 所示。

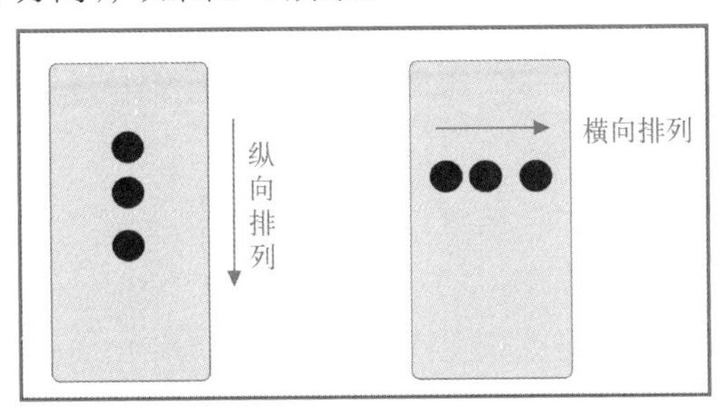

图 3-1 线性布局说明图

在 Flutter 中，使用 Row 和 Column 组件来实现水平或垂直方向的布局，Row 组件处理水平方向的布局，Column 组件处理垂直方向的布局。

Row 和 Column 都有两根轴，MainAxisAlignment（主轴）和 CrossAxisAlignment（交叉轴），是相对而言的。对于 Column 组件来讲，其作用是将子 Widget 在垂直方向线性排列，所以它的主轴就是垂直方向，水平方向就是它的交叉轴。对于 Row 来讲，其主轴就是水平方向，交叉轴就是垂直方向。

使用 Column 组件将三个文本 Text 在垂直方向上线性排列，代码如下。

```
///代码清单 3-1 Column 的基本使用
///lib/code/code3/example_301_column_page.dart
class _Example301 extends State<Example301> {
  @override
  Widget build(BuildContext context) {
    return Scaffold(
      appBar: AppBar(title: Text("线性布局"),),
      //垂直排列
```

3-1 Column 的基本使用效果图

```
      body: Column(
        children: [
          Text("从你的点滴积累开始"),
          Text("所及之处"),
          Text("必精益求精"),
        ],
      ),
    );
  }
}
```

使用 Row 组件将三个按钮在水平方向上线性排列，代码如下。

```
///代码清单 3-2 Row 的基本使用
///lib/code/code3/example_302_row_page.dart
class _Example302 extends State<Example302> {
  @override
  Widget build(BuildContext context) {
    return Scaffold(
      appBar: AppBar(
        title: Text("线性布局"),
      ),
      //水平排列
      body: Row(
        children: [
          RaisedButton(onPressed: () {  },child: Text("A"),),
          OutlineButton(onPressed: () {  },child: Text("B"),),
          ElevatedButton(onPressed: () {  },child: Text("C"),),
        ],
      ),
    );
  }
}
```

3-2　Row 的基本使用效果图

3.1.1　Column 与 Row 的宽与高自适应

在代码清单 3-1 与代码清单 3-2 使用的效果中，Scaffold 的 body 没有对子 Widget 的宽高做限定，所以对于 Column 与 Row，默认情况下在主轴方向是填充，在交叉轴上是包裹，如图 3-2 分析所示（Android Studio Flutter Inspector 工具）。

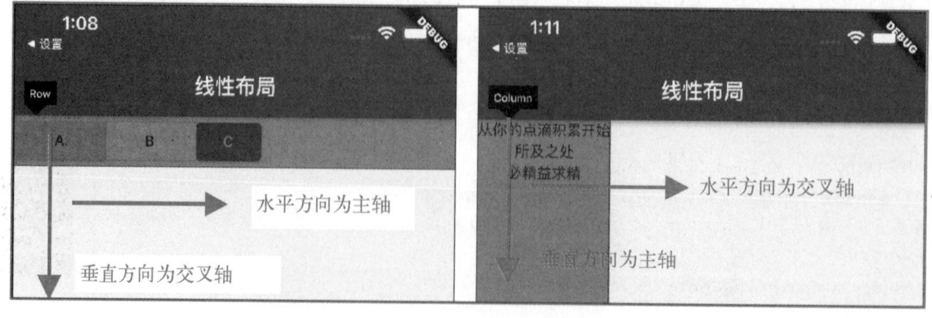

图 3-2　Column Row 的填充分析效果图

许多应用场景期望在主轴方向也是包裹内容的，如图 3-3 所示，可通过配置属性 mainAxisSize

来进行修改，代码如下。

```
Row(
  //主轴内容包裹 默认 MainAxisSize.max 为填充
  mainAxisSize: MainAxisSize.min,
  children: [
   ...
  ],
)

Column(
  //主轴内容包裹
  mainAxisSize: MainAxisSize.min,
  children: [
   ...
  ],
)
```

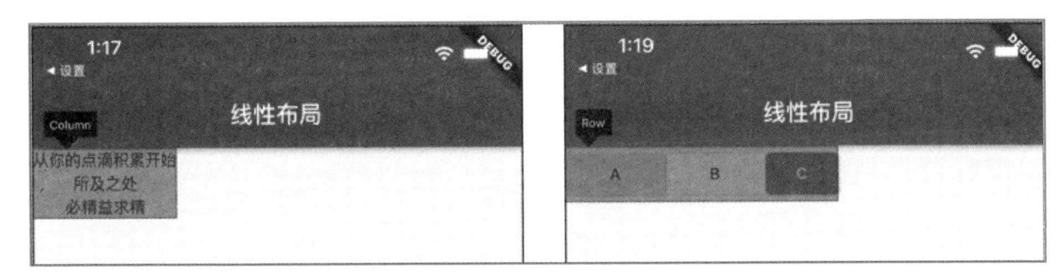

图 3-3　Column Row 主轴内容包裹分析效果图

如图 3-4 所示，当 Column 与 Row 的父布局有了宽高的限制后，Column 与 Row 在主轴与交叉轴方向上都是填充父布局的，代码如下。

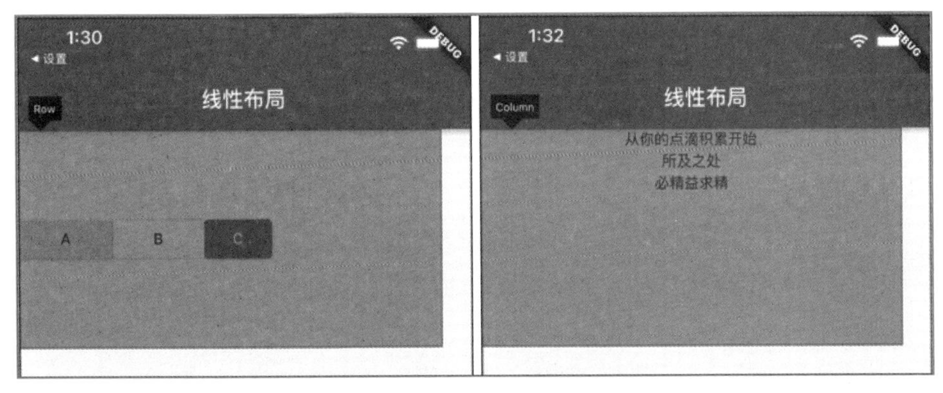

图 3-4　Column Row 填充父布局分析效果图

```
///代码清单 3-3 Column Row 父布局大小限制
///lib/code/code3/example_303_column_page.dart
class _Example303State extends State<Example303> {
  @override
  Widget build(BuildContext context) {
    return Scaffold(
      appBar: AppBar(
        title: Text("线性布局"),
      ),
      //水平排列
```

```
      body: Container(
        width: 400,
        height: 200,
       // child: buildRow(),
        child: buildColumn(),
      ),
    );
  }

  Row buildRow() {
    return Row(
      children: [
        RaisedButton(onPressed: () {  },child: Text("A"),),
        OutlineButton(onPressed: () {  },child: Text("B"),),
        ElevatedButton(onPressed: () {  },child: Text("C"),),
      ],
    );
  }

  Column buildColumn() {
    return Column(
      children: [
        Text("从你的点滴积累开始"),
        Text("所及之处"),
        Text("必精益求精"),
      ],
    );
  }
}
```

3.1.2 Column 与 Row 中子 Widget 的对齐方式分析

对方式需要结合主轴与交叉轴来描述，默认情况下如图 3-5 所示，Column 与 Row 在主轴方向都是将子 Widget 以开始的位置对齐，在交叉轴方向都是居中对齐。

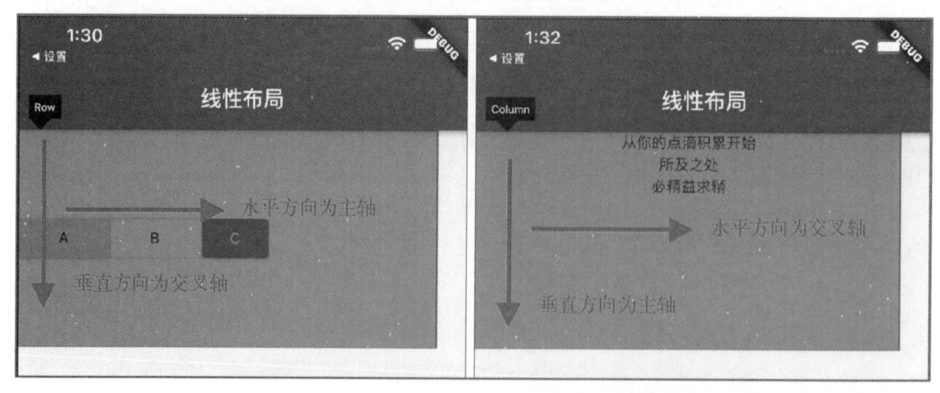

图 3-5　Column Row 填充父布局分析效果图

可通过 mainAxisAlignment 属性来修改 Column 与 Row 的主轴方向的子 Widget 对齐方式，如代码清单 3-4 所示，是 Column 默认配置的对齐方式。

```
///代码清单 3-4 Column Row 中默认的对齐方式
///lib/code/code3/example_304_column_page.dart
```

```
Column buildColumn() {
  //垂直方向的线性排列
  return Column(
    //默认开始位置对齐 在国内 也就是左对齐
    mainAxisAlignment: MainAxisAlignment.start,
    //默认居中对齐
    crossAxisAlignment: CrossAxisAlignment.center,
    children: [
      Text("从你的点滴积累开始"),
      Text("所及之处"),
      Text("必精益求精"),
    ],
  );
}
```

配置的 Column 中所有的子 Widget 中心对齐，代码如下。

```
///代码清单 3-5 Column 中子 Widget 中心对齐
///lib/code/code3/example_304_column_page.dart
Column buildColumn2() {
  //垂直方向的线性排列
  return Column(
    //主轴方向居中对齐（对于 Column 来讲就是垂直方向）
    mainAxisAlignment: MainAxisAlignment.center,
    //交叉轴方向居中对齐（对于 Column 来讲就是水平方向）
    crossAxisAlignment: CrossAxisAlignment.center,
    children: [
      Text("从你的点滴积累开始"),
      Text("所及之处"),
      Text("必精益求精"),
    ],
  );
}
```

3-3 Column 中子 widget 居中对齐效果图

配置的 Row 中所有的子 Widget 中心对齐，代码如下。

```
///代码清单 3-6 Row 中子 Widget 中心对齐
///lib/code/code3/example_304_column_page.dart
Row buildRow2() {
  return Row(
    //主轴方向居中对齐（对于 Row 来讲就是水平方向）
    mainAxisAlignment: MainAxisAlignment.center,
    //交叉轴方向居中对齐（对于 Row 来讲就是垂直方向）
    crossAxisAlignment: CrossAxisAlignment.center,

    children: [
      RaisedButton(onPressed: () {  },child: Text("A"),),
      OutlineButton(onPressed: () {  },child: Text("B"),),
      ElevatedButton(onPressed: () {  },child: Text("C"),),
    ],
  );
}
```

3-4 Row 中子 Widget 居中对齐效果图

主轴方向通过属性 mainAxisAlignment 来决定子 Widgt 的对齐方式，配置的是 MainAxis Alignment 枚举类型，它的取值如表 3-1 所示。

表 3-1 MainAxisAlignment 主轴 alignment 对齐方式

取　值	说　明
MainAxisAlignment.start	沿着主轴方向开始位置对齐
MainAxisAlignment.end	沿着主轴方向结束位置对齐
MainAxisAlignment.center	沿着主轴方向居中对齐
MainAxisAlignment.spaceBetween	沿着主轴方向平分剩余空间
MainAxisAlignment.spaceAround	把剩余空间平分成 *n* 份，*n* 是子 Widget 的数量，然后把其中一份空间分成 2 份，分别放在第一个 child 的前面和最后一个 child 的后面
MainAxisAlignment.spaceEvenly	把剩余空间平分成 *n*+1 份，然后平分所有的空间

交叉轴方向通过属性 crossAxisAlignment 来决定子 Widgt 的对齐方式，配置的是 CrossAxisAlignment 枚举类型，它的取值如表 3-2 所示。

表 3-2 CrossAxisAlignment 交叉轴 alignment 对齐方式

取　值	说　明
CrossAxisAlignment.start	交叉轴方向开始位置对齐
CrossAxisAlignment.end	交叉轴方向结束位置对齐
CrossAxisAlignment.center	交叉轴方向居中对齐
CrossAxisAlignment.stretch	交叉轴方向拉伸子 child
CrossAxisAlignment.baseline	和 textBaseline 一起使用

Column 与 Row 的属性 textDirection 是用来配置方向的，在中文环境下默认是从左向右，也就是取值为 TextDirection.ltr，当配置为 TextDirection.rtl 时则为从右向左。所以在本书中讲述到的开始位置对齐，对于 Column 来讲与左对齐效果一至，对于 Row 来讲，与顶部对齐效果一致，其他的类比推理即可。

3.1.3 Column 与 Row 中子 Widget 按比例权重布局

如图 3-6 所示，线性布局 Row 中两个按钮水平排列，默认按钮是包裹子文本的大小，结合 Expanded 组件使用后，第二个 Button 填充了水平方向剩余的所有的空白区域，代码如下。

```
///代码清单 3-7 Row 中子 Widget 填充剩余空间
///lib/code/code3/example_304_column_page.dart
Widget buildRow4() {
  return Container(
    //边框
    decoration: BoxDecoration(border: Border.all()),
    //水平方向的线性排列
    child: Row(
      //主轴方向居中对齐（对于 Row 来讲就是水平方向）
      mainAxisAlignment: MainAxisAlignment.center,
      children: [
        RaisedButton(onPressed: () {  },child: Text("A"),),
        //填充
        Expanded(
          child: ElevatedButton(
            onPressed: () {},
            child: Text("B"),
          ),
```

```
        ),
      ],
    ),
  );
}
```

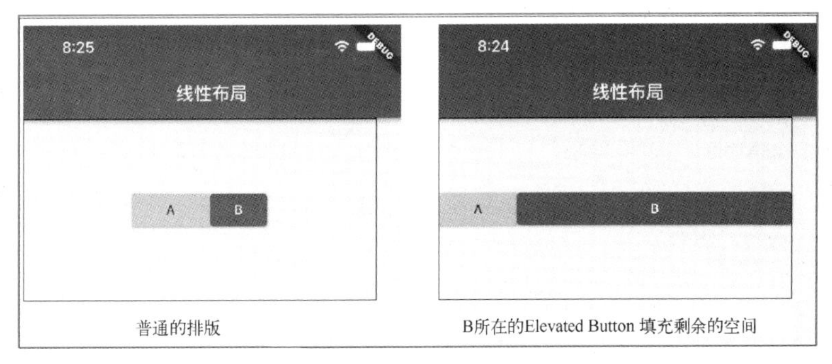

图 3-6　Row 中子 Widget 填充剩余空间效果图

如图 3-7 所示，线性布局 Column 中两个按钮水平排列，默认按钮是包裹子文本的大小，结合 Expanded 组件使用后，第二个 Button 填充了垂直方向剩余的所有空白区域，代码如下。

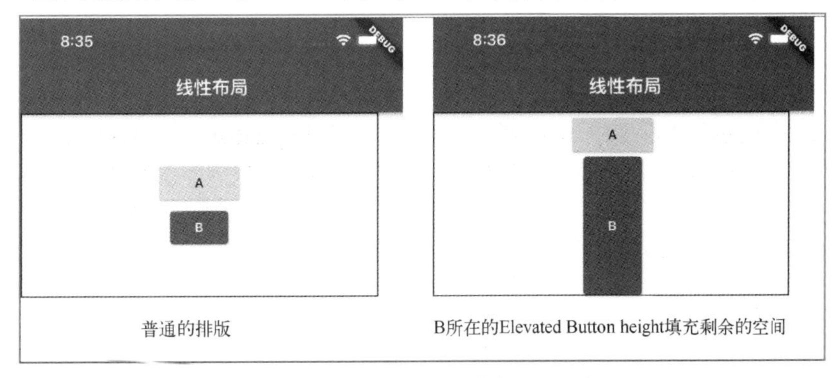

图 3-7　Column 中子 Widget 填充剩余空间效果图

```
///代码清单 3-8 Column 中子 Widget 填充剩余空间
///lib/code/code3/example_304_column_page.dart
Widget buildColumn4() {
  return Container(
    //边框
    decoration: BoxDecoration(border: Border.all()),
    //垂直方向的线性排列
    child: Column(
      //主轴方向居中对齐（对于 Row 来讲就是水平方向）
      mainAxisAlignment: MainAxisAlignment.center,
      children: [
        RaisedButton(onPressed: () {  },child: Text("A"),),
        //填充
        Expanded(
          child: ElevatedButton(
            onPressed: () {},
            child: Text("B"),
          ),
        ),
      ],
```

```
    ),
  );
}
```

如果想要 Column 三个子 Widget 的高度相等，并且平均分配 Column 的空间，可结合 Expanded 组件来实现这种效果，代码如下。

```
///代码清单 3-9 Column 中子 Widget 等比例排列
  ///lib/code/code3/example_304_column_page.dart
  Widget buildColumn5() {
    return Container(
      //边框
      decoration: BoxDecoration(border: Border.all()),
      //垂直方向的线性排列
      child: Column(
        children: [
          //布局 1
          Expanded(flex: 1,child: Container(color: Colors.blue,),),
          //布局 2
          Expanded(flex: 1,child: Container(color: Colors.grey,),),
          //布局 3
          Expanded(flex: 1,child: Container(color: Colors.yellow,),),
        ],
      ),
    );
  }
```

3-5 Column 中子的 Widget 等比例效果图

此处通过 Expanded 中配置的 flex 值，来决定子当前 Expanded 的子 Widget 占用的 height，如在此处的三个区域内容中，Expanded 分别配置 flex 为 1，也就是会将当前 Column 的高度 height 平均分配成 3 份，然后每个子 Widget 占用一份，也就达到了等比分布的需求。同理应用在 Row 中，处理的比例分布就是水平方向。

3.2 非线性布局

3.2.1 帧布局 Stack

帧布局又可称为层叠布局，是将子 Widget 重叠在一起，类似 Android 中的 Frame 布局。Stack 的源码如下。

```
Stack({
  this.alignment = AlignmentDirectional.topStart,
  this.textDirection,
  this.fit = StackFit.loose,
  this.overflow = Overflow.clip,
  List<Widget> children = const <Widget>[],
})
```

对于 Stack 的构造函数参数说明如表 3-3 所示。

表 3-3 层叠布局 Stack 参数说明

属 性	类 型	说 明
alignment	AlignmentDirectional	此参数决定如何对齐没有定位或部分定位的子组件。所谓部分定位，在这里特指没有在某一个轴上定位：left、right 为横轴，top、bottom 为纵轴，只要包含某个轴上的一个定位属性就算在该轴上有定位

（续）

属　性	类　型	说　明
textDirection	TextDirection	和 Column、Row、Wrap 的 textDirection 功能一样
fit	StackFit	此参数用于确定没有定位的子组件如何去适应 Stack 的大小，StackFit.loose 表示使用子组件的大小，StackFit.expand 表示扩伸到 Stack 的大小
overflow	Overflow	此属性决定如何显示超出 Stack 显示空间的子组件；值为 Overflow.clip 时，超出部分会被剪裁（隐藏），值为 Overflow.visible 时则不会
children	List<Widget>	Stack 所包含的子组件

层叠布局 Stack 的基本使用代码如下。

```
///代码清单 3-10 Stack 的基本使用
///lib/code/code3/example_305_column_page.dart
Stack buildStack() {
  return Stack(
    //默认的子 Widget 对齐方式为左上角
    alignment: AlignmentDirectional.topStart,
    children: [
      RaisedButton(onPressed: () {  },child: Text("A"),),
      OutlineButton(onPressed: () {  },child: Text("B"),),
      ElevatedButton(onPressed: () {  },child: Text("C"),),
    ],
  );
}
```

Stack 的属性 alignment 的常量定义如表 3-4 所示，这里的说明是基于文字绘制方向从左向右，也就是说 Stack 的参数 textDirection 配置为 TextDirection.ltr。

表 3-4　Stack alignment 参数说明

取　值	说　明
AlignmentDirectional.topStart	左上角对齐
AlignmentDirectional.topCenter	顶部居中
AlignmentDirectional. topEnd	右上角对齐
AlignmentDirectional.centerStart	居中左对齐
AlignmentDirectional.center	居中对齐
AlignmentDirectional.centerEnd	居中右对齐
AlignmentDirectional.bottomStart	底部左对齐
AlignmentDirectional.bottomCenter	底部居中
AlignmentDirectional.bottomEnd	底部右对齐

在使用 AlignmentDirectional 来配置 alignment 值时，还可以使用其构造函数来创建，代码如下。

```
Stack(
  alignment: AlignmentDirectional(0,0),
  ... ...
)
```

这里创建的 AlignmentDirectional（0，0）与 AlignmentDirectional.center 效果一致，其使用到的 x 与 y 的值参考坐标系如图 3-8 所示。

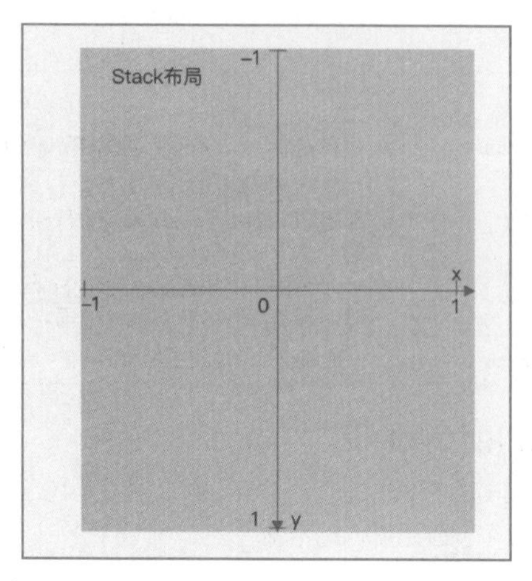

图 3-8　AlignmentDirectional 取值坐标系

alignment 属性配置的值对没有配置定位或部分定位的子组件有效果。对于部分定位的子组件，示例代码如下。

3-6　Stack 约束子 Widget 对齐效果

```
///代码清单 3-11 Stack 的基本使用
///lib/code/code3/example_305_column_page.dart
class _Example305State extends State<Example305> {
  @override
  Widget build(BuildContext context) {
    return Scaffold(
      appBar: AppBar(
        title: Text("层叠布局"),
      ),
      //填充屏幕空间
      body: Container(
        width: double.infinity,
        height: double.infinity,
        child: buildStack2(),
      ),
    );
  }
  ///构建 Stack 布局
  Stack buildStack2(){
    return Stack(
      alignment: AlignmentDirectional.center,
      children: <Widget>[
        Container(
          padding: EdgeInsets.all(10),
          color: Colors.blue,
          child: Text("文本一", style: TextStyle(color: Colors.white)),
        ),
        Positioned(
          top: 20,
          child: Container(
            padding: EdgeInsets.all(10),
            color: Colors.blue,
            child: Text("文本二", style: TextStyle(color: Colors.white)),
          ),
        ),
        Positioned(
```

```
            left: 20,
            child: Container(
              padding: EdgeInsets.all(10),
              color: Colors.blue,
              child: Text("文本三", style: TextStyle(color: Colors.white)),
            ),
          ),
        ],
      );
    }
  }
```

对于文本一的 Container，因为没有配置任何约束，所以此处受 Stack 的 alignment 的约束，为居中对齐。对于文本二的 Container，配置了 top 为 20 的距离，就是在竖直方向上有了约束，而在水平方向上没有约束，也就是配置了部分约束，在水平方向上受 Stack 的 alignment 的居中约束，所以它在水平方向上是居中的。对于文本三的 Container，配置了 left 为 20 的距离，就是在水平方向上有了约束，而在竖直方向上没有约束，也是配置了部分约束，在竖直方向上受 Stack 的 alignment 的居中约束，所以它在竖直方向上是居中的。

3.2.2　弹性布局 Flex

2009 年 W3C 提出了一种新的 Flex 布局方案，可以简便、完整、响应式地实现各种页面布局，所以可以认为 Flutter 中弹性布局 Flex 的思想源于层叠样式表（Cascading Style Sheets，CSS）中。

弹性布局 Flex 的基本使用代码如下。

```
Flex(
  //指定方向
  direction: Axis.horizontal,
  children: [... ... ],
)
```

此处 Flex 组件的 diraction 参数为必选参数，通过属性 direction 来配置轴的方向，取值为 Axis 类型，对于 Axis 类型描述如图 3-9 所示。

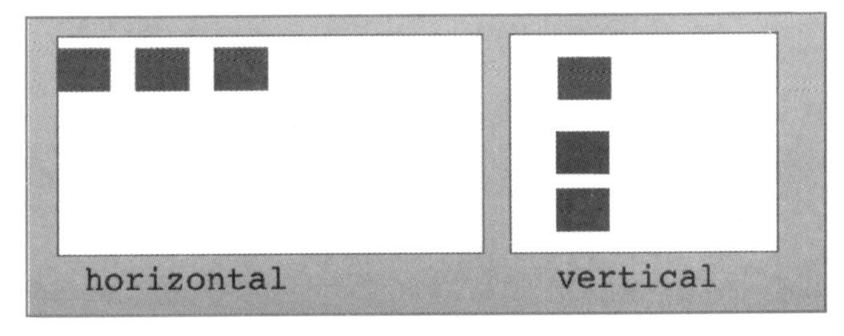

图 3-9　Flex 方向说明图

```
enum Axis {
  horizontal,//水平
  vertical,//竖直
}
```

Column 继承于 Flex，配置 Flex 的 direction 属性为 Axis.vertical，Row 继承于 Flex，配置 Flex 的 direction 属性为 Axis. Horizontal。

3.2.3 流式布局 Wrap

在使用线性布局 Row 和 Colum 时，如果子 Widget 的宽度或者是调试超出屏幕范围，则会报溢出错误，通过 Wrap 和 Flow 来支持流式布局，溢出部分则会自动折行，效果如图 3-10 所示。

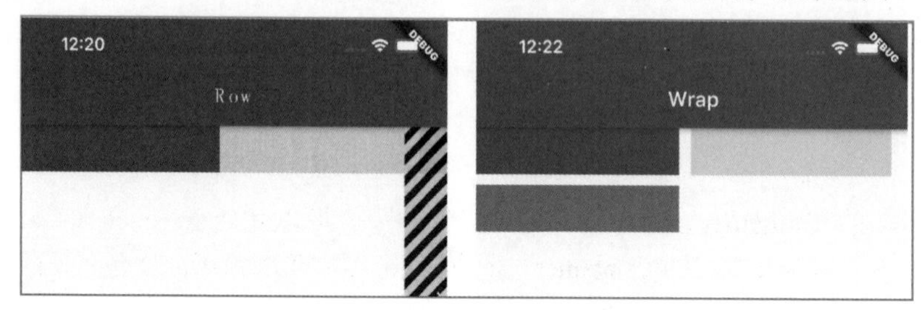

图 3-10　Row 与 Wrap 处理对比效果图

使用 Row 来包裹三个子 Widget，会超出 Row 然后报出异常，代码如下。

```
///代码清单 3-12 Row 中子 Widget 超出视图
///lib/code/code3/example_306_wrap_page.dart
Widget buildRow(){
  return Row(
    crossAxisAlignment: CrossAxisAlignment.start,
    //包裹的子 view
    children: [
      Container(color: Colors.blue,width: 200,height: 45,),
      Container(color: Colors.yellow,width: 200,height: 45,),
      Container(color: Colors.grey,width: 200,height: 45,),
    ],
  );
}
```

使用 Wrap 来包裹三个子 Container，然后在超出宽度后，会自动换行，代码如下。

```
///代码清单 3-13 Wrap 的基本使用
///lib/code/code3/example_306_wrap_page.dart
Widget buildWrap(){
  return Wrap(
    //包裹的子 view
    children: [
      Container(color: Colors.blue,width: 200,height: 45,),
      Container(color: Colors.yellow,width: 200,height: 45,),
      Container(color: Colors.grey,width: 200,height: 45,),
    ],
   //水平排列 默此方式
    direction: Axis.horizontal,
    //主轴方向上的两个 widget 之间的间距
    spacing: 12,
    // 行与行之前的间隔
    runSpacing: 10,
    //主轴方向的 Widget 的对齐方式
    alignment: WrapAlignment.start,
    //次轴方向上的对齐方向
    runAlignment: WrapAlignment.start,
  );
}
```

3-7　Wap
间距说明图

Wrap 的 alignment 属性就是用来配置主轴方向上子 Widget 的对齐方式的，如这里配置的水平方向，它的取值如表 3-5 描述。

表 3-5　Wrap 主轴 alignment 对齐方式

取　值	说　明
WrapAlignment.start	子组件的沿开始方向对齐
WrapAlignment.end	子组件的沿结束方向对齐
WrapAlignment.center	子组件居中对齐
WrapAlignment.spaceBetween	使子组件占用主轴方向平均分配未占用的空间，两端对齐
WrapAlignment.spaceAround	使子组件占用主轴方向平均分配未占用的空间
WrapAlignment.spaceEvenly	使每行子组件之间的间隙相等

3.2.4　流式布局 Flow

对于 Flow 来讲，它能实现流式布局 Wrap 所实现的所有功能，它可以自定义任何布局的样式，Flow 基本使用代码如下。

```
///代码清单 3-14 Flow 的基本使用
///lib/code/code3/example_307_flow_page.dart
Widget buildFlow(){
  return Flow(
    //包裹的子 view
    children: buildTestChildWidget(),
    //代理  代码清单 3-16 中自定义
    delegate: TestFlowDelegate(),
  );
}
List<Widget>  buildTestChildWidget(){
  List<Widget> childWidthList = [];
  ///构建不同宽度的测试数据
  for (int i = 0; i < 20; i++) {
    Container itemContainer = new Container(
      //圆角矩形背景
      decoration: BoxDecoration(
        //灰色
          color: Colors.grey[300],
          //四个圆角
          borderRadius: BorderRadius.all(Radius.circular(8))
      ),
      //子 Widget 居中对齐
      alignment: Alignment.center,
      height: 30,
      //计算不同的宽度
      width: (74+i%5*15).toDouble(),
      child: Text("测试数据$i"),
    );
    //List 中添加子 Widget
    childWidthList.add(itemContainer);
  }
  return childWidthList;
}
```

3-8　Flow 基本使用效果图

在这里使用到的自定义 TestFlowDelegate 继承于 FlowDelegate，基本实现代码见 https://

github.com/zhaolongs/flutter_book_jixie/blob/v1/flutter_book_code_video/lib/code/code3/example_307_flow_page.dart（代码清单 3-15）。

3.3 实现一个酷炫的登录页面

如图 3-11 所示，要综合使用 Stack、Column、Row 实现一个登录页面，这个登录页面满足的条件如下。

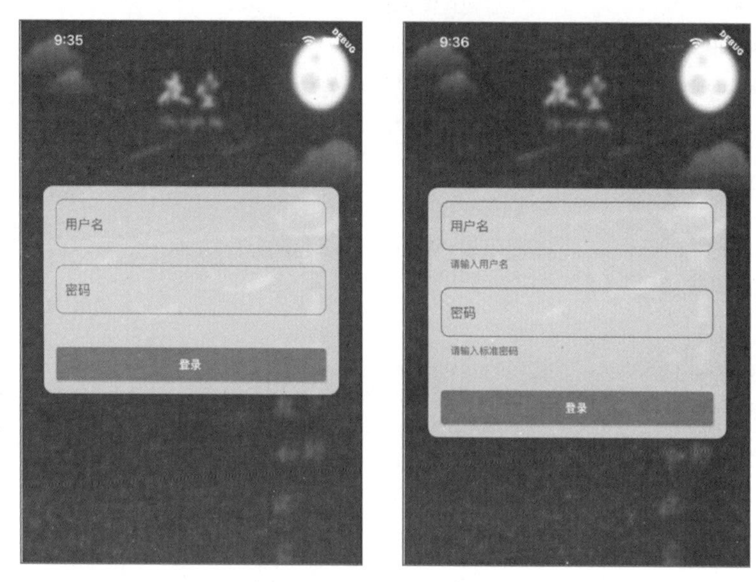

图 3-11 登录页面效果图

1）背景高斯模糊的效果。

2）当键盘弹出时，背景不会移动，但是当键盘将要遮挡输入框时，输入框会上移。

3）点击键盘上的回车键会进行输入框输入焦点的切换。

4）点击空白区域，键盘会消失。

5）当用户名或者密码输入框中未输入内容时，点击键盘回车键或者登录页面，对应的页面会有抖动提示，并且输入框会有红色的边框提示以及红色的文字提示，抖动提示使用到依赖库。

```
#Flutter 项目配置文件中 pubspec.yaml
dependencies:
  shake_animation_widget: ^2.1.2
```

6）通过 StreamController 结合 StreamBuilder 实现局部刷新页面 Widget 功能。

3.3.1 页面主体结构构建

如图 3-11 所示的登录页面，在这里使用 Stack 将背景层、高斯模糊层、用户信息输入层叠在一起，代码见 https://github.com/zhaolongs/flutter_book_jixie/blob/v1/flutter_book_code_video/lib/code/code3/example_311_login_page.dart（代码清单 3-16）。

3.3.2 输入层 UI 布局

按照组件封装的思想，将输入层的内容布局封装在 LoginInputLayout 中，代码如下。

```
///代码清单 3-17 登录页面 输入层
///lib/code/code3/example_311_login_page.dart
class LoginInputLayout extends StatefulWidget {
  @override
  _LoginInputLayoutState createState() => _LoginInputLayoutState();
}

class _LoginInputLayoutState extends State<LoginInputLayout> {
  //用户名输入框的焦点控制
  FocusNode _userNameFocusNode = new FocusNode();
  FocusNode _passwordFocusNode = new FocusNode();

  //文本输入框控制器
  TextEditingController _userNameController = new TextEditingController();
  TextEditingController _passwordController = new TextEditingController();

  //抖动动画控制器
  ShakeAnimationController _userNameAnimation = new ShakeAnimationController();
  ShakeAnimationController _userPasswordAnimation =
      new ShakeAnimationController();

  //Stream 更新错误方案操作控制器
  StreamController<String> _userNameStream = new StreamController();
  StreamController<String> _userPasswordStream = new StreamController();

  ...

}
```

然后对于输入层的整体嵌套一个手势识别 GestureDetector，用来实现用户点击空白处键盘隐藏的体验，页面整体使用 Scaffold 脚手架来构建，代码如下。

```
///代码清单 3-18 输入层 build 方法 _LoginInputLayoutState 中
///lib/code/code3/example_311_login_page.dart
@override
Widget build(BuildContext context) {
  //手势识别点击空白隐藏键盘
  return GestureDetector(
    onTap: () {
      //3.3.3 节中有说明
      hindKeyBoarder();
    },
    child: Scaffold(
      //键盘弹出不移动布局
      resizeToAvoidBottomPadding: false,
      //背景透明
      backgroundColor: Colors.transparent,
      //登录页面的主体
      body: Container(
        width: double.infinity,
        height: double.infinity,
        child: buildLoginWidget(),
      ),
    ),
  );
}
```

buildLoginWidget 方法中就是构建的输入层的主要内容，使用线性布局 Column 来排列，包括两部分内容，一部分是键盘占位区，用于键盘显示于隐藏时动态上下移动输入框的功能，另一部分就是构建的白色圆角背景区域，代码如下。

```
///代码清单 3-19
///lib/code/code3/example_311_login_page.dart
Widget buildLoginWidget() {
  return Column(
    mainAxisSize: MainAxisSize.max,
    children: [
      //键盘占位区 3.3.5 节中定义
      KeyboardPlaceholderWidget(
        //键盘弹起时的占位高度
        minHeight: 170,
        //键盘隐藏时的占位高度
        maxHeight: 200,
      ),
      //白色边框背景
      Container(
        margin: EdgeInsets.only(
          left: 30.0,
          right: 30.0,
        ),
        //内边距
        padding: EdgeInsets.all(16),
        //圆角边框
        decoration: BoxDecoration(
          //透明的白色
            color: Colors.white.withOpacity(0.8),
            //四个圆角
            borderRadius: BorderRadius.all(Radius.circular(12))),
        //线性布局
        child: buildColumn(),
      ),
    ],
  );
}
```

buildColumn 方法是构建了一个线性布局 Column，将两个输入框以及登录按钮线性组合在一起，代码如下。

```
///代码清单 3-20 竖直方向排开的用户名、密码、登录按钮
///lib/code/code3/example_311_login_page.dart
Column buildColumn() {
  return Column(
    //包裹
    mainAxisSize: MainAxisSize.min,
    children: [
      //用户名输入框
      buildUserNameWidget(),
      SizedBox(
        height: 20,
      ),
      //用户密码输入框
      buildUserPasswordWidget(),
      SizedBox(
        height: 40,
```

```
      ),
      //登录按钮
      Container(
        width: double.infinity,
        height: 40,
        child: ElevatedButton(
          child: Text("登录"),
          onPressed: () {
            checkLoginFunction();
          },
        ),
      )
    ],
  );
}
```

抖动的用户名输入框构建代码如下。

```
///代码清单 3-21 抖动用户名输入框构建
///lib/code/code3/example_311_login_page.dart
Widget buildUserNameWidget() {
  // 3.3.4 节有说明
  return ShakeTextFiled(
    labelText: "用户名",
    stream: _userNameStream.stream,
    shakeAnimationController: _userNameAnimation,
    textFieldController: _userNameController,
    focusNode: _userNameFocusNode,
    onSubmitted: (String value) {
      //点击校验，如果有内容输入 输入焦点跳入下一个输入框
      if (checkUserName()) {
        _userNameFocusNode.unfocus();
        FocusScope.of(context).requestFocus(_passwordFocusNode);
      } else {
        FocusScope.of(context).requestFocus(_userNameFocusNode);
      }
    },
  );
}
```

抖动的密码输入框构建代码如下。

```
///代码清单 3-22 抖动密码输入框构建
///lib/code/code3/example_311_login_page.dart
Widget buildUserPasswordWidget() {
  // 3.3.4 小节中有说明
  return ShakeTextFiled(
    labelText: "密码",
    stream: _userPasswordStream.stream,
    shakeAnimationController: _userPasswordAnimation,
    textFieldController: _passwordController,
    focusNode: _passwordFocusNode,
    onSubmitted: (String value) {
      if (checkUserPassword()) {
        loginFunction();
      } else {
        FocusScope.of(context).requestFocus(_passwordFocusNode);
      }
```

```
      },
    );
  }
```

3.3.3 输入层的事件交互操作

操作一，当用户点击页面空白区域时，触发隐藏键盘的操作，代码如下。

```
  ///代码清单 3-23 隐藏键盘操作
  ///lib/code/code3/example_311_login_page.dart
  ///注意需要导包
import 'package:flutter/services.dart';

  void hindKeyBoarder() {
    //输入框失去焦点
    _userNameFocusNode.unfocus();
    _passwordFocusNode.unfocus();

    //隐藏键盘
    SystemChannels.textInput.invokeMethod('TextInput.hide');
  }
```

操作二，当输入用户名时，点击键盘上的回车键，触发用户名输入框的 onSubmitted 方法，然后通过方法 checkUserName 来校验用户是否有输入用户名，如果没有输入，就需要发起抖动提示操作并通过 Stream 更新错误文本显示，代码如下。

```
  ///代码清单 3-24 校验用户名操作
  ///lib/code/code3/example_311_login_page.dart
  bool checkUserName() {
    //获取输入框中的输入文本
    String userName = _userNameController.text;
    if (userName.length == 0) {
      //Stream 事件流更新提示文案
      _userNameStream.add("请输入用户名");
      //抖动动画开启
      _userNameAnimation.start();
      return false;
    } else {
      //清除错误提示
      _userNameStream.add(null);
      return true;
    }
  }
```

操作三，当用户在输入密码时，点击键盘上的回车键，触发校验输入密码的功能，代码如下。

```
  ///代码清单 3-25 校验输入密码操作
  ///lib/code/code3/example_311_login_page.dart
  bool checkUserPassword() {
    String userPassrowe = _passwordController.text;
    if (userPassrowe.length < 6) {
      _userPasswordStream.add("请输入标准密码");
      _userPasswordAnimation.start();
      return false;
    } else {
```

```
    _userPasswordStream.add(null);
    return true;
  }
}
```

操作四，当用户点击登录按钮时，要同时校验用户输入的用户名信息与密码信息，合格后才可进行以后的操作，代码如下。

```
///代码清单 3-26 登录校验
///lib/code/code3/example_311_login_page.dart
void checkLoginFunction() {
  //隐藏键盘
  hindKeyBoarder();
  //校验用户输入的用户名
  checkUserName();
  //校验用户输入的用户密码
  checkUserPassword();
  //登录功能
  loginFunction();
}
```

3.3.4 抖动文本输入框 ShakeTextFiled

在项目开发中，会有很多功能版块使用到类似的输入框抖动提示，所以在这里根据组件封装的思维将抖动操作、更新错误提示、输入框封装在 ShakeTextFiled 中，代码见 https://github.com/zhaolongs/flutter_book_jixie/blob/v1/flutter_book_code_video/lib/base/shake_textfiled.dart（代码清单 3-27）。

在 ShakeTextFiled 中，通过 StreamBuilder 来实现局部数据刷新功能，通过 ShakeAnimationWidget 来实现抖动效果，对于红色边框与错误文本的提示，是通过 TextField 的装饰样式来配置的，这些内容在本书 2.5.1 节中有讲述。

3.3.5 键盘占位 KeyboardPlaceholderWidget

KeyboardPlaceholderWidget 是自定义封装的一个 Widget，这个组件的作用就是用来占位，它可以监听键盘的弹出与隐藏，当键盘隐藏时会使用 200 的高度，当键盘弹出时，会在 200ms 内动态过渡到 170 的高度，给用户的视觉体验就是输入框在动态向上平移，实现代码见 https://github.com/zhaolongs/flutter_book_jixie/blob/v1/flutter_book_code_video/lib/base/keyboard_placeholder_wdget.dart（代码清单 3-28）。

小结

本章概述了线性布局 Column、Row、层叠布局 Stack、流式布局 Wrap 这些基本的排版 Widget，用这些排版 Widget 再结合第 1 章中的基础组件综合使用，就可以开始构建基本的应用程序，也进入到了 Flutter 开发的初级阶段，3.3 节中的登录页面就是一个简单的实践。

第4章 功能性组件

4.1 进度指示器

4.1.1 线性指示器 LinearProgressIndicator

LinearProgressIndicator 是一个线性进度指示器 Widget，当 value 为 null 时，进度条是一个线性的循环模式，表示正在加载；当 value 不为空时，可设置 0.0～1.0 之间的非空值，用来表示加载进度，基本使用代码如下。

```
  ///代码清单 4-1 线性指示器 LinearProgressIndicator
///lib/code/code4/example_401_progress_page.dart
Widget buildLinearProgress() {
  //Container 来约束大小
  return Container(
    width: 300,
    //会覆盖 进度条的 minHeight
    height: 10,
    child: LinearProgressIndicator(
      // value: 0.3,
      //进度高亮颜色
      valueColor: new AlwaysStoppedAnimation<Color>(Colors.blue),
      //总进度的颜色
      backgroundColor: Color(0xff00ff00),
      //设置进度条的高度
      minHeight: 10,
    ),
  );
}
```

4-1 LinearProgressIndicator 基本使用效果图

4.1.2 圆形指示器 CircularProgressIndicator

CircularProgressIndicator 是一个圆形循环的进度指示器 Widget，基本使用代码如下。

```
  ///代码清单 4-2 圆形指示器 LinearProgressIndicator
///lib/code/code4/example_401_progress_page.dart
Widget buildCircularProgress() {
  //通过 Container 或者 SizeBox 来限制大小
  return Container(
```

```
    width: 55,
    height: 55,
    child: CircularProgressIndicator(
      // value: 0.3,
      //进度高亮颜色
      valueColor: new AlwaysStoppedAnimation<Color>(Colors.blue),
      //总进度的颜色
      backgroundColor: Color(0xff00ff00),
      //圆圈的厚度
      strokeWidth: 6.0,
    ),
  );
}
```

4-2 CircularProgressIndicator 基本使用效果图

4.1.3 苹果风格 CupertinoActivityIndicator

苹果风格的加载小圆圈的基本使用代码如下。

```
CupertinoActivityIndicator(
  //半径  外部设置大小约束无效果
  radius: 30,
  //是否转动 默认为 true 开启转动
  animating: false,
)
```

4-3 CupertinoActivityIndicator 基本使用效果图

4.1.4 Material 风格 RefreshIndicator

RefreshIndicator 是 Material 风格的滑动刷新 Widget，效果是下拉刷新显示的加载圆圈，需要下拉才可以触发，基本使用代码如下。

```
///代码清单 4-3 Material 风格的滑动刷新 Widget
///lib/code/code4/example_402_progress_page.dart
class _Example402State extends State<Example402> {
  @override
  Widget build(BuildContext context) {
    return Scaffold(
      appBar: AppBar(title: Text("下拉刷新"), ),
      body: RefreshIndicator(
        //圆圈进度颜色
        color: Colors.blue,
        //背景颜色
        backgroundColor: Colors.grey[200],
        onRefresh: () async{
          //模拟网络请求延时
          await Future.delayed(Duration(milliseconds: 1000));
          //结束刷新
          return Future.value(true);
        },
        child: SingleChildScrollView(
          child: Container(
            width: double.infinity,
            height: double.infinity,
          ),
        ),
      ),
    );
```

4-4 RefreshIndicator 基本使用效果图

```
    }
  }
```

4.1.5 苹果风格 CupertinoSliverRefreshControl

CupertinoSliverRefreshControl 是 iOS 风格的下拉刷新控件，下拉刷新是一个菊花形状的，它是 Sliver 家族的一员，可以结合 CustomScrollView 来使用，代码如下。

```
///代码清单 4-4 CupertinoSliverRefreshControl  下拉刷新
///lib/code/code4/example_403_progress_page.dart
class _Example403State extends State<Example403> {
  @override
  Widget build(BuildContext context) {
    return Scaffold(
      appBar: AppBar(
        title: Text("下拉刷新"),
      ),
      body: CustomScrollView(
        slivers: <Widget>[
          //下拉刷新组件
          CupertinoSliverRefreshControl(
            //下拉刷新回调
            onRefresh: () async {
              //模拟网络请求
              await Future.delayed(Duration(milliseconds: 1000));
              //结束刷新
              return Future.value(true);
            },
          ),
          //列表
          SliverList(
            delegate: SliverChildBuilderDelegate((content, index) {
              return ListTile(
                title: Text('测试数据$index'),
              );
            }, childCount: 100),
          )
        ],
      ),
    );
  }
}
```

4-5 CupertinoSliverRefreshControl 基本使用效果图

4.2 单选框 Radio、复选框 CheckBox、开关 Switch

4.2.1 单选框 Radio 组件

在 Flutter 中，通过 Radio 组件来实现单选框效果，一般 Radio 不单独使用，常应用在有多组数据时，只能选择其中之一的情景中，基本使用代码如下。

```
///代码清单 4-5  单选框 Radio 组件的基本使用
///lib/code/code4/example_404_radio_page.dart
//默认选中的单选框的值
```

```
int groupValue = 0;

//单选框的成组使用
Row buildRadioGroupWidget() {
  return Row(children: [
    Radio(
      //此单选框绑定的值 必选参数
      value: 0,
      //当前组中选定的值  必选参数
      groupValue: groupValue,
      //点击状态改变时的回调 必选参数
      onChanged: (v) {
        setState(() {
          this.groupValue = v;
        });
      },
    ),
    Radio(
      //此单选框绑定的值 必选参数
      value: 1,
      //当前组中选定的值  必选参数
      groupValue: groupValue,
      //点击状态改变时的回调 必选参数
      onChanged: (v) {
        setState(() {
          this.groupValue = v;
        });
      },
    ),
  ]);
}
```

4-6 单选框 Radio 基本使用效果图

4.2.2 单选框 RadioListTile 的基本使用

RadioListTile 是一个用于便捷、快速构建列表样式的组件布局，与 SwitchListTile、CheckboxListTile、ListTile 类似，基本使用代码如下。

```
///代码清单 4-6  单选框 RadioListTile 组件的基本使用
///lib/code/code4/example_404_radio_page.dart
Widget buildRadioListTile() {
  return RadioListTile(
    // 当前对应的单选框的标识
    value: 0,
    //是否选中发生变化时的回调，回调的 bool 值就是是否选中，true 是选中
    onChanged: (value) {
      setState(() {
        groupValue = value;
      });
    },
    // 选中时 Radio 的填充颜色，
    activeColor: Colors.red,
    // 标题， selected 如果是 true
    // 如果不设置 text 的 color，
    // text 的颜色使用 activeColor
    title: Text(
      "标题",
    ),
```

4-7 RadioListTile 基本使用效果图

```
      // 副标题（在 title 下面）
      subtitle: Text("副标题"),
      //是否是三行文本
      //如果是 true  副标题不能为 null
      //如果是 false  如果没有副标题，就只有一行；如果有副标题，就只有两行
      isThreeLine: true,
      // 是否密集垂直
      dense: false,
      // 左边的控件
      secondary: Image.asset(
        "assets/images/2.0x/logo.jpg",
        fit: BoxFit.fill,
      ),
      // text 和 icon 的 color 是否是 activeColor 的颜色
      selected: false,
      //方向模型
      controlAffinity: ListTileControlAffinity.trailing,
      groupValue: groupValue,
    );
  }
```

4.2.3 复选框 CheckBox 的基本使用

复选框 CheckBox 的基本使用代码如下。

```
///代码清单 4-7  复选框 CheckBox 的基本使用
///lib/code/code4/example_405_checkbox_page.dart
//默认选中的单选框的值
bool checkIsSelect = false;

//复选框 Checkbox 的基本使用
Checkbox buildCheckBox() {
  return Checkbox(
    //点击选择时的回调
    onChanged: (bool value) {
      setState(() {
        checkIsSelect = value;
      });
    },
    //为 true 时 Checkbos 是选中状态，为 false 时 Checkbos 是未选中状态
    value: checkIsSelect,
    //选中时的填充颜色
    activeColor: Colors.deepPurple,
    //选中的小对勾的颜色
    checkColor: Colors.red,
  );
}
```

4-8　复选框 Checkbox 的基本使用

4.2.4 复选框 CheckboxListTile 的基本使用

CheckboxListTile 组件用来快速构建列表样式的组件布局，与 SwitchListTile、RadioListTile、CheckboxListTile、ListTile 类似，CheckboxListTile 的基本使用代码如下。

```
///代码清单 4-8  复选框 CheckboxListTile 的基本使用
///lib/code/code4/example_406_checkbox_page.dart
//默认选中的单选框的值
```

```
bool checkIsSelect = false;

Widget buildCheckBox() {
  return CheckboxListTile(
    // 当前对应的复选框是否选中
    value: checkIsSelect,
    //是否选中发生变化时的回调， 回调的 bool 值就是是否选中，true 是选中
    onChanged: (value) {
      setState(() {
        checkIsSelect = value;
      });
    },
    // 选中时 checkbox 的填充颜色，
    activeColor: Colors.red,
    // 标题，selected 如果是 true
    // 如果不设置 text 的 color，
    // text 的颜色使用 activeColor
    title: Text(
      "标题",
    ),
    // 副标题（在 title 下面）
    subtitle: Text("副标题"),
    isThreeLine: true,
    dense: false,
    // 左边的控件
    secondary: Image.asset(
      "assets/images/2.0x/logo.jpg",
      fit: BoxFit.fill,
    ),
    // text 和 icon 的 color 是否是 activeColor 的颜色
    selected: false,
    //方向模型
    controlAffinity: ListTileControlAffinity.trailing,
  );
}
```

4-9 Checkbox-ListTile 基本使用效果图

4.2.5 开关 Switch 的基本使用

Switch 组件是 Material Design 设计风格的开关，CupertinoSwitch 是苹果设计风格的开关，基本使用代码如下。

```
///代码清单 4-9 开关 Switch 的基本使用
///lib/code/code4/example_407_switch_page.dart
///记录开关的状态
bool switchValue = false;

Widget buildSwitchWidget() {
  return Switch(
    //开关状态改变时的回调
    onChanged: (bool value) {
      setState(() {
        switchValue = value;
      });
    },
    //当前开关的状态
    value: switchValue,
    //选中时小圆滑块的颜色
    activeColor: Colors.blue,
```

4-10 Switch 基本使用效果图

```
    //选中时底部的颜色
    activeTrackColor: Colors.yellow,
    //未选中时小圆滑块的颜色
    inactiveThumbColor: Colors.deepPurple,
    //未选中时底部的颜色
    inactiveTrackColor: Colors.redAccent,
  );
}
```

当其取值 value 为 false，开关是关闭状态，当点击开关时更新 switchValue 这个值同时更新开关的状态。

开关 CupertinoSwitch 组件如图 4-11 所示，基本使用代码如下。

```
///代码清单 4-10 苹果风格的形状 小圆圈一直是白色的
///lib/code/code4/example_407_switch_page.dart
Widget buildCupertinoSwitch() {
  return CupertinoSwitch(
    //开关状态改变时的回调
    onChanged: (bool value) {
      setState(() {
        switchValue = value;
      });
    },
    //当前开关的状态
    value: switchValue,
    //选中时底部的颜色
    activeColor: Colors.blue,
    //未选中时底部的颜色
    trackColor: Colors.grey,
  );
}
```

4-11 CupertinoSwitch 基本使用效果图

4.2.6 开关 SwitchListTile 的基本使用

SwitchListTile 是一个用于便捷、快速构建列表样式的组件布局，如图 4-12 所示，与 SwitchListTile、CheckboxListTile、ListTile、RadioListTile 类似，基本使用代码如下。

```
///代码清单 4-11 开关[SwitchListTile]的基本使用
///lib/code/code4/example_407_switch_page.dart
Widget buildSwitchListTile() {
  return SwitchListTile(
    title: Text("标题", ),
    // 副标题（在 title 下面）
    subtitle: Text("副标题"),
    //是否是三行文本
    //如果是 true 副标题不能为 null
    //如果是 false 如果没有副标题
    // 就只有一行；如果有副标题 ，就只有两行
    isThreeLine: true,
    // 是否密集垂直
    dense: false,
    // 左边的控件
    secondary: Image.asset(
      "assets/images/2.0x/logo.jpg",
      fit: BoxFit.fill,
    ),
```

4-12 SwitchListTile 基本使用效果图

```
    //开关状态改变时的回调
    onChanged: (bool value) {
      setState(() {
        switchValue = value;
      });
    },
    //当前开关的状态
    value: switchValue,
    //选中时小圆滑块的颜色
    activeColor: Colors.blue,
    //选中时底部的颜色
    activeTrackColor: Colors.yellow,
    //未选中时小圆滑块的颜色
    inactiveThumbColor: Colors.deepPurple,
    //未选中时底部的颜色
    inactiveTrackColor: Colors.redAccent,
  );
}
```

4.3 手势处理

在 Flutter 中，提供的 Button 系列组件自带手势识别功能，如监听用户的点击与长按，都会有相应的事件回调，然后开发者可以在相应的回调函数中处理响应操作逻辑。

可通过 GestureDetector 或者 InkWell 来为不具备事件响应的组件如图片 Image、文本 Text 添加点击事件等。

4.3.1 GestureDetector 的使用

在项目开发中，如果需要实现对这个图片添加一个点击事件监听，可通过 GestureDetector 组件来实现，GestureDetector 的 onTap 方法监听的是手指抬起时的回调，基本使用代码如下。

```
///代码清单 4-12 手势识别[GestureDetector]的基本使用
///lib/code/code4/example_408_gesture_page.dart
Widget buildGestureDetector() {
  return GestureDetector(
    //手指抬起时的回调
    onTap: () {
      print("点击了图片");
    },
    child: Container(
      width: 200,
      height: 100,
      child: Image.asset(
        "assets/images/2.0x/banner1.webp",
      ),
    ),
  );
}
```

4.3.2 Ink 与 InkWell

通过 InkWell 添加点击事件会有点击高亮以及水波纹效果，而通过 GestureDetector 实现的点击无点击效果出现，如图 4-1 所示。所以在实际项目开发中，通常只是普通的点击事件建议使用 InkWell 组件，复杂点的如拖动、旋转、缩放手势时使用 GestureDetector 来实现。

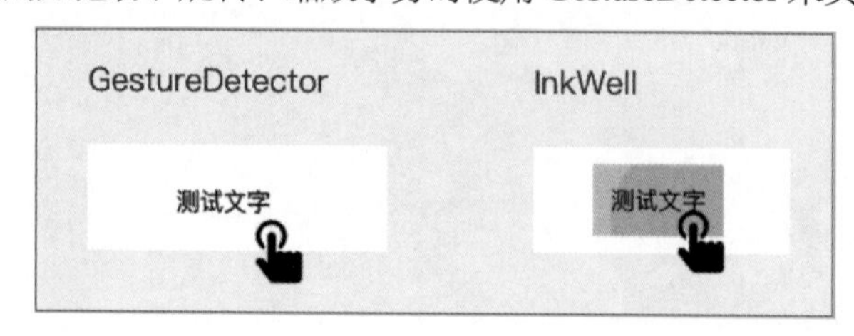

图 4-1　点击事件效果对比图

InkWell 的基本使用代码如下。

```
///代码清单 4-13 手势识别[InkWell]的基本使用
///lib/code/code4/example_408_gesture_page.dart
Widget buildInkWell() {
  return new InkWell(
    //水波纹执行的半径
    // radius: 30,
    borderRadius: BorderRadius.all(Radius.circular(20)),
    //水波纹颜色配置
    splashColor: Colors.grey,
    //点击事件回调
    onTap: () {
      print("onTap 单击回调");
    },
    //需要设置点击事件的子 Widget
    child: Container(color: Colors.black38,width: 100,height: 100,),
  );
}
```

Ink 常与 InkWell 和 InkResponse 一起使用，用来配置点击效果的水波纹与高亮的样式，Ink 必须在 Material Design 风格下进行使用，所以一般使用 Material 组件配合 Ink 来使用，基本使用代码如下。

```
///代码清单 4-14
///lib/code/code4/example_408_gesture_page.dart
///通过 [InkWell] 为 [Container]设置点击事件
///通过 [Ink] 来添加背景样式
Widget buildInkWellContainer() {
  return new Material(
    child: new Ink(
      color: Colors.blue,
      child: new InkWell(
        //点击事件回调
        onTap: () {},
        //不要在这里设置背景色，否则会遮挡水波纹效果，
        child: buildContainer(),
      ),
    ),
  );
}

//常见的 UI 布局
Container buildContainer() {
```

```
    return new Container(
      width: 300.0,
      height: 50.0,
      //设置 child 居中
      alignment: Alignment(0, 0),
      child: Text(
        "登录",
        style: TextStyle(color: Colors.white, fontSize: 16.0),
      ),
    );
  }
```

4.3.3 手势拖动与放大图片的组件

笔者综合使用 GestureDetector 封装了一个对图片进行缩放拖动操作的依赖库，在实际项目开发中可直接使用，使用第一步就是配置依赖，在项目的 pubspec.yaml 配置文件中添加依赖如下。

```
#手势缩放图片组件
flutterdragscalewidget:
  git:
    url: https://github.com/zhaolongs/flutter_drag_scale_widget.git
    ref: master
```

然后第二步就是在使用的时候导入对应的包，代码如下。

```
import 'package:flutterdragscalewidget/flutterdragscalewidget.dart';
```

最后一步就是将图片组件包裹起来，基本使用代码见 https://github.com/zhaolongs/flutter_book_jixie/blob/v1/flutter_book_code_video/lib/code/code4/example_409_gesture_page.dart（代码清单 4-15）。

小结

本章概述了一些常用的功能性组件，进度指示器用于处理 APP 与用户交互方面的内容，单选框、复选框、开头常用于设置中心或者是一些筛选编辑信息场景，手势处理则可以让应用程序中的第一个角度都可以设置事件监听。

第5章 滑动视图

在 Flutter 中，通过 ScrollView 组件来实现滑动视图效果，当 ScrollView 的内容大于其本身 size 的时候，ScrollView 会自动添加滚动条，并可以竖直滑动，如 Android 中的 ScrollView、iOS 中的 UIScrollView。

在 Flutter 中，常用的滚动视图有 SingleChildScrollView、NestedScrollView、CustomScrollView、Scrollable、ListView、GridView、TabBarView、PageView。

5.1 ScrollView

在 Flutter 中，ScrollView 是一抽象的、可滑动的组件，拥有公共的一些配置属性，简单描述如下。

```
Axis scrollDirection = Axis.vertical,//滑动方向
bool reverse = false,//滑动开始位置是否是在底部（右侧）
ScrollController controller,//滑动控制器
bool primary,//是否使用默认的滑动控制器
ScrollPhysics physics,//滑动回弹方式
EdgeInsetsGeometry padding,//内边距
Bool shrinkWrap =false,//滑动视图是否包裹子 Widget
```

默认情况下，ScrollView 在竖直方向上下滑动，在 Android 平台中就只能滑动，滑动到边缘有浅水波纹拉伸效果，在 iOS 平台中，有回弹效果，可通过 physics 属性来修改为指定的效果，如不期望有回弹，配置 physics 值为 NeverScrollableScrollPhysics，physics 属性取值如表 5-1 所示。

表 5-1 physics 属性取值

取　值	说　明
BouncingScrollPhysics	可滑动，滑动到边界有回弹效果，iOS 平台默认使用
ClampingScrollPhysics	可滑动，滑动到边界无回弹效果，Android 平台默认使用
NeverScrollableScrollPhysics	不可滑动
AlwaysScrollableScrollPhysics	列表总是可滚动的,在 iOS 上会有回弹效果，在 Android 上不会回弹
PageScrollPhysics	一般用于 PageView 的滑动效果，如果 ListView 设置的话在滑动到末尾时会有个比较大的弹起和回弹
FixedExtentScrollPhysics	一般用于 ListWheelScrollViews

scrollDirection 属性用来设置滚动方向，默认是垂直，也就是竖直方向上下滚动，它的

取值类型有两种：竖直方向 Axis.vertical（竖直方向）、Axis.horizontal（水平方向）。reverse 属性可理解为相反绘制，也就是当此属性配置为 true 时，相对于竖直方向来说，ScrollView 会滑动到底部。reverse 的默认配置是 false。对于 padding 属性就是用来设置内边距的。对于 controller 属性，接收一个 ScrollController 对象，ScrollController 的主要作用是控制滚动位置和监听滚动事件。

5.1.1 滑动组件 SingleChildScrollView

SingleChildScrollView 适用于简单滑动视图处理，如 APP 中常见的商品详情页面、订单详情页面，基本使用代码如下。

```
///代码清单 5-1 SingleChildScrollView 的基本使用
///lib/code/code5/example_501_SingleChildScrollView.dart
class _Example501State extends State<Example501> {
  //滑动控制器
  ScrollController _scrollController = new ScrollController();
  @override
  Widget build(BuildContext context) {
    return Scaffold(
      appBar: AppBar(title: Text("滑动视图"),),
      body: SingleChildScrollView(
        //设置内边距
        padding: EdgeInsets.all(20),
        //   设置滑动反弹效果  BouncingScrollPhysics
        //   无滑动反弹效果 ClampingScrollPhysics
        //   不可滑动 NeverScrollableScrollPhysics
        physics:BouncingScrollPhysics() ,
        //配置滑动控制器
        controller: _scrollController,
        //子 Widget 通常是 UI 布局系列的 Column、Stack、Row
        child: Container(
          color: Colors.grey,
          height: 1000,
        ),
      ),
    );
  }
}
```

在 ScrollController 中可添加监听，然后实时获取滚动的距离，从而判断是否滚动到了顶部或者是底部，然后进行一些业务上的需求开发，如当滑动到底部时显示一个按钮，用来控制快速滑动到顶部的功能，在这里通过 SingleChildScrollView 来讲解，其他滑动视图也适用。基本使用代码如下。

```
///代码清单 5-2 ScrollController 的监听
///lib/code/code5/example_501_SingleChildScrollView.dart
@override
void initState() {
  super.initState();
  //添加滚动监听
  _scrollController.addListener(() {
    //滚动时会实时回调这里
    //获取滚动的距离
    double offsetValue = _scrollController.offset;
```

```
    //ScrollView 最大可滑动的距离
    double max =_scrollController.position.maxScrollExtent;
    if(offsetValue<=0){
      //如果有回弹效果 offsetValue 会出现负值
      print("滚动到了顶部");
    }else if (offsetValue>=max){
      //如果有回弹效果 offsetValue 的值是会大于 max
      print("滚动到了底部");
    }else{
      print("滑动的距离 offsetValue $offsetValue  max $max");
    }
  });
}

@override
void dispose(){
  super.dispose();
  // 为了避免内存泄漏，需要调用 dispose
  _scrollController.dispose();
}
```

在项目开发中，往往有一些需求是需要将 ScrollView 滑动到指定的位置，如滑动到了底部点击一个按钮，那么此时就要使用 ScrollController 的 animateTo 方法，基本使用方法如下。

```
///代码清单 5-3 ScrollController 滚动到指定的位置
///lib/code/code5/example_501_SingleChildScrollView.dart
void scrollOffset(double offset) {
  //返回到指定位置
  //参数一 offset 为滚动到的位置
  //参数二 duration 为滚动的时间
  //参数三 curve 为动画执行速率变化规则
  _scrollController.animateTo(
    offset,
    // 返回顶部的过程中执行一个滚动动画，动画时间是 200ms，
    duration: Duration(milliseconds: 200),
    //动画曲线是 Curves.ease
    curve: Curves.ease,
  );
}
```

然后滑动到 SingleChildScrollView 的顶部（左边）或者底部（最右侧）代码如下。

```
///代码清单 5-4
///lib/code/code5/example_501_SingleChildScrollView.dart
//滚动到顶部
void scrollToTop() {
  scrollOffset(0.0);
}
//滚动到底部
void scrollToBottom() {
  //获取 scrollController 最大的可滑动距离
  double maxScroll = _scrollController.position.maxScrollExtent;
  scrollOffset(maxScroll);
}
```

项目开发中也会有这样的需求，就是滑动到指定 Widget 的位置，可先通过指定 Widget 绑定的 GlobalKey 获取到这个 Widget 的位置，然后再调用代码清单 5-3 中的滑动方法即可实

现，代码如下。

```
///代码清单 5-5 滑动到指定 Widget 的位置
///lib/code/code5/example_501_SingleChildScrollView.dart
///通过 Widget 绑定的 GlobalKey 来获取位置信息
void scrollToWidgetPostion(GlobalKey key) {
  //根据 key 来获取上下文对象 也就是 Element 信息
  BuildContext stackContext = key.currentContext;
  if (stackContext != null) {
    //获取对应的 RenderObj 对象
    RenderBox renderBox = stackContext.findRenderObject();
    if (renderBox != null) {
      //获取指定 Widget 的位置信息
      //相对于全局的位置
      Offset offset = renderBox.localToGlobal(Offset.zero);
      //获取指定 Widget 的大小信息
      Size size = renderBox.paintBounds.size;
      print("获取指定的 Widget 的位置信息 $offset  获取指定的 Widget 的大小 $size");
      //滑动到这个 Widget 的位置
      scrollOffset(offset.dy);
    }
  }
}
```

5.1.2 滑动布局 NestedScrollView 与 SliverAppBar

NestedScrollView 继承于 CustomScrollView，它比 SingleChildScrollView 更强大，可以用来实现诸如滑动折叠头部的功能，基本使用代码如下。

```
///代码清单 5-6 NestedScrollView 的基本使用
///lib/code/code5/example_502_NestedScrollView.dart

class _Example502State extends State<Example502> {
  @override
  Widget build(BuildContext context) {
    return Scaffold(
      appBar: AppBar(title: Text("NestedScrollView"),),
      body: NestedScrollView(
        //配置 Sliver 家庭的组件
        headerSliverBuilder: (BuildContext context, bool innerBoxIsScrolled) {
          return [
            SliverAppBar(
              title: Text("标题"),
              //标题居中
              centerTitle: true,
            )
          ];
        },
        //超出显示内容区域的 Widget
        body: Container(
          alignment: Alignment.center,
          color: Colors.grey,
          height: 1600,
          child: Text("测试数据"),
        ),
      ),
    );
```

```
  }
}
```

SliverAppBar 与 NestedScrollView 组件的组合使用，最主要的效果在于 SliverAppBar 组件的使用，SliverAppBar 与 AppBar 有共同的属性，所以在这里，SliverAppBar 可以充当 AppBar 的一切职能，SliverAppBar 还可以实现一些特殊的效果。

页面主体使用的脚手架以 Scaffold 来构建，使用 NestedScrollView 来构建页面的主体，代码如下。

```
///代码清单 5-7 NestedScrollView 实现折叠头部的标签页面
///lib/code/code5/example_503_NestedScrollView.dart
class _Example503State extends State<Example503>
    with SingleTickerProviderStateMixin {
  //因为页面主体使用到了 TabBar 所以用到了控制器
  TabController tabController;

  @override
  void initState() {
    super.initState();
    //初始化控制器
    tabController = new TabController(
        //参数一 TabBar 中 Tab 的个数
        //参数二 动画控制关联
        length: 3,
        vsync: this);
  }

  @override
  Widget build(BuildContext context) {
    return Scaffold(
      appBar: AppBar(title: Text("NestedScrollView"),),
      body: NestedScrollView(
        //头布局
        headerSliverBuilder: (BuildContext context, bool innerBoxIsScrolled) {
          return [buildSliverAppBar()];
        },
        //超出显示内容区域的 Widget 这里简单使用一个列表 ListView
        //可以是一个 TabBarView 来结合 TabBar 使用
        body: buildBodyWidget(),
      ),
    );
  }
  ... ...
}
```

5-1 NestedScrollView 实现的可折叠头部效果

NestedScrollView 由两部分构成，第一部分就是可折叠的 SliverAppBar，详细描述代码见 https://github.com/zhaolongs/flutter_book_jixie/blob/v1/flutter_book_code_video/lib/code/code5/example_503_NestedScrollView.dart（代码清单 5-8）。

第二部分就是页面的主体内容，可以直接配置显示一个列表 ListView 组件，代码如下。

```
///代码清单 5-9 ListView 一个列表
///lib/code/code5/example_503_NestedScrollView.dart
buildBodyWidget() {
  return ListView.builder(
    //列表中每个 Item 显示的 UI 样式构建
```

```
    itemBuilder: (BuildContext context, int index) {
      return Container(
        color: Colors.grey[200],
        height: 100,
        child: Container(
          margin: EdgeInsets.only(left: 8, right: 8, top: 4, bottom: 4),
          padding: EdgeInsets.all(8),
          color: Colors.white,
          child: Text("测试数据"),
        ),
      );
    },
    //列表子 Item 的个数
    itemCount: 200,
  );
}
```

也可以使用 TabBarView 结合上述 SliverAppBar 中的 bottom 属性配置的 TabBar，来实现标签页面的切换，代码如下。

```
///代码清单 5-10 TabBarView 多页面切换
///lib/code/code5/example_503_NestedScrollView.dart
buildBodyWidget2() {//将代码清单 5-9 中的 buildBodyWidget 替换就可以
  return TabBarView(
    controller: tabController,
    children: [
      ItemPage(),
      ItemPage(),
      ItemPage(),
    ],
  );
}
```

ItemPage 是配置的独立页面，在这里笔者提供一个开发设计思路，读者可以结合具体的实际情况灵活应用。

5.1.3 滑动组件 CustomScrollView

当一个页面中，既有九宫格布局 GridView 又有列表 ListView，二者有各自的滑动区域，不能进行统一滑动，可通过 CustomScrollView 将二者结合起来，也就是可理解 CustomScrollView 为滑动容器，CustomScrollView 继承于 ScrollView。

CustomScrollView 可以使用 Sliver 系列组件来自定义滚动模型，它可以包含多种滚动模型，相对于 SingleChildScrollView 和 NestedScrollView，可以实现更复杂的交互滑动布局。SingleChildScrollView 中只有一个滑动模型，NestedScrollView 有两个滑动模型，而 CustomScrollView 有多个滑动模型，CustomScrollView 的基本使用代码如下。

```
///代码清单 5-11 CustomScrollView 的基本使用
///lib/code/code5/example_504_CustomScrollView.dart
class _Example504State extends State<Example503> {

  ScrollController _scrollController = new ScrollController();

  @override
  Widget build(BuildContext context) {
    return Scaffold(
```

```
      appBar: AppBar(title: Text("CustomScrollView"), ),
      body: CustomScrollView(
        //滑动控制器
        controller: _scrollController,
        slivers: [
          SliverAppBar(
            title: Text("标题"),
            //标题居中
            centerTitle: true,
          )
        ],
      ),
    );
  }
}
```

CustomScrollView 用来组合滑动布局，是一个容器，其 slivers 属性就是用来配置其子 Widget，这里配置的 Widget 是 Sliver 家族系列的 Widget。

宫格布局 SliverGrid 在 CustomScrollView 中的使用代码如下。

```
///代码清单 5-12 九宫格 SliverGrid 的基本使用 限制固定列数
///lib/code/code5/example_505_CustomScrollView.dart
SliverGrid buildSliverGrid() {
  //使用构建方法来构建
  return new SliverGrid(
    //用来配置每个子 Item 之间的关系
    gridDelegate: new SliverGridDelegateWithFixedCrossAxisCount(
      //Grid 按 2 列显示，也就是列数
      crossAxisCount: 2,
      //主方向每个 Item 之间的间隔
      mainAxisSpacing: 10.0,
      //次方向每个 Item 之间的间隔
      crossAxisSpacing: 10.0,
      //Item 的宽与高的比例
      childAspectRatio: 3.0,
    ),
    //用来配置每个子 Item 的具体构建
    delegate: new SliverChildBuilderDelegate(
      //构建每个 Item 的具体显示 UI
      (BuildContext context, int index) {
        //创建子 Widget
        return new Container(
          alignment: Alignment.center,
          //根据角标来动态计算生成不同的背景颜色
          color: Colors.cyan[100 * (index % 9)],
          child: new Text('grid item $index'),
        );
      }, //Grid 的个数
      childCount: 20,
    ),
  );
}
```

5-2 SliverGrid 的基本使用效果图

在 SliverGrid 中使用到了 SliverGridDelegateWithFixedCrossAxisCount，这个 delegate 是用来根据指定的每行显示多少列 Item，而依次换行显示，不同屏幕分辨率下的手机显示的列数是一样。

还可以使用 SliverGridDelegateWithMaxCrossAxisExtent，这个 delegate 是根据每个 Item 允许的最大宽度然后依次排列每个 Item，也就是不同屏幕分辨率下的手机显示的列数不一样，代码如下。

```
///代码清单 5-13 九宫格 SliverGrid 限制子 Item 固定宽度
///lib/code/code5/example_505_CustomScrollView.dart
SliverGrid buildSliverGrid2() {
  //使用构建方法来构建
  return new SliverGrid(
    //用来配置每个子 Item 之间的关系
    gridDelegate: new SliverGridDelegateWithMaxCrossAxisExtent(
      //主方向每个 Item 之间的间隔
      mainAxisSpacing: 10.0,
      //次方向每个 Item 之间的间隔
      crossAxisSpacing: 10.0,
      //Item 的宽与高的比例
      childAspectRatio: 3.0,
      //每个 Item 的最大宽度
      maxCrossAxisExtent: 200,
    ),
    delegate: SliverChildListDelegate([
      Container(
        color: Colors.redAccent,
        child: new Text('grid item'),
      ),
      Container(
        color: Colors.black,
        child: new Text('grid item'),
      )
    ]),
  );
}
```

代码清单 5-12 和代码清单 5-13 分别使用到了 SliverChildBuilderDelegate 和 SliverChildListDelegate，这两个 delegate 的区别如下。

1）SliverChildListDelegate 用来构建少量 Item 的应用场景，在使用这个 delegate 时，会将使用到的 Item 一次性构建出来。

2）SliverChildBuilderDelegate 用来构建大量 Item 的应用场景，在使用时，只会构建手机屏幕上显示的 Item，不会构建屏幕以外未显示的 Item，所以是懒加载方式。

通过 SliverGrid.count()来创建，会指定一行展示多少个 item，实现的效果与使用 SliverGrid 构造函数中 SliverGridDelegateWithFixedCrossAxisCount 这一 delegate 创建的效果一致。

通过 SliverGrid. extent ()来创建，实现的效果与使用 SliverGrid 构造函数中使用 SliverGridDelegateWithMaxCrossAxisExtent 这一 delegate 创建的效果一致，会指定每个 Item 允许展示的最大宽度来依次排列 Item。

SliverList 只有一个 delegate 属性，可以用 SliverChildListDelegate 或 SliverChildBuilder Delegate 这两个类实现，前者能够一次性全部渲染子组件，后者则会根据视窗渲染当前出现的元素，在实际开发中，SliverChildBuilderDelegate 使用的还是比较多的，代码如下。

```
///代码清单 5-14 SliverList 列表
///lib/code/code5/example_505_CustomScrollView.dart
Widget buildSliverList() {
  return SliverList(
```

```
  delegate: new SliverChildBuilderDelegate(
    //构建每个 Item 的具体显示 UI
        (BuildContext context, int index) {
      //创建子 Widget
      return new Container(
        height: 44,
        alignment: Alignment.center,
        //根据角标来动态计算生成不同的背景颜色
        color: Colors.cyan[100 * (index % 9)],
        child: new Text('grid item $index'),
      );
    },
    //列表的条目个数
    childCount: 100,
  ),
 );
}
```

SliverFixedExtentList 与 SliverList 用法一样，区别就是 SliverFixedExtentList 多了一个参数来配置子 Item 的高度，同时 SliverFixedExtentList 会填充空白区域，这样在使用 SliverFixedExtentList 进行绘制加载时，少了计算子 Item 高度这一步，所以比 SliverList 更加高效，基本使用代码如下。

```
///代码清单 5-15 SliverFixedExtentList 列表
 ///lib/code/code5/example_505_CustomScrollView.dart
 Widget buildSliverList2() {

   return SliverFixedExtentList (
     //子条目的高度
     itemExtent: 66,
     //构建代理
     delegate: new SliverChildBuilderDelegate(
       //构建每个 Item 的具体显示 UI
           (BuildContext context, int index) {
         //创建子 Widget
         return new Container(
           height: 44,
           alignment: Alignment.center,
           //根据角标来动态计算生成不同的背景颜色
           color: Colors.cyan[100 * (index % 9)],
           child: new Text('grid item $index'),
         );
       },
       //列表的条目个数
       childCount: 100,
     ),
   );
 }
```

在 CustomScrollView 中只允许传入 Sliver 系列的组件，如果需要使用类似 Container、Column、Row 等普通 Widget，可以使用 SliverToBoxAdapter 来包裹这些非 Sliver 系列的 Widget 代码如下。

```
///代码清单 5-16 SliverToBoxAdapter 基本使用
///lib/code/code5/example_504_CustomScrollView.dart
Widget buildCustomScrollView() {
  return CustomScrollView(
    slivers: [
```

```
        SliverToBoxAdapter(
          child: Container(
            child: Image.asset(
              "assets/images/2.0x/banner4.webp",
              fit: BoxFit.fill,
              width: MediaQuery.of(context).size.width,
              height: 200,
            ),
          ),
        )
      ],
    );
}
```

SliverPadding 组件专门用来为 Sliver 系列的组件提供设置内边距的功能，当然也可以通过 SliverToBoxAdapter 包裹一个 Padding 来处理，默认展示情况下头部是有一个轮播图以及一个搜索，当上滑动时，轮播图逐渐消失，然后标签栏停留在顶部可切换选择不同的标签页面，这个效果也比较常见，如需案例，可查看本书源码中的代码清单 5-17。

5-3 滑动折叠效果的 AppBar 案例动态效果

```
//代码清单 5-17 SliverAppBar 综合案例
///lib/code/code5/example_504_CustomScrollView.dart
```

5.2 PageView

PageView 可用于 Widget 的整屏滑动切换，如当下流行的短视频 APP 中的上下滑动切换功能，也可用于横向页面的切换，如 APP 第一次安装时的引导页面，也可用于开发轮播图功能，PageView 的基本使用代码见 https://github.com/zhaolongs/flutter_book_jixie/blob/v1/ flutter_book_code_video/lib/code/code5/example_508_PageView.dart（代码清单 5-17）。

PageView 的控制器 PageController 可用来指定 PageView 显示子 Widget，如点击按钮动态滑动到上一屏或者是下一屏的功能，方法描述如下。

```
///代码清单 5-18 PageView 控制器的常用方法描述
///lib/code/code5/example_508_PageView.dart
void pageViewController() {
  //动画的方式滚动到指定的页面 参数一 跳转子页面的索引
  //参数二 动画曲线 参数三 滚动动画时间

  pageController.animateToPage(
    0, curve: Curves.ease,duration: Duration(milliseconds: 200),
  );

  //动画的方式滚动到指定的位置
  pageController.animateTo(
    100, curve: Curves.ease,duration: Duration(milliseconds: 200),
  );

  //无动画切换到指定的页面
  pageController.jumpToPage(0);
  //无动画切换到指定的位置
  pageController.jumpTo(100);
}
```

如二维码 5-4 所示，截取了左右滑动切换的部分帧，在左右滑动时，即将显示的 Item 缩放动画的方式来切换显示。

实现诸如这里举例的 PageView 的切换动画的核心思想就是通过 Transform 结合矩阵变换对显示的 PageView 中的子 Item 动态地进行变换，从而形成切换动画，代码如下。

5-4 PageView 切换动画效果图

```
///代码清单 5-19 PageView 的切换动画
///lib/code/code5/example_509_PageView.dart
class _Example509State extends State<Example509> {
  /// 初始化控制器
  PageController pageController;

  //PageView 当前显示页面索引
  double currentPage = 0;

  //图片数据
  List<String> imageList = [
    "assets/images/2.0x/banner1.webp",
    "assets/images/2.0x/banner2.webp",
    "assets/images/2.0x/banner3.webp",
    "assets/images/2.0x/banner4.webp",
    "assets/images/2.0x/banner5.webp",
  ];

  @override
  void initState() {
    super.initState();

    //创建控制器的实例
    pageController = new PageController(
      //用来配置 PageView 中默认显示的页面 从 0 开始
      initialPage: 0,
      //为 true 是保持加载的每个页面的状态
      keepPage: true,
    );

    ///PageView 设置滑动监听
    pageController.addListener(() {
      //PageView 滑动的距离
      setState(() {
        currentPage = pageController.page;
      });
    });
  }

  @override
  Widget build(BuildContext context) {
    return Scaffold(
      backgroundColor: Colors.grey,
      appBar: AppBar(
        title: Text("PageView "),
      ),
      body:buildPageView(),
    );
  }

  buildPageView() {
```

```
    return Container(
      height: 200,
      child: PageView.custom(
        //控制器
        controller: pageController,
        //子 Item 的构建器 当前显示的 即将显示的子 Item 都会回调
        childrenDelegate:
            SliverChildBuilderDelegate((BuildContext context, int index) {
          //计算
          if (index == currentPage.floor()) {
            //出去的 item
            return Transform(
                alignment: Alignment.center,
                transform: Matrix4.identity()
                  ..rotateX(currentPage - index)
                  ..scale(0.98, 0.98),
                child: buildItem(index));
          } else if (index == currentPage.floor() + 1) {
            //进来的 item
            return Transform(
                alignment: Alignment.center,
                transform: Matrix4.identity()
                  ..rotateX(currentPage - index)
                  ..scale(0.9, 0.9),
                child: buildItem(index));
          } else {
            print("当前显示 $index");
            return buildItem(index);
          }
        }, childCount: imageList.length),
      ),
    );
  }

  ///PageView 中 Item 显示使用 Widget
  ///可以是一个 Widget 如这里的图片
  ///也可以是单独的一个 StatefulWidget
  buildItem(int index) {
    print("index $index");
    return Container(
      child: Image.asset(
        "${imageList[index]}",
        fit: BoxFit.fill,
      ),
    );
  }
}
```

5.3 ListView 与 GridView

ListView 是最常用的可滚动列表，GridView 用来构建二维网格列表，两者都继承自 BoxScrollView，因此 5.1 节中所述的滑动视图的通用属性配置也适于这两种。

5.3.1 ListView 基本使用

ListView 有 4 种创建方式，描述如下。

1）默认构造函数（传入 List children）。

2）通过 ListView.builder 方式来创建，适用于有大量数据的情况。

3）通过 ListView.custom 方式来构建，提供了自定义子 Widget 的能力。

4）通过 ListView.separated 方式来创建，可以配置分割线，适用于具有固定数量列表项的 ListView。

通过 ListView 的构造函数来创建，适用于构建少量数据时的场景来使用，基本使用代码如下。

```
///代码清单 5-20 ListView 的基本使用
///lib/code/code5/example_510_ListView.dart
class _Example509State extends State<Example509> {
  @override
  Widget build(BuildContext context) {
    return Scaffold(
      backgroundColor: Colors.grey,
      appBar: AppBar( title: Text("ListView "), ),
      body: buildListView(),
    );
  }

  //通过构造函数来创建
  Widget buildListView() {
    return ListView(
      //滚动方向 Axis.vertical 竖直方向滚动 Axis.horizontal 水平方向滚动
      scrollDirection: Axis.vertical,
      //设置为 true 时 列表数据是滚动到底部的，默认为 false，列表数据在开始位置
      reverse: false,
      //滚动到列表边界时的回弹效果
      physics: BouncingScrollPhysics(),
      //子 Item
      children: [
        Text("测试数据 1"),
        Text("测试数据 2"),
        Text("测试数据 3"),
        Text("测试数据 4"),
      ],
    );
  }
}
```

在实际项目业务开发中，第二种方式使用得比较多，通常称为懒加载模式，适合列表项比较多的情况，因为只有当子组件真正显示的时候才会被创建，基本使用代码如下。

```
///代码清单 5-21 ListView 通过 builder 来构建
///lib/code/code5/example_510_ListView.dart
Widget buildListView1() {
  return ListView.builder(
    //列表子 Item 个数
    itemCount: 10000,
    //每个列表子 Item 的高度
    itemExtent: 100,
```

```
    //构建每个 ListView 的 Item
    itemBuilder: (BuildContext context, int index) {
      //子 Item 可单独封装成一个 StatefulWidget
      //也可以是一个 Widget
      return buildListViewItemWidget(index);
    },
  );
}
```

buildListViewItemWidget 方法用来构建每个子 Item 的详细布局，代码如下。

```
///代码清单 5-22  创建 ListView 使用的子布局
///lib/code/code5/example_510_ListView.dart
Widget buildListViewItemWidget(int index){
  return new Container(
    //列表子 Item 的高度
    height: 84,
    //内容居中
    alignment: Alignment.center,
    //根据索引来动态计算生成不同的背景颜色
    color: Colors.cyan[100 * (index % 9)],
    child: new Text('grid item $index'),
  );
}
```

ListView.separated 可以在生成的列表项之间添加一个分割组件，它比 ListView.builder 多了一个 separatorBuilder 参数，该参数是一个分割组件生成器，常用于列表 Item 之间有分隔线的场景，基本使用代码如下。

```
///代码清单 5-23  通过 separated 来构建
///lib/code/code5/example_510_ListView.dart
Widget buildListView2() {
  return ListView.separated(
    //列表子 Item 个数
    itemCount: 10000,
    //构建每个 ListView 的 Item
    itemBuilder: (BuildContext context, int index) {
      //ListView 的子 Item
      return buildListViewItemWidget(index);
    },
    //构建每个子 Item 之间的间隔 Widget
    separatorBuilder: (BuildContext context, int index) {
      //这里构建的是不同颜色的分隔线
      return new Container(
        height: 4,
        color: Colors.cyan[100 * (index % 9)],
      );
    },
  );
}
```

ListView 的 custom 方法使用参数 childrenDelegate 来配置一个 SliverChildDelegate 代理构建子 Item，SliverChildDelegate 是抽象的，不可直接使用，一般在实际项目开发中使用它的两个子类 SliverChildListDelegate 和 SliverChildBuilderDelegate，SliverChildListDelegate 常用于构建少量数据 Item 的场景，它会一次性将所有子 Item 绘制出来，代码如下。

```
///代码清单 5-24  通过 custom 来构建
/// 与通过构造函数来创建 ListView 的原理一致
///lib/code/code5/example_510_ListView.dart
  Widget buildListView3() {
    return ListView.custom(
      //一次性构建所有的列表子 Item 适用于少量数据
      childrenDelegate: SliverChildListDelegate([
        Text("测试数据 1"),
        Text("测试数据 2"),
        Text("测试数据 3"),
        Text("测试数据 4"),
      ]),
    );
  }
```

SliverChildBuilderDelegate 常在构建大量的数据时使用，采用懒加载的模式来加载数据，基本使用代码如下。

```
///代码清单 5-25  适用于构建大量数据
///lib/code/code5/example_510_ListView.dart
Widget buildListView4() {
  return ListView.custom(
    childrenDelegate:
        SliverChildBuilderDelegate((BuildContext context, int index) {
      return new Container(
        height: 40,
        color: Colors.cyan[100 * (index % 9)],
      );
    },
    //子 Item 的个数
    childCount: 20),
  );
}
```

5.3.2 GridView 的基本使用

GridView 创建方法有五种，描述如下。

1）GridView 构造函数方法，一次性构建所有子条目，适用于少量数据。

2）GridView.builder 方式来构建，懒加载模式，适用于大量数据的情况。

3）GridView.count 方式来构建，适用于固定列的情况，适用于少量数据。

4）GridView.extent 方式来构建，适用于条目有最大宽度限制的情况，适用于少量数据的情况。

5）GridView.custom 方式来构建，可配置子条目的排列规则，也可配置子条目的渲染加载模式。

通过 GridView 的构造函数来构建，通过参数 children 来构建 GridView 中使用到的所有子条目，通过参数 gridDelegate 配置 SliverGridDelegate 来配置子条目的排列规则。

SliverGridDelegate 声明为 abstract 抽象的，所以需要使用它的子类来构建。SliverGridDelegate 有两个直接的子类 SliverGridDelegateWithFixedCrossAxisCount 和 SliverGridDelegateWithMaxCrossAxisExtent。

通过 SliverGridDelegateWithFixedCrossAxisCount 来构建一个横轴为固定数量的子条目的

GridView，如图 5-1 所示，基本使用代码如下。

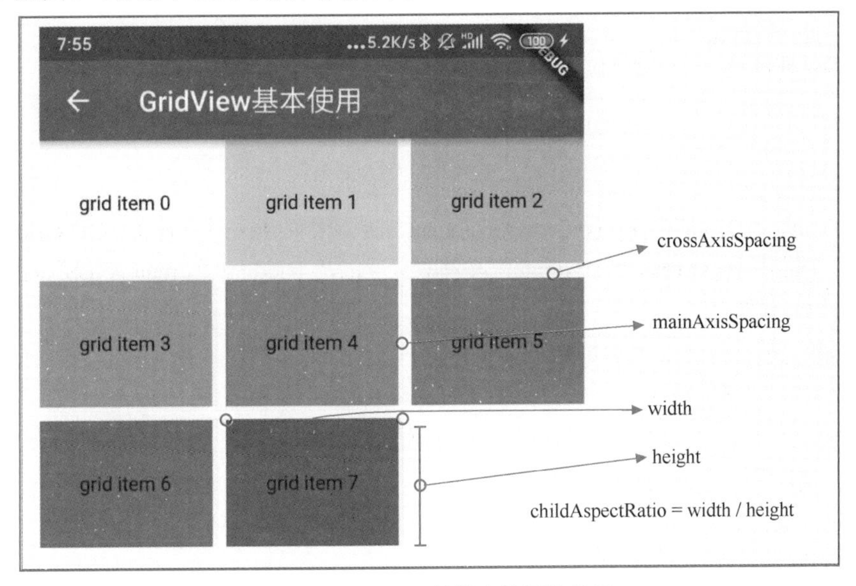

图 5-1　GridView 的基本使用效果图

```
///代码清单 5-26 GridView 的基本使用 固定列数
///lib/code/code5/example_511_GridView.dart
Widget buildGridView1() {
  return GridView(
    //子 Item 排列规则
    gridDelegate: SliverGridDelegateWithFixedCrossAxisCount(
      //横轴元素个数
        crossAxisCount: 2,
        //纵轴间距
        mainAxisSpacing: 10.0,
        //横轴间距
        crossAxisSpacing: 10.0,
        //子组件宽高长度比例
        childAspectRatio: 1.4),
    //GridView 中使用的子 Widegt
    children: [
      buildListViewItemWidget(1),
      buildListViewItemWidget(2),
      buildListViewItemWidget(3),
      buildListViewItemWidget(4),
      buildListViewItemWidget(5),
      buildListViewItemWidget(6),
      buildListViewItemWidget(7),
    ],
  );
}
```

buildListViewItemWidget 方法就是构建的 GridView 中使用到的子 Item 布局，代码如下。

```
///代码清单 5-27 GridView 子 Item 视图构建
///lib/code/code5/example_511_GridView.dart
Widget buildListViewItemWidget(int index) {
  return new Container(
    //列表子 Item 的高度
```

```
      height: 84,
      //内容居中
      alignment: Alignment.center,
      //根据索引来动态计算生成不同的背景颜色
      color: Colors.cyan[100 * (index % 9)],
      child: new Text('grid item $index'),
    );
  }
```

通过 SliverGridDelegateWithMaxCrossAxisExtent 来构建横轴 Item 数量不固定的 GridView，其水平方向 Item 个数由 maxCrossAxisExtent 和屏幕的宽度以及 padding 和 mainAxisSpacing 来共同决定，基本使用代码如下。

```
///代码清单 5-28 GridView 固定宽度
///lib/code/code5/example_511_GridView.dart
Widget buildGridView2() {
  return GridView(
    //子 Item 排列规则
    gridDelegate: SliverGridDelegateWithMaxCrossAxisExtent(
      //子 Item 的最大宽度
      maxCrossAxisExtent: 120,
      //纵轴间距
      mainAxisSpacing: 10.0,
      //横轴间距
      crossAxisSpacing: 10.0,
      //子组件宽高长度比例
      childAspectRatio: 1.4,
    ),
    //GridView 中使用的子 Widegt
    children: [
      buildListViewItemWidget(1),
      buildListViewItemWidget(2),
      buildListViewItemWidget(3),
      buildListViewItemWidget(4),
      buildListViewItemWidget(5),
      buildListViewItemWidget(6),
      buildListViewItemWidget(7),
    ],
  );
}
```

GridView 的 count 方法用来构建每行有固定列数的宫格布局，参数 crossAxisCount 为必选参数，用来配置列数，与使用 GridView 构造函数并通过 SliverGridDelegateWithFixedCrossAxisCount 方式来构建的效果一样，基本使用代码如下。

```
///代码清单 5-29 GridView.coun 方式来创建 适用于少量数据
///lib/code/code5/example_511_GridView.dart
Widget buildGridView3() {
  return GridView.count(
    crossAxisCount: 4, //每行的列数
    mainAxisSpacing: 10.0, //纵轴间距
    crossAxisSpacing: 10.0, //横轴间距
    //所有的子条目
    children: [
      buildListViewItemWidget(1),
      buildListViewItemWidget(2),
      buildListViewItemWidget(3),
```

```
      buildListViewItemWidget(4),
      buildListViewItemWidget(5),
      buildListViewItemWidget(6),
      buildListViewItemWidget(7),
    ],
  );
}
```

GridView 的 extent 方法用来构建列数不固定、限制每列的最大宽度或者高度的宫格布局，maxCrossAxisExtent 为必选参数，用来配置每列允许的最大宽度或者是高度，与使用 GridView 通过 SliverGridDelegateWithMaxCrossAxisExtent 方式来构建效果一样，基本使用代码如下。

```
///代码清单 5-30 GridView.extent 方式来创建 适用于少量数据
///lib/code/code5/example_511_GridView.dart
Widget buildGridView4() {
  return GridView.extent(
    //每列 Item 的最大宽度
    maxCrossAxisExtent: 120,
    //纵轴间距
    mainAxisSpacing: 10.0,
    //横轴间距
    crossAxisSpacing: 10.0,
    //所有的子条目
    children: [
      buildListViewItemWidget(1),
      buildListViewItemWidget(2),
      buildListViewItemWidget(3),
      buildListViewItemWidget(4),
      buildListViewItemWidget(5),
      buildListViewItemWidget(6),
      buildListViewItemWidget(7),
    ],
  );
```

在上面描述到的以 GridView 构造函数、count 方法与 extent 方式来构建宫格布局，都是一次性将所有子 Item 构建出来，所以只适用于少量的数据。

以 GridView 的 builder 方式来构建，是通过懒加载模式来进行的，参数 gridDelegate 用来配置子 Item 的排列规则，与 GridView 构造函数中的 gridDelegate 使用一致，可分别使用 SliverGridDelegateWithFixedCrossAxisCount 构建固定列数的宫格和 SliverGridDelegateWithMaxCrossAxisExtent 构建不固定列数、固定最大宽度或者高度的宫格，基本使用代码如下。

```
///代码清单 5-31 GridView.builder 方式来创建 懒加载模式 适用于大量数据
///lib/code/code5/example_511_GridView.dart
Widget buildGridView5() {
  return GridView.builder(
    //缓存区域
    cacheExtent: 120,
    //内边距
    padding: EdgeInsets.all(8),
    //条目个数
    itemCount: 100,
    //子 Item 排列规则
    gridDelegate: SliverGridDelegateWithMaxCrossAxisExtent(
      //子 Item 的最大宽度
      maxCrossAxisExtent: 100,
```

```
        //纵轴间距
        mainAxisSpacing: 10.0,
        //横轴间距
        crossAxisSpacing: 10.0,
        //子组件宽高长度比例
        childAspectRatio: 1.4,
      ),
      //懒加载构建子条目
      itemBuilder: (BuildContext context,int index){
        return buildListViewItemWidget(index);
      },
    );
  }
```

5.3.3 下拉刷新与上拉加载更多

RefreshIndicator 是 Material 风格的滑动刷新 Widget，在 ListView 与 GridView 的外层直接嵌套使用即可，如图 5-2 所示，基本使用代码如下。

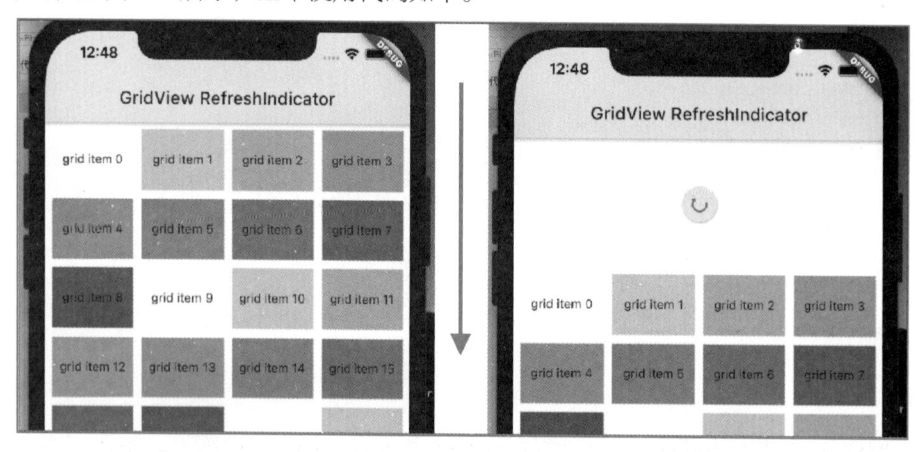

图 5-2　RefreshIndicator 与 GridView 结合运行效果图

```
///代码清单 5-32 GridView RefreshIndicator 下拉刷新
///lib/code/code5/example_512_GridView_RefreshIndicator.dart
class Example512 extends StatefulWidget {
  @override
  State<StatefulWidget> createState() {
    return _ExampleState();
  }
}

class _ExampleState extends State<Example512> {
  @override
  Widget build(BuildContext context) {
    return Scaffold(
      backgroundColor: Colors.white,
      appBar: AppBar(
        title: Text("GridView RefreshIndicator"),
      ),
      body: RefreshIndicator(
          //圆圈进度颜色
          color: Colors.blue,
          //下拉停止的距离
```

```
          displacement: 44.0,
          //背景颜色
          backgroundColor: Colors.grey[200],
          //下拉刷新的回调
          onRefresh: () async {
            //模拟网络请求
            await Future.delayed(Duration(milliseconds: 2000));
            //结束刷新
            return Future.value(true);
          },
          child: buildGridView()),
    );
  }
… …
}
```

RefreshIndicator 组件并没有提供上拉加载更多的功能方法，在这里可通过结合滑动控制器 ScrollController 来实现，滑动（滚动）控制器 ScrollController 在 5.1.1 节中有论述，ListView 与 GirdView 也是滑动视图家族中的一员，所以也可以配置使用 ScrollController，代码见 https://github.com/zhaolongs/flutter_book_jixie/blob/v1/flutter_book_code_video/lib/code/code5/example_513_ListView_RefreshIndicator.dart（代码清单 33～代码清单 36）。

小结

本章概述了 Flutter 项目中用来处理滑动视图的系列 Widget。APP 运行在多种手机上，需要多种机型与屏幕尺寸适配，使用滑动视图是一个不错的选择，CustomScrollView 与 NestedScrollView 用来结合 Sliver 家族的 Widget 实现酷炫的滑动折叠特效，ListView 用来处理列表视图，几乎每个 APP 都有这样的应用场景，GridView 用来处理宫格排版一类，PageView 的合理应用，可以实现各种轮播图效果以及页面的横向或者是纵向的整屏内容切换。

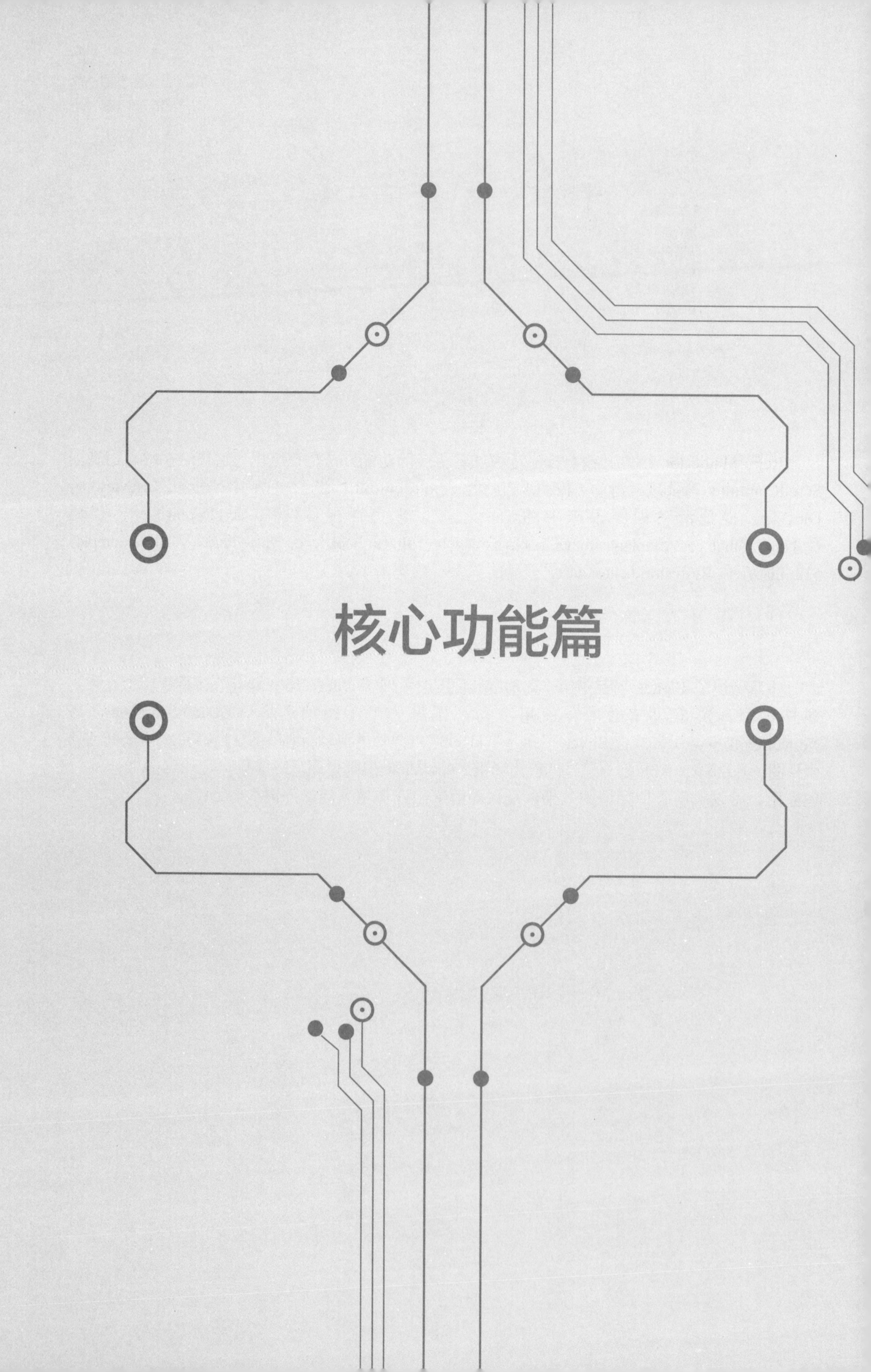

核心功能篇

第 6 章 动画专题——让画面动起来

精心设计的动画会让用户界面感觉更直观、流畅，能改善用户体验。Flutter 的动画支持可以轻松实现各种动画类型。许多 Widget，特别是 Material Design Widgets 都带有在其设计规范中定义的标准动画效果，同时可以自定义这些效果。

6.1 基本动画

6.1.1 透明动画

通过 AnimatedOpacity 组件可实现基本的透明度变化动画，适用于简单过渡业务场景，可以理解为是动画与透明组件 Opacity 的组合，它的实现过程与 iOS 中的 Uivew 动画类似，基本使用代码如下。

```
/// 代码清单 6-1 AnimatedOpacity 实现简单透明动画效果
///lib/code/code6/example_601_AnimatedOpacity.dart
class _Example601State extends State<Example601> {

  @override
  Widget build(BuildContext context) {
    return Scaffold(
      backgroundColor: Colors.grey,
      appBar: AppBar(title: Text("基本动画"), ),
      body: Center(
        child: Column(
          mainAxisAlignment: MainAxisAlignment.start,
          children: <Widget>[
            //点击一个按钮
            ElevatedButton(
              child: Text("修改透明度"),
              onPressed: () {
                setState(() {
                  _opacityLevel = _opacityLevel == 0 ? 1.0 : 0.0;
                });
              },
            ),
            buildAnimatedOpacity(),
          ],
        ),
```

6-1 AnimatedOpacity 组件透明度动画效果

```
      ),
    );
  }

  //当前页面显示组件的透明度
  double _opacityLevel = 1.0;

  //构建透明动画组件 AnimatedOpacity
  AnimatedOpacity buildAnimatedOpacity() {
    return AnimatedOpacity(
      //透明度
      opacity: _opacityLevel,
      //过渡时间
      duration: Duration(milliseconds: 2000),
      //动画插值器
      curve: Curves.linear,
      //动画过渡完毕的回调
      onEnd: () {},
      //子 Widget
      child: Container(
        height: 100,width: 100,
        color: Colors.red,
      ),
    );
  }
}
```

FadeTransition 组件专门用来实现对子 Widget 的透明度变换，基本使用代码如下。

```
/// 代码清单 6-2 构建渐变动画[FadeTransition] 基本使用
///lib/code/code6/example_602_FadeTransition.dart
Widget buildFadeTransition() {
  //透明度渐变动画组件
  return FadeTransition(
    //动画控制器
    opacity: _animationController,
    //将要执行动画的子 view
    child: Container(
      width: 200,
      height: 200,
      color: Colors.red,
    ),
  );
}
```

6-2 FadeTransition 动画效果

这里使用到了 AnimationController 动画控制器，AnimationController 的起始值配置的是 0.0，所以开始情况下 FadeTransition 的透明度为 0.0，AnimationController 用来对动画进行操作以及监听，其创建方法见 https://github.com/zhaolongs/flutter_book_jixie/blob/v1/flutter_book_code_video/lib/code/code6/example_602_FadeTransition.dart（代码清单 6-3）。

SingleTickerProviderStateMixin 与 TickerProviderStateMixin 都实现于 TickerProvider，TickerProvider 用来发送 Ticker 对象，Ticker 对象主要的作用是获取 Widget 每一帧刷新的通知，相当于一个帧定时器，在执行 start 之后会一直在指定时间内执行回调。

Flutter 应用在启动时都会绑定一个 SchedulerBinding，通过 SchedulerBinding 可以给每一次屏幕刷新添加回调，而 Ticker 就是通过 SchedulerBinding 来添加屏幕刷新回调，每当屏幕刷新都会调用 TickerCallback 回调。

使用 Ticker 来驱动动画会有效避免资源浪费，比如锁屏时避免执行动画，因为 Flutter 中屏幕刷新时会通知到绑定的 SchedulerBinding，而 Ticker 是受 SchedulerBinding 驱动的，由于锁屏后屏幕会停止刷新，所以 Ticker 就不会再触发。

如果页面 Widget 只有一个 AnimationController，那么绑定 SingleTickerProviderStateMixin 即可，如果是有多个 AnimationController，就需要绑定 TickerProviderStateMixin。

6.1.2 缩放动画

ScaleTransition 在 Flutter 中是专门用来构建缩放效果的，通过参数 alignment 来配置缩放中心，通过 scale 来配置缩放动画规则（Animation<double>类型），实现的是等比缩放，基本使用代码如下。

```
/// 代码清单 6-4 ScaleTransition 缩放动画效果
///lib/code/code6/example_607_ScaleTransition.dart
class _Example607State extends State<Example607>
    with SingleTickerProviderStateMixin {
  //动画控制器
  AnimationController _animationController;

  @override
  void initState() {
    super.initState();
    //创建动画控制器
    _animationController = new AnimationController(
      //绑定 Ticker
      vsync: this,
      //正向执行 执行时间
      duration: Duration(milliseconds: 1000),
    );
  }

  @override
  Widget build(BuildContext context) {
    return Scaffold(
      backgroundColor: Colors.white,
      appBar: AppBar(
        title: Text("基本动画"),
      ),
      body: Center(
        child: Column(
          mainAxisAlignment: MainAxisAlignment.start,
          children: <Widget>[
            //点击一个按钮
            ElevatedButton(
              child: Text("执行 "),
              onPressed: () {
                //当前动画的执行进度
                double progress = _animationController.value;
                if (progress == 1.0) {
                  //在这里是缩小的效果
                  _animationController.reverse();
                } else {
                  //通过控制器正向执行动画 值 0.0～1.0
```

6-3 ScaleTransition 缩放动画效果

```
                //在这里是放大的效果
                _animationController.forward(from: 0);
              }
            },
          ),
          buildScaleTransition()
        ],
      ),
    ),
  );
}

//构建缩放动画[ScaleTransition]
  Widget buildScaleTransition() {
    //实现的是等比缩放
    return ScaleTransition(
      //配置缩放中心
      alignment: Alignment.center,
      //过渡
      scale: _animationController,
      //将要执行动画的子 view
      child: Container(
        width: 200,
        height: 200,
        color: Colors.red,
      ),
    );
  }
}
```

6.1.3 平移动画

SlideTransition 组件专门用来实现对子 Widget 的平移变换，SlideTransition 的属性 position 是一个 Animation<Offset>类型，用来动态设置平移的偏移量，所以在此构建了一个 Animation<Offset>来配合 AnimationController 综合使用，基本实现代码如下。

```
/// 代码清单 6-5 SlideTransition 平移动画
///lib/code/code6/example_608_ScaleTransition.dart
class _Example608State extends State<Example608>
    with SingleTickerProviderStateMixin {
  //动画控制器
  AnimationController _animationController;

  Animation<Offset> _animation;

  @override
  void initState() {
    super.initState();
    //创建动画控制器
    _animationController = new AnimationController(
      //绑定 Ticker
      vsync: this,
      //正向执行 执行时间
      duration: Duration(milliseconds: 1000),
    );
```

6-4 SlideTransition 平移动画效果

```
    //通过 animate 方法将 Animation 与动画控制器 AnimationController 结合在一起
    _animation = Tween(
      //begin: Offset.zero, end: Offset(1, 0)
      //     以左上角为参考点，相对于左上角坐标 x 轴方向向右平移
      //     执行动画的 view 的 1 倍 宽度，y 轴方向不动，也就是水平向右平移
      begin: Offset(-1, 0),

      //end: Offset.zero, end: Offset(1, 1)
      //     以左上角为参考点，相对于左上角坐标 x 轴方向向右平移
      //     执行动画的 Widget 的 1 倍宽度
      //     y 轴方向向下平移，执行动画 view 的 1 倍的高度
      //     也就是向右下角平移
      end: Offset(0, 0),
    ).animate(_animationController);
  }

  ... ...
}
```

UI 视图构建，点击按钮，组件从屏幕左侧平移进入，再次点击，组件向屏幕左侧平移滑出，代码见 https://github.com/zhaolongs/flutter_book_jixie/blob/v1/flutter_book_code_video/lib/code/code6/example_608_SlideTransition.dart（代码清单 6-6）。

6.1.4 旋转动画

使用 RotationTransition 组件来实现旋转效果，基本使用代码见 https://github.com/zhaolongs/flutter_book_jixie/blob/v1/flutter_book_code_video/lib/code/code6/example_609_RotationTransition.dart（代码清单 6-7）。

6.2 Tween 动画

Tween 继承于 Animatable，定义从输入范围到输出范围的映射，通常需要结合 AnimationController 来使用。

Animatable 是控制动画类型的类。比如在平移动画中，关注的是(x,y)的值，那么这个时候就需要 Animatable 控制(x,y)值的变化，通常是 Offset。在颜色动画中，关注的是色值的变化，那么就需要 Animatable 控制色值的变化，通常是一个 Color。在贝塞尔曲线运动中，关注的是路径是否按照贝塞尔方程式来生成(x,y)，所以 Animatable 就要按照贝塞尔方程式的方式来改变(x,y)。

Tween 可以实现诸多数据类型的变换，所以在 Flutter 中定义了比较多 Tween 的子类，见表 6-1。

表 6-1 Tween 的子类简述总结

取　值	说　明
ColorTween	Color 类型的动画
BoxConstraintsTween	针对于 ConstrainedBox 组件来使用
DecorationTween	容器 Container 设置装饰 Decoration 动画变化
EdgeInsetsTween	配置 EdgeInsets 边距变化动画，一般用于 Container 容器中进行内边距 padding 或者是外边距 margin

（续）

取　值	说　明
EdgeInsetsGeometryTween	用来配置 EdgeInsetsGeometry 变化的动画，EdgeInsetsGeometry 一般不直接使用，使用 EdgeInsets
BorderRadiusTween	用来设置边框圆角的动画变换
BorderTween	用来设置边框的动画变换
Matrix4Tween	通过动画的方式实现矩阵变换
TextStyleTween	文本样式的动态过渡
TweenSequence	串行动画，按照一定的序列来组合动画
ConstantTween	常量值动画，常结合 TweenSequence 实现保持一定时间内的值不变

6.2.1　数值类型的 Tween

在使用 Tween 时，需要调用 Tween 的 animate 方法绑定控制器，如下实现的一个在 2000ms 内_animation 的值从 0 过渡到 300，同时绑定在 Container 容器的宽与高，宽与高从 0.0 过渡到 300，表现出等比缩放的动画效果，代码如下。

```
/// 代码清单 6-8 Tween 的基本使用
///lib/code/code6/example_610_Tween.dart
class _Example610State extends State<Example610>
    with SingleTickerProviderStateMixin {
  //动画控制器
  AnimationController _animationController;
  Animation<double> _animation;

  @override
  void initState() {
    super.initState();
    //创建动画控制器
    _animationController = new AnimationController(
      //绑定 Ticker
      vsync: this,
      //正向执行 执行时间
      duration: Duration(milliseconds: 3000),
    );

    // 创建一个 Tween，值从 0 到 300
    _animation = Tween(begin: 0.0, end: 300.0)
        //绑定控制器
        .animate(_animationController)
          //添加监听 级联操作符".."
          ..addListener(() {
            //_animationController.value 值从 0.0 - 1.0
            //_animation.value 的值从 0 - 300
            print('${_animationController.value}-${_animation.value}');
          });
  }

  @override
  Widget build(BuildContext context) {
    return Scaffold(
      backgroundColor: Colors.white,
      appBar: AppBar(
        title: Text("基本动画"),
```

```
      ),
      body: Center(
        child: Column(
          mainAxisAlignment: MainAxisAlignment.start,
          children: <Widget>[
            //点击一个按钮
            ElevatedButton(
              child: Text("执行 "),
              onPressed: () {
                //当前动画的执行进度
                double progress = _animationController.value;
                if (progress == 1.0) {
                  //反向执行
                  _animationController.reverse();
                } else {
                  //通过控制器正向执行动画
                  _animationController.forward(from: 0);
                }
              },
            ),
            buildContainerSize()
          ],
        ),
      ),
    );
  }

  //动态修改容器的大小
  Widget buildContainerSize() {
    return Container(
      margin: EdgeInsets.symmetric(vertical: 10.0),
      // 使用 Tween 创建出来的 Animation 的 value
      // 从 0 到 300
      height: _animation.value,
      width: _animation.value,
      color: Colors.blue,
    );
  }
}
```

6.2.2 颜色类型的 Tween

当 Tween 指定 Color 类型时，可使用 ColorTween 实现颜色的动画切换，ColorTween 继承于 Tween 代码如下。

```
/// 代码清单 6-9 ColorTween 颜色过渡动画的基本使用
///lib/code/code6/example_611_Tween.dart
class _Example611State extends State<Example611>
    with SingleTickerProviderStateMixin {
  //动画控制器
  AnimationController _animationController;
  Animation<Color> _animation;

  @override
  void initState() {
    super.initState();
    //创建动画控制器
```

```
    _animationController = new AnimationController(
      //绑定 Ticker
      vsync: this,
      //正向执行 执行时间
      duration: Duration(milliseconds: 3000),
    );
    _animationController.addListener(() {
      setState(() {});
    });
// 创建一个 Tween，值从 Colors.red 到 Colors.blue
    _animation = ColorTween(begin: Colors.red, end: Colors.blue)
        .animate(_animationController);
  }

  //动态修改容器的颜色
  Widget buildContainer() {
    return Container(
      margin: EdgeInsets.symmetric(vertical: 10.0),
      //背景颜色从红色变为蓝色
      color: _animation.value,
      width: 200, height: 100,
    );
  }
  //将代码清单 6-8 中的 UI 构建复制到这里
  //使用 buildContainer 替换 buildContainersize 方法即可
  @override
  Widget build(BuildContext context) {...}
}
```

6.2.3 各系列的 Tween

BoxConstraintsTween 就是针对 BoxConstraints 这个组件使用的，基本使用代码如下。

```
/// 代码清单 6-10 [BoxConstraintsTween] 的基本使用 容器动画控制
///lib/code/code6/example_612_Tween.dart
class _Example612State extends State<Example612>
    with SingleTickerProviderStateMixin {
  //动画控制器
  AnimationController _animationController;
  Animation<BoxConstraints> _animation;

  @override
  void initState() {
    super.initState();
    //创建动画控制器
    _animationController = new AnimationController(
      //绑定 Ticker
      vsync: this,
      //正向执行 执行时间
      duration: Duration(milliseconds: 3000),
    );
    _animationController.addListener(() {
      setState(() {});
    });
    // 创建一个 Tween，值类型为 BoxConstraints
    _animation = BoxConstraintsTween(
          begin: BoxConstraints(minHeight: 100, maxHeight: 100),
```

```
            end: BoxConstraints(minHeight: 50, maxHeight: 50))
        .animate(_animationController);
  }

  //动态修改容器的约束
  Widget buildContainer() {
    return ConstrainedBox(
      constraints: _animation.value,
      child: Container(
        margin: EdgeInsets.symmetric(vertical: 10.0),
        color: Colors.blue,
        width: 200,
        height: 10,
      ),
    );
  }

  //将代码清单 6-8 中的 UI 构建复制到这里
  //使用 buildContainer 替换 buildContainerSize 方法即可
  @override
  Widget build(BuildContext context) {...}
}
```

DecorationTween 专门用来为容器 Container 设置装饰 Decoration 动画变化，定义两个不同的 Decoration，然后利用 DecorationTween 组合，通过动画的方式在一定的时间内进行过渡，如下代码实现的是两个渐变样式的背景装饰过渡，代码见 https://github.com/zhaolongs/flutter_book_jixie/blob/v1/flutter_book_code_video/lib/code/code6/example_613_DecorationTween.dart（代码清单 6-11）。

EdgeInsetsTween 组件用来设置 EdgeInsets 边界值的变化，常用于设置 Container 容器的内边距与外边距的动画效果切换，基本使用代码见 https://github.com/zhaolongs/flutter_book_jixie/blob/v1/flutter_book_code_video/lib/code/code6/example_614_EdgeInsetsTween.dart（代码清单 6-12）。

BorderRadiusTween 用来设置边框圆角的变换动画，取值泛型为 BorderRadius，常用于 Container 的 BoxDecoration 中设置边框圆角动画功能，如这里通过 BorderRadiusTween 实现的 Container 的边框圆角由 10 像素动画过渡到 60 像素，基本使用代码见 https://github.com/zhaolongs/flutter_book_jixie/blob/v1/flutter_book_code_video/lib/code/code6/example_615_BorderRadiusTween.dart（代码清单 6-13）。

BorderTween 用来设置边框 Border 的样式动画，常用 Container 中的 BoxDecoration 设置边框样式动画切换，基本使用代码见 https://github.com/zhaolongs/flutter_book_jixie/blob/v1/flutter_book_code_video/lib/code/code6/example_616_BorderTween.dart（代码清单 6-14）。

TextStyleTween 通过动画过渡的方式来切换文本组件 Text 的样式 TextStyle，基本使用代码见 https://github.com/zhaolongs/flutter_book_jixie/blob/v1/flutter_book_code_video/lib/code/code6/example_617_TextStyleTween.dart（代码清单 6-15）。

6.2.4 CurvedAnimation 使用分析

在 Flutter 开发中，通过 Curve 曲线来描述动画的过程，可以是线性的 Curves.linear，也可以是非线性的 non-linear，因此，整个动画过程可以是匀速的、加速的、先加速后减速的等，在 Flutter 中，通过 CurvedAnimation 来描述非线性执行的动画曲线，通过 curve 来绑定不同的曲线类型，如实现一个弹簧效果的缩放动画，代码见 https://github.com/zhaolongs/flutter_book_jixie/blob/v1/flutter_book_code_video/lib/code/code6/example_618_CurvedAnimation.dart（代码清单 6-16）。

在实际项目开发中，往往需要多种效果组合使用，其中的一种组合就是 CurvedAnimation 与 Tween 的组合，如通过 TextStyleTween 实现文本样式动画变换时，默认的执行效果是线性匀速的，如果需要结合弹性动画效果，就需要结合 CurvedAnimation 来定义曲线执行过程，使用代码见 https://github.com/zhaolongs/flutter_book_jixie/blob/v1/flutter_book_code_video/lib/code/code6/example_619_CurvedAnimation.dart（代码清单 6-17）。

6.2.5 TweenSequence 串行动画使用分析

TweenSequence 在 Flutter 中用来将一系列的动画组合到一起，按顺序执行，可定义为串行动画。

如这里通过 TweenSequence 组合多组 Tween<double>变化值实现左右抖动的动画效果，代码见 https://github.com/zhaolongs/flutter_book_jixie/blob/v1/flutter_book_code_video/lib/code/code6/example_620_TweenSequence.dart（代码清单 6-18）。

6.3 其他动画概述

6.3.1 抖动动画实现

在实际业务场景中会有许多提交输入框内容，一般在提交前会做一步空校验，也就是当用户没有输入内容时，提示用户必须要输入，一个较好的视觉体验就是抖动效果提示，笔者已将抖功能封装成了依赖库：

```
dependencies:
  shake_animation_widget: ^2.1.2
```

或者是 github 方式依赖：

```
  shake_animation_widget:
    git:
      url: https://github.com/zhaolongs/flutter_shake_animation_widget.git
      ref: master
```

然后读者在使用时导入：

```
import 'package:shake_animation_widget/shake_animation_widget.dart';
```

最后实现一个按钮的抖动效果，代码如下。

```
/// 代码清单 6-19 按钮抖动
///lib/code/code6/example_621_ShakeAnimation.dart
class _Example621State extends State<Example621>
    with SingleTickerProviderStateMixin {
  @override
  Widget build(BuildContext context) {
    return Scaffold(
      appBar: AppBar(
        title: Text("抖动"),
      ),
      //抖动的动画效果
      body: buildShakeAnimationWidget(),
```

```
    );
  }

  //抖动动画控制器
  ShakeAnimationController _shakeController = new ShakeAnimationController();

  //构建抖动效果
  ShakeAnimationWidget buildShakeAnimationWidget() {
    return ShakeAnimationWidget(
      //抖动控制器
      shakeAnimationController: _shakeController,
      //微旋转的抖动
      shakeAnimationType: ShakeAnimationType.LeftRightShake,
      //设置不开启抖动
      isForward: false,
      //默认为 0 无限执行
      shakeCount: 0,
      //抖动的幅度 取值范围为[0,1]
      shakeRange: 1,
      //执行抖动动画的子 Widget
      child: RaisedButton(
        child: Text(
          '测试',
          style: TextStyle(color: Colors.white),
        ),
        onPressed: () {
          //判断抖动动画是否正在执行
          if (_shakeController.animationRunging) {
            //停止抖动动画
            _shakeController.stop();
          } else {
            //开启抖动动画
            //参数 shakeCount 用来配置抖动次数
            //通过 controller start 方法默认为 1
            _shakeController.start(shakeCount: 1);
          }
        },
      ),
    );
  }
}
```

6.3.2 Hero 屏幕共享元素动画

Hero 动画用于在页面切换之间形成元素的动画过渡，如二维码 6-5 中的视频所示，点击页面一中的按钮，在切换到页面二的过程中，通过 Hero 动画形成了从页面一曲线移动到页面二中的效果。在 Flutter 中，通过 Hero 组件来组合不同路由页面过渡元素，基本代码如下。

```
/// 代码清单 6-20 Hero 动画
///lib/code/code6/example_622_Hero.dart
class Example622 extends StatelessWidget {
  @override
  Widget build(BuildContext context) {
    return Scaffold(
      appBar: AppBar(title: Text("Hero 动画"),),
      body: Container(
```

```
        padding: EdgeInsets.all(10),
        child: Column(
          children: [
            //左上角的一个按钮
            Hero(
              //Hero 动画标签
              tag: "tag1",
              child: ElevatedButton(
                // + 号图标
                child: Icon(Icons.add),
                onPressed: () {
                  //打开新的页面
                  openPage(context,"tag1");
                },
              ),
            )
          ],
        ),
      ),
      //悬浮按钮 使用 Hero
      floatingActionButton: FloatingActionButton(
        //Hero 动画标签
        heroTag: "tag2",
        child: Icon(Icons.add),
        //点击打开新的页面
        onPressed: () {
          openPage(context,"tag2");
        },
      ),
    );
  }

  void openPage(BuildContext context,String heroTag) {
    //动态方式打开
    Navigator.of(context)
        .push(new MaterialPageRoute(builder: (BuildContext context) {
          //目标页面 也就是这里的页面二
      return ItemDetailsPage(heroTag);
    }));
  }
}
```

页面二目标页面的构建如下。

```
/// 代码清单 6-21 Hero 动画 目标页面
///lib/code/code6/example_622_Hero.dart
class ItemDetailsPage extends StatelessWidget {
  final String heroTag;

  ItemDetailsPage(this.heroTag);

  @override
  Widget build(BuildContext context) {
    return Scaffold(
      appBar: AppBar(
        title: Text("页面二"),
      ),
      body: Center(
```

6-5 Hero 切换动画效果

```
          child: Hero(
            tag: heroTag,
            child: ElevatedButton(
              child: Icon(Icons.add),
              onPressed: () {
                Navigator.of(context).pop();
              },
            ),
          ),
        ),
      );
    }
  }
```

也可以结合路由页面切换时，自定义路由功能来控制 Hero 过渡的时间与效果，核心代码如下。

```
/// 代码清单 6-22 Hero 动画 自定义路由功能
///lib/code/code6/example_622_Hero.dart
//透明渐变动画方式打开新的页面
void openPage2(BuildContext context, String heroTag) {
  //动态方式打开
  Navigator.of(context).push(
    PageRouteBuilder(
      pageBuilder: (BuildContext context, Animation<double> animation,
          Animation<double> secondaryAnimation) {
        //目标页面 也就是这里的页面二
        return ItemDetailsPage(heroTag);
      },
      //透明方式
      opaque: false, //动画时间
      transitionDuration: Duration(milliseconds: 800),
      //过渡动画
      transitionsBuilder: (
        BuildContext context,
        Animation<double> animation,
        Animation<double> secondaryAnimation,
        Widget child,
      ) {
        //渐变过渡动画
        return FadeTransition(
          // 透明度从 0.0-1.0
          opacity: Tween(begin: 0.0, end: 1.0).animate(
            CurvedAnimation(
              parent: animation,
              //动画曲线规则，这里使用的是先快后慢
              curve: Curves.fastOutSlowIn,
            ),
          ),
          child: child,
        );
      },
    ),
  );
}
```

以透明渐变的方式打开新的路由页面，笔者已封装到工具类 NavigatorUtils 中，读者可以从

源代码中获取 NavigatorUtils，通过 NavigatorUtils 直接使用，代码如下。

```
///路由工具类封装的透明渐变动画打开新的页面
void openPage3(BuildContext context, String heroTag) {
  NavigatorUtils.openPageByFade(context, ItemDetailsPage(heroTag),
      opaque: false);
}
```

6.3.3 Path 绘图高级动画

在 Android、iOS、JS、Flutter 中都可以使用 Canvas 画布结合 Path 路径来绘制任意想要的自定义图形，再结合动画，就可以实现更加酷炫的效果。在 Flutter 中，通过 PathMetric 来度量完整的 Path 路径，PathMetric 可以获取完整的 Path 路径下任意一截的数据，形成新的 Path 路径。从一个完整路径的开始位置，在一定时间内，执行一定的更新次数，每次绘制只度量完整 Path 的一小段，就可以形成绘制 Path 的画线动画效果。

在这里是通过动画控制器 AnimationController 来实现在 1400ms 内以 0.0～1.0 中的一个值匀速控制，构建代码如下。

```
/// 代码清单 6-23 Path 动画 动态画线动画方式绘制矩形
///lib/code/code6/example_623_Path.dart

class _PageState extends State with TickerProviderStateMixin {

  //创建动画控制器
  AnimationController animationController;

  @override
  void initState() {
    super.initState();
    //创建动画控制器 0.0 ~ 1.0 执行时间 1400ms
    animationController = new AnimationController(
      vsync: this,
      duration: Duration(milliseconds: 1400),
    );

    //实时刷新
    animationController.addListener(() {
      setState(() {});
    });

    //动画状态监听
    animationController.addStatusListener((status) {
      //反复执行
      if (status == AnimationStatus.completed) {
        animationController.reset();
        animationController.forward();
      }
    });
  }

  @override
  void dispose() {
    animationController.dispose();
    super.dispose();
```

```
    }
    ... ...
  }
```

页面显示的 UI 布局包括两方面，代码如下。

```
/// 代码清单 6-24 Path 绘制动画 绘图构建
///lib/code/code6/example_623_Path.dart
@override
Widget build(BuildContext context) {
  return Scaffold(
    backgroundColor: Colors.grey,
    appBar: AppBar(title: Text("Path 动画 "),),
    body: Column(
      children: [
        //第一部分 画布
        Container(
          width: MediaQuery.of(context).size.width,
          height: 200,
          color: Color(0xfffbfbfb),
          child: CustomPaint(
            //画布
            painter: PathAnimationPainter(animationController.value),
          ),
        ),
        //第二部分 按钮区域
        buildContainer()
      ],
    ),
  );
}
```

第二部分就是通过线性布局 Row 在水平方向排列的两个按钮，构建代码如下。

```
/// 代码清单 6-25 控制动画按钮
///lib/code/code6/example_623_Path.dart
Container buildContainer() {
  return Container(
    child: Row(
      //子 Widget 居中
      mainAxisAlignment: MainAxisAlignment.center,
      children: [
        ElevatedButton(
          child: Text("开始"),
          onPressed: () {
            //正向执行动画
            animationController.forward();
          },
        ),
        SizedBox(width: 20,),
        ElevatedButton(
          child: Text("停止"),
          onPressed: () {
            //正向执行动画
            animationController.reset();
          },
        ),
```

```
        ],
      ),
    );
  }
```

第一部分中使用到的画布 PathAnimationPainter 是一个自定义的 CustomPainter，真正的绘制操作就是在这里面完成的，构建代码如下。

```
/// 代码清单 6-26 自定义 CustomPainter
///lib/code/code6/example_623_Path.dart
class PathAnimationPainter extends CustomPainter {
  //[定义画笔]
  Paint _paint = Paint()
    ..strokeCap = StrokeCap.round //画笔笔触类型
    ..isAntiAlias = true //是否启动抗锯齿
    ..style = PaintingStyle.stroke //绘画风格，默认为填充
    ..strokeWidth = 5.0; //画笔的宽度
  //当前绘制的进度
  double _progress;
  //构建函数
  PathAnimationPainter(this._progress);

  //绘制操作
  @override
  void paint(Canvas canvas, Size size) {
    canvasFunction(canvas);
  }

  //实时刷新
  @override
  bool shouldRepaint(CustomPainter oldDelegate) {
    return true;
  }
  ... ...
}
```

canvasFunction 中就是封装的这里实现的画线动画的核心，代码如下。

```
/// 代码清单 6-27 PathMetrics 测量实现画线动画
///lib/code/code6/example_623_Path.dart
void canvasFunction(Canvas canvas) {
  //创建一个路径
  Path startPath = new Path();
  //向路径中添加一个矩形
  startPath.addRect(
      Rect.fromCenter(center: Offset(100, 100), width: 150, height: 100));

  //测量路径 获取到这个路径中所有的组合单元
  //将每个单元信息封装到 PathMetric 中
  PathMetrics pathMetrics = startPath.computeMetrics();
  //遍历 Path 中的每个单元信息
  pathMetrics.forEach((PathMetric element) {
    //路径长度
    double length = element.length;
    //是否闭合
    bool isColosed = element.isClosed;
    //角标索引
    int index = element.contourIndex;
```

```
    print("测量 当前单元的长度为 $length 闭合 $isColosed 角标索引 $index");
  });

  //获取第一个单元
  PathMetric pathMetric = startPath.computeMetrics().first;

  //测量并裁剪路径
  Path extractPath = pathMetric.extractPath(
    //参数一 开始测量的路径长度位置
    //参数二 结束测量的路径长度位置
    0.0,
    pathMetric.length * _progress);

  _paint.color = Colors.grey[200];
  //绘制原路径 充当背景
  canvas.drawPath(startPath, _paint);

  _paint.color = Colors.blue;
  //绘制测量裁剪后的路径
  canvas.drawPath(extractPath, _paint);
}
```

6.3.4 ClipReact 裁剪动画

如表 6-2 所示是 Flutter 中用于裁剪功能的系列组件。

表 6-2 裁剪组件总结

剪裁 Widget	简 单 描 述
ClipRect	裁剪子组件到实际占用的矩形大小，溢出部分剪裁
ClipRRect	将子组件剪裁为圆角矩形
ClipOval	子组件为正方形时剪裁为内贴圆形，为矩形时，剪裁为内贴椭圆
CircleAvatar	将子组件裁剪成圆形
ClipPath	根据路径 Path 来裁剪子组件
CustomClipper	剪裁子组件的特定区域，自定义剪裁区域

将裁剪家族系列的组件与 Align 组件结合使用，可以达成裁剪比例效果，然后再结合动画控制器可实现在一定时间内动态裁剪的动画效果，如二维码 6-6 所示，在图片上方有一个高斯模糊层，结合动画控制器，可实现高斯模糊层从左向右的动态加载，核心代码实现如下。

```
/// 代码清单 6-28 Clip 裁剪动画
///lib/code/code6/example_624_Clip.dart
Container buildClipContainer(BuildContext context) {
  return Container(
    width: MediaQuery.of(context).size.width,
    height: 200,
    color: Colors.grey[300],
    child: Stack(
      children: [
        //一个图片
        Positioned.fill(
```

6-6 ClipRect 裁剪动画效果

```
          child: Container(
            child: Image.asset(
              "assets/images/3.0x/welcome.png",
              fit: BoxFit.fitWidth,
            ),
          ),
        ),
        //核心功能
        ClipRect(
          child: Align(
            //左对齐
            alignment: Alignment.centerLeft,
            //在这理解为裁剪的比例 0.0～1.0
            widthFactor: animationController.value,
            //高斯模糊
            child: BackdropFilter(
              //模糊设置
              filter: ImageFilter.blur(sigmaX: 3, sigmaY: 3),
              //模糊内容填充
              child: Container(
                color: Colors.white.withOpacity(0.06),
              ),
            ),
          ),
        )
      ],
    ),
  );
}
```

6.3.5 Material Design Motion 规范的预构建动画

在 Flutter1.17 发布大会上，Flutter 团队还发布了新的 Animations 软件包，该软件包提供了实现新的 Material motion 规范的预构建动画，主要包含四部分内容。

1）Container transform 容器过渡。

2）Shared axis 共享轴。

3）Fade through 淡入淡出。

4）Fade 淡出。

在使用时首先是添加依赖。

```
dependencies:
  animations: ^1.1.2
```

OpenContainer 容器转换模式设计用于包含容器的 UI 元素之间的转换，当点击 ListView 中的子 Item 时，会以径向过渡的动画切换到详情页面，代码如下。

```
/// 代码清单 6-29 容器过渡动画
/// lib/code/code6/example_625_OpenContainer.dart
class _Example625State extends State with TickerProviderStateMixin {
  @override
  Widget build(BuildContext context) {
    return Scaffold(
      appBar: AppBar(title: Text("OpenContainer 过渡"),),
      backgroundColor: Colors.grey[200],
```

```
      //列表
      body: ListView.builder(
        //构建每个列表显示的 Widget
        itemBuilder: (BuildContext context, int index) {
          //构建每个列表子 Item 的布局
          return buildOpenContainer(index);
        },
        //列表子 Item 个数
        itemCount: 10,
      ),
    );
  }
  ... ...
}
```

6-7 Open Container 在列表中实现动画效果

在这其中，列表中的子 Item 以及点击 Item 将要打开的详情页面需要使用 OpenContainer 容器来包裹，代码见 https://github.com/zhaolongs/flutter_book_jixie/blob/v1/flutter_book_code_video/lib/code/code6/example_625_OpenContainer.dart（代码清单 6-30）。

Shared Axis 共享轴动画通过 PageTransitionSwitcher 结合 SharedAxisTransition 来实现，如二维码 6-8 所示，点击按钮实现的共享轴动画过渡，适用于两个相邻 UI 之间的切换，核心代码如下。

```
/// 代码清单 6-32 共享轴切换动画
/// lib/code/code6/example_626_PageTransitionSwitcher.dart
/// 切换页面显示标识
bool isSelect = false;

Widget buildClipContainer(BuildContext context) {
  return PageTransitionSwitcher(
    //动画执行切换时间
    duration: const Duration(milliseconds: 1000),
    //动画构建器 构建指定动画类型
    transitionBuilder: (
      Widget child,
      Animation<double> animation,
      Animation<double> secondaryAnimation,
    ) {
      //构建切换使用共享轴动画
  //也可使用 FadeThroughTransition
      return SharedAxisTransition(
        child: child,
        animation: animation,
        //缩放形式
        transitionType: SharedAxisTransitionType.scaled,
        secondaryAnimation: secondaryAnimation,
      );
    },
    //执行动画的子 Widget
    //只有子 Widget 被切换时才会触发动画
    child: isSelect
        ? Container(
            key: UniqueKey(),
            width: 200,
            height: 100,
            color: Colors.blue,
            child: Text("这是什么情况!!!"),
          )
```

6-8 共享轴切换动画效果

```
        : Container(
            key: UniqueKey(),
            width: 200,
            height: 100,
            color: Colors.orange,
            child: Text("哈哈哈哈!!!"),
          ),
    );
  }
```

SharedAxisTransition 通过属性 transitionType 配制动画过渡的方式，如表 6-3 所示为 transitionType 属性取值总结。

表 6-3　transitionType 属性取值类型总结

类　型	简单描述
SharedAxisTransitionType.scaled	微缩放过渡
SharedAxisTransitionType.vertical	Y 轴微过渡，表现为微上滑切换
SharedAxisTransitionType.horizontal	X 轴微过渡，表现为微左滑切换

淡入淡出模式适用于在屏幕范围内进入或退出的 UI 元素，例如在屏幕中央淡入淡出的对话框，效果如二维码 6-9 所示，点击按钮在屏幕中间显示了一个对话弹框，代码如下。

```
/// 代码清单 6-33 淡入淡出 显示对话框
/// lib/code/code6/example_627_PageTransitionSwitcher.dart
class Example628 extends StatelessWidget {
  @override
  Widget build(BuildContext context) {
    return Scaffold(
      appBar: AppBar(title: Text("淡入淡出"),),
      body: Container(
        margin: EdgeInsets.all(12),
        child: ElevatedButton(
          child: Text("显示弹框"),
          onPressed: () {
            showBottomSheet(context);
          },
        ),
      ),
    );
  }

  //显示中间弹框的功能
  void showBottomSheet(BuildContext context) {
    //这里是核心
    showModal(
      context: context,
      //动画过渡配置
      configuration: FadeScaleTransitionConfiguration(
        //阴影背景颜色
        barrierColor: Colors.black54,
        //打开新的 Widget 的时间
        transitionDuration: Duration(milliseconds: 1000),
        //关闭新的 Widget 的时间
        reverseTransitionDuration: Duration(milliseconds: 1000),
      ),
```

6-9　淡入淡出显示对话框效果图

```
        builder: (BuildContext context) {
          //显示的 Widget
          return DetailsPage();
        },
      );
    }
  }
```

弹框中的内容定义在 DetailsPage 中，代码如下。

```
/// 代码清单 6-34 弹框中显示的内容
/// lib/code/code6/example_627_PageTransitionSwitcher.dart
class DetailsPage extends StatelessWidget {
  @override
  Widget build(BuildContext context) {
    return Scaffold(
      //背景透明
      backgroundColor: Colors.transparent,
      body: Theme(
        data: ThemeData(
          //去除点击事件的水波纹效果
          splashColor: Colors.transparent,
          //去除点击事件的高亮效果
          highlightColor: Colors.transparent,
        ),
        child: InkWell(
          onTap: () {
            Navigator.of(context).pop();
          },
          child: Container(
            child: Center(
              child: Image.asset("assets/images/banner_mang.png"),
            ),
          ),
        ),
      ),
    );
  }
}
```

小结

在实际项目开发中，笔者建议对于一些简单的过渡微动画效果，可以使用 Animated 系列的组件，对于有交互的动画效果，可通过动画控制器来结合 Transition 系列的组件实现，对于变化情况复杂点的动画，如抖动、颜色过渡等这一类的动画效果可以使用 Tween 系列来实现。

对于其他与用户操作或者是数据访问结合度高的动画，可通过定时器或者是动画控制器，在一定时间内动态修改 Widget 的位置、大小从而体现为动画效果。

第 7 章 弹框专题——提升交互体验的关键

弹框又可称为对话框，用于提示用户，如软件应用升级信息弹框、优惠券活动提示、提交修改删除操作给用户的确认弹框等。

7.1 基本弹框的使用

弹框又称对话框，图 7-1 所示为一个基本弹框 AlertDialog 的内容分布区域效果图。

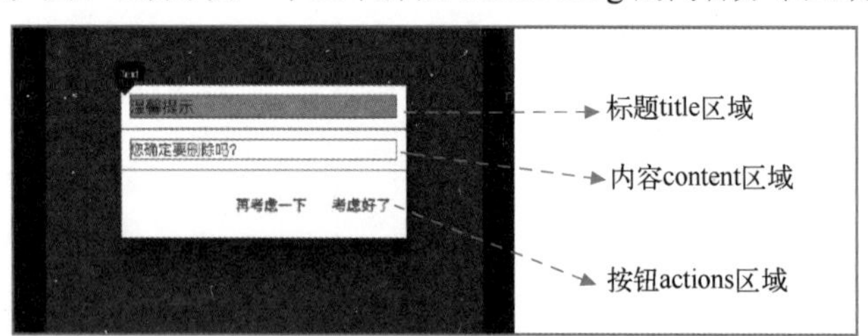

图 7-1　弹框的内容分布说明图

7.1.1 showDialog

showDialog 方法是 Material 组件库提供的一个用于弹出 Material 风格弹框的方法，代码见 https://github.com/zhaolongs/flutter_book_jixie/blob/v1/flutter_book_code_video/lib/code/code7/example_701_showDialog.dart（代码清单 7-1）。

SimpleDialog 是一个适用于有列表排列的弹框选项的情况，代码如下。

```
///代码清单 7-2 SimpleDialog 的基本使用
///lib/code/code7/example_701_showDialog.dart
void showSimpleDialogFunction() async {
  bool isSelect = await showDialog<bool>(
    context: context,
    builder: (context) {
      return SimpleDialog(
        title: Text("温馨提示"),
        //title 的内边距
        titlePadding: EdgeInsets.all(10),
        //标题文本样式
        titleTextStyle: TextStyle(color: Colors.black87, fontSize: 16),
        children: [
```

```
        TextButton(
          child: Text("选择一"),
          onPressed: () {
            ////关闭 返回 false
            Navigator.of(context).pop(false);
          },
        ),
        TextButton(
          child: Text("选择一"),
          onPressed: () {
            ////关闭 返回 false
            Navigator.of(context).pop(false);
          },
        ),
      ],
    );
  },
);
//获取弹框中选择按钮的返回值
print("弹框关闭 $isSelect");
}
```

7-1 Simple-Dialog 的内容分布说明

7.1.2 showCupertinoDialog

showCupertinoDialog 用于弹出苹果风格的弹框，代码如下。

```
///代码清单 7-3 showCupertinoDialog 的基本使用 苹果风格弹框
///lib/code/code7/example_701_showDialog.dart
void showCupertinoDialogFunction(BuildContext context) async {

  bool isSelect = await showCupertinoDialog(
    //点击背景弹框是否消失
    barrierDismissible: true,
    context: context,
    builder: (context) {
      return CupertinoAlertDialog(
        title: Text('温馨提示'),
        //中间显示的内容
        content: Text("您确定要删除吗?"),
        //底部按钮区域
        actions: [
          CupertinoDialogAction(
            child: Text('确认'),
            onPressed: () {
              Navigator.of(context).pop();
            },
          ),
          CupertinoDialogAction(
            child: Text('取消'),
            isDestructiveAction: true,
            onPressed: () {
              Navigator.of(context).pop();
            },
          ),
        ],
      );
    },
```

7-2 showCupertinoDialog 苹果风格弹框效果

```
  );
}
```

7.1.3 showGeneralDialog

showGeneralDialog 方法用来完全自定义显示的弹框内容，结合平移动画组件 FractionalTranslation 实现的从左侧滑入的弹框视图，代码见 https://github.com/ zhaolongs/flutter_book_jixie/blob/v1/flutter_book_code_video/lib/code/code7/example_701_showDialog.dart（代码清单 7-4）。

也可以结合 ScaleTransition 来实现缩放形式的弹出动画，核心代码如下。

```
///代码清单 7-5 showGeneralDialog 缩放动画
///lib/code/code7/example_701_showDialog.dart
void showGeneralDialogFunction2(BuildContext context) async {
  showGeneralDialog(
    ... ...
    //自定义弹框动画
    transitionBuilder: (ctx, animation, _, child) {
      //缩放动画
      return ScaleTransition(
        //从视图底部中间弹出
        alignment: Alignment.bottomCenter,
        scale: animation,
        child: child,
      );
    },
  );
}
```

还可以结合 Transform 与 Matrix4 矩阵来实现更复杂的动画效果，代码如下。

```
///代码清单 7-6 showGeneralDialog 旋转缩放动画
///lib/code/code7/example_701_showDialog.dart
void showGeneralDialogFunction3(BuildContext context) async {
  showGeneralDialog(
   ... ...
    //自定义弹框动画
    transitionBuilder: (ctx, animation, _, child) {
      //旋转角度计算
      double radians = 2 * pi * animation.value;
      //旋转矩阵
      Matrix4 matrix = Matrix4.rotationY(radians);
      return Transform(
        //变换中心设置
        alignment: Alignment.bottomCenter,
        //再结合一个缩放动画
        child: ScaleTransition(
          scale: animation,
          child: child,
        ),
        transform: matrix,
      );
    },
  );
}
```

7.1.4 showBottomSheet

showBottomSheet 用来在视图底部弹出一个 Material Design 风格的对话框，这种业务应用场景也比较多，如页面的中分享面板等，代码如下。

```
///代码清单 7-7 showBottomSheet 自定义底部弹框
///lib/code/code7/example_701_showDialog.dart
void showBottomSheetFunction(BuildContext context) async {
  showBottomSheet(
    context: context,
    builder: (BuildContext context) {
      return buildContainer(context);
    },
  );
}
```

```
///代码清单 7-8 showBottomSheet 自定义底部弹框
///lib/code/code7/example_701_showDialog.dart
Container buildContainer(BuildContext context) {
  return Container(
    color: Colors.white,
    height: 240,
    width: double.infinity,
    child: Column(
      children: <Widget>[
        Container(
          alignment: Alignment.center,
          height: 44,
          child: Text(
            "温馨提示",
            style: TextStyle(fontSize: 16, fontWeight: FontWeight.w500),
          ),
        ),
        Expanded(
          child: Text("这里是内容区域"),
        ),
        Container(
          height: 1,
          color: Colors.grey[200],
        ),
        Container(
          height: 64,
          child: Row(
            children: [
              Expanded(
                child: TextButton(
                  child: Text("再考虑一下"),
                  onPressed: () {
                    ////关闭 返回 false
                    Navigator.of(context).pop(false);
                  },
                ),
              ),
              Container(
                width: 1,
                color: Colors.grey[200],
```

7-3 showBottomSheet 底部弹框效果

```
          ),
          Expanded(
            child: FlatButton(
              child: Text("考虑好了"),
              onPressed: () {
                //关闭 返回 true
                Navigator.of(context).pop(true);
              },
            ),
          ),
        ],
      ),
    ),
  ],
  ),
 );
}
```

在使用 showBottomSheet 时，可能会出现异常如下。

```
[VERBOSE-2:ui_dart_state.cc(177)] Unhandled Exception: No Scaffold widget found.
Example701 widgets require a Scaffold widget ancestor.
The specific widget that could not find a Scaffold ancestor was:
… …
```

这是因为在调用 showBottomSheet 时使用的 Context 不是 Scaffold 对应的 Context，可以考虑使用 Builder 组件来包裹一下，如在点击按钮时调用显示底部弹框，结合 Builder 使用代码如下。

```
Builder(
  builder: (BuildContext context) {
    return ElevatedButton(
      child: Text("BottomSheet "),
      onPressed: () {
        showBottomSheetFunction(context);
      },
    );
  },
),
```

showBottomSheet 方法相当于调用了 Scaffold 的 showBottomSheet 方法，就是在当前视图中插入显示的一个布局视图。

7.1.5 showModalBottomSheet

showModalBottomSheet 用来在视图底部弹出一个 Modal Material Design 风格的对话框，代码如下。

```
///代码清单 7-9 showModalBottomSheet
///lib/code/code7/example_701_showDialog.dart
void showModalBottomSheetFunction(BuildContext context) async {
  showModalBottomSheet(
    context: context,
    //背景颜色
    backgroundColor: Colors.grey,
    //阴影颜色
    barrierColor: Color(0x30000000),
    //点击背景消失
```

```
    isDismissible: true,
    //下滑消失
    enableDrag: true,
    builder: (BuildContext context) {
      //与代码清单 7-8 中定义的视图布局一致
      return buildContainer(context);
    },
  );
}
```

showModalBottomSheet 方法相当于是使用 Navigator 向路由栈中 push 了一个新的透明背景 Widget 页面。

7.1.6 showCupertinoModalPopup

showCupertinoModalPopup 用来快速构建弹出 iOS 风格的底部弹框，代码如下。

```
///代码清单 7-10 showCupertinoModalPopup
///lib/code/code7/example_701_showDialog.dart
void showCupertinoModalFunction(BuildContext context) async {
  showCupertinoModalPopup<int>(
    context: context,
    builder: (cxt) {
      CupertinoActionSheet dialog = CupertinoActionSheet(
        title: Text("温馨提示"),
        message: Text('请选择分享的平台'),
        //取消按钮
        cancelButton: CupertinoActionSheetAction(
          onPressed: () {},
          child: Text("取消"),
        ),
        actions: <Widget>[
          CupertinoActionSheetAction(
              onPressed: () {
                Navigator.pop(cxt, 1);
              },
              child: Text('QQ')),
          CupertinoActionSheetAction(
              onPressed: () {
                Navigator.pop(cxt, 2);
              },
              child: Text('微信')),
          CupertinoActionSheetAction(
              onPressed: () {
                Navigator.pop(cxt, 3);
              },
              child: Text('系统分享')),
        ],
      );
      return dialog;
    },
  );
}
```

7-4 showCupertinoModalPopup 底部弹框效果

7.2 Dialog 中的状态更新

如图 7-2 所示，Dialog 中有两个单选框，代码见 https://github.com/zhaolongs/flutter_

book_jixie/blob/v1/flutter_book_code_video/lib/code/code7/example_702_showDialog.dart（代码清单 7-11）。

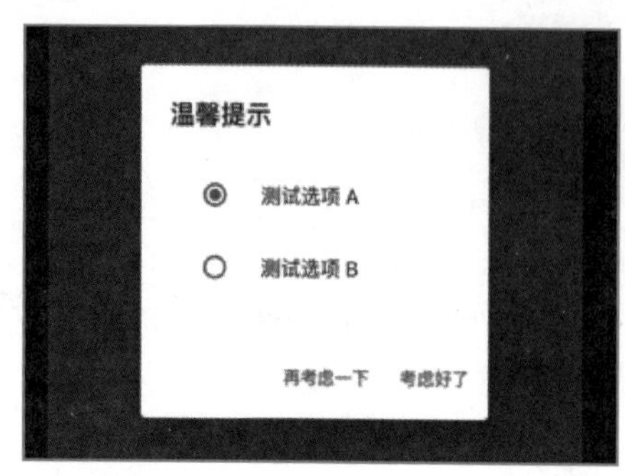

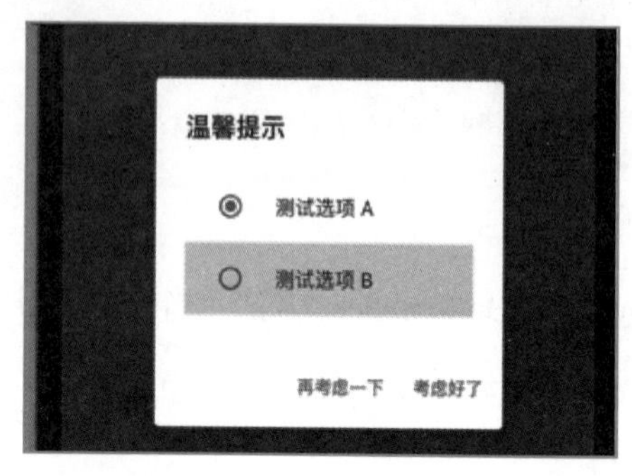

图 7-2　Dialog 中单选框使用

在 AlertDialog 中使用到了单选框，点击切换时却发现是无法切换选项的，原因是在弹出的弹框构建出新的 StatelessWidget，与当前页面的 StatefulWidget 或者 StatelessWidget 是平级的，直接使用 setState 是调用当前页面的更新操作，而未调用到新的 StatelessWidget 中对应的 State。

解决方案一就是将弹框中需要更新状态的内容单独封装，代码如下。

```
///代码清单 7-12
///lib/code/code7/example_702_showDialog.dart
class DialogRadioWidget extends StatefulWidget {
  final Function(int value) callBack;

  DialogRadioWidget({@required this.callBack});

  @override
  State<StatefulWidget> createState() {
    return _DialogRadioWidgetState();
  }
}

class _DialogRadioWidgetState extends State<DialogRadioWidget> {
  int _groupValue = 0;

  @override
  Widget build(BuildContext context) {
    return Column(
      //内容包裹
      mainAxisSize: MainAxisSize.min,
      children: [
        RadioListTile(
          title: Text("测试选项 A"),
          onChanged: (value) {
            setState(() {
              _groupValue = value;
            });
            //回调
            widget.callBack(_groupValue);
          },
          groupValue: _groupValue,
          value: 0,
        ),
        RadioListTile(
```

```
        title: Text("测试选项 B"),
        onChanged: (value) {
          setState(() {
            _groupValue = value;
          });
          widget.callBack(_groupValue);
        },
        groupValue: _groupValue,
        value: 1,
      ),
    ],
  );
 }
}
```

然后在 AlertDialog 中使用调用，代码如下。

```
///代码清单 7-13
 ///lib/code/code7/example_702_showDialog.dart
 void showDialogFunction3() async {
  bool isSelect = await showDialog<bool>(
    context: context,
    builder: (context) {
      return AlertDialog(
        title: Text("温馨提示"),
        //将显示的内容体单独封装
        content: DialogRadioWidget(callBack: (int value) {
          _groupValue = value;
        },),
        //底部按钮区域
        actions: <Widget>[
          TextButton(
            child: Text("再考虑一下"),
            onPressed: () {
              ////关闭 返回 false
              Navigator.of(context).pop(false);
            },
          ),
          FlatButton(
            child: Text("考虑好了"),
            onPressed: () {
              //关闭 返回 true
              Navigator.of(context).pop(true);
            },
          ),
        ],
      );
    },
  );

  print("弹框关闭 $isSelect");
 }
```

解决方式二就是结合 StatefulBuilder 来实现，代码如下。

```
///代码清单 7-14 StatefulBuilder 实现 Dialog 中的状态更新
///lib/code/code7/example_702_showDialog.dart
void showDialogFunction2() async {
```

```
  bool isSelect = await showDialog<bool>(
    context: context,
    builder: (context) {
      return StatefulBuilder(
        builder: (BuildContext context, mSetState) {
          return AlertDialog(...);
        },
      );
    },
  );
  print("弹框关闭 $isSelect");
}
```

7.3 自定义弹框

定义一个单独的 StatefulWidget 页面，页面背景设置为透明方式，然后通过 Navigator 以透明方式将当前创建的 StatefulWidget 压入路由栈中，然后再结合自定义路由动画（透明度过渡动画）就可以实现渐变样式打开弹框，代码如下。

```
/// 代码清单 7-15
///lib/code/code7/example_703_customDialog.dart
class Example703 extends StatefulWidget {
  @override
  _Example703State createState() => _Example703State();
}

class _Example703State extends State<Example703> {

  @override
  Widget build(BuildContext context) {
    return Scaffold(
      backgroundColor: Colors.grey,
      appBar: AppBar(
        title: Text("Dialog"),
      ),
      body: Center(
        child: Column(
          mainAxisAlignment: MainAxisAlignment.start,
          children: <Widget>[

            //点击一个按钮
            ElevatedButton(
              child: Text("显示自定义弹框"),
              onPressed: () {
                //以透明渐变的形式来打开新的页面 路由工具类在 11.2.2 节中
                NavigatorUtils.openPageByFade(
                  context,
                  CustomDialogWidget(
                    callBack: (int value) {},
                  ),
                  opaque: false,
                );
              },
            ),
```

```
            ],
          ),
        ),
      );
    }
  }
```

点击按钮以透明渐变的形式来打开目标页面 CustomDialogWidget，其核心代码见 https://github.com/zhaolongs/flutter_book_jixie/blob/v1/flutter_book_code_video/lib/code/code7/example_703_customDialog.dart（代码清单 7-16）。

小结

本章概述了 Flutter 项目用来实现弹框（对话框）的常用方式，一般在提交一些数据或者修改一些数据时，必要的弹框说明可以有效防止用户的误操作，当然应用内常见的一些优惠券活动弹框也可以使用本章中的内容来实现。

第 8 章 绘图专题——装饰让界面更美观

在 Flutter 中，所有内容都围绕 Widget 展开，可以理解为 Widget 最终显示在 iOS 和 Android 上相当于是将创建的这些 Widget 绘制到移动屏幕上，或者可以将其称为绘制在画布上。

画布（Canvas）顾名思义就是用来在上面画图形，如绘制点、线、路径、矩形、圆形、以及添加图像等。

画笔（Paint）用来决定在画布上绘制图形的颜色、粗细、是否抗锯齿、笔触形状以及作画风格等。

在 Flutter 中，绘图需要用到 CustomPaint 和 CustomPainter，CustomPainter 可理解为画板，用来承载画布，CustomPaint 可理解为画布，承载绘制的具体内容。

8.1 Flutter 中绘图功能实现

通过 CustomPaint 与 CustomPainter 在屏幕中绘制一条直线，代码如下。

```
/// 代码清单 8-1
///lib/code/code8/example_801_baseUse.dart
class Example801 extends StatelessWidget {
  @override
  Widget build(BuildContext context) {
    return Scaffold(
      appBar: AppBar(title: Text("绘图基本使用"),),
      backgroundColor: Colors.grey,
      body: Container(
        width: MediaQuery.of(context).size.width,
        color: Colors.white,
        height: 200,
        //创建画板
        child: CustomPaint(
          //定义画板的大小
          size: Size(300, 300),
          //配置画布
          painter: LinePainter(),
        ),
      ),
    );
  }
}
```

8-1 绘制直线效果

配置的画布 CustomPainter 需要自定义如下。

```
/// 代码清单 8-2 自定义绘图者
///lib/code/code8/example_801_baseUse.dart
class LinePainter extends CustomPainter {
  //[定义画笔]
  Paint _paint = Paint()
    ..color = Colors.blue //画笔颜色
    ..strokeWidth = 4; //画笔宽度

  //绘制功能主要在这里进行
  @override
  void paint(Canvas canvas, Size size) {
    //绘制一条直线
    canvas.drawLine(Offset(20, 20), Offset(100, 20), _paint);
  }

  //返回 true 刷新时重新绘制，反之不刷新
  @override
  bool shouldRepaint(CustomPainter oldDelegate) {
    return false;
  }
}
```

8.1.1 CustomPaint 简述

CustomPaint 构造函数源码如下。

```
class CustomPaint extends SingleChildRenderObjectWidget {

  const CustomPaint({
    Key? key,
    this.painter,
    this.foregroundPainter,
    this.size = Size.zero,
    this.isComplex = false,
    this.willChange = false,
    Widget? child,
  })
  ... ...
}
```

在使用 CustomPaint 构造时，参数 painter 与参数 foregroundPainter 都可配置 CustomPainter，child 配置的是 Widget，意味着在这里可以渲染任意的子 Widget，这三个参数配置的结果都是在画板上显示出来图形，所以必然存在层次。

参数 painter 绘制在 background 层，也就是最底层，child 是在 background 层之上绘制，foregroundPainter 是在 child 之上绘制。CustomPaint 组件的属性说明见表 8-1。

表 8-1　CustomPaint 组件的属性说明

取　值	类　型	说　明
painter	CustomPainter	绘制在 backgroud 层，会显示在子节点后面
foregroundPainter	CustomPainter	前景，会显示在子节点前面
child	Widget	子 Widget

（续）

取　值	类　型	说　明
size	Size	画布大小
isComplex	bool	是否是复杂的绘制，如果是，Flutter 会应用一些缓存策略来减少重复渲染的开销
willChange	bool	与 isComplex 配合使用，当启用缓存时，该属性代表在下一帧中绘制是否会改变

如果 CustomPaint 有子节点，官方建议将子节点包裹在 RepaintBoundary 组件中，这样会在绘制时创建一个新的图层 Layer，然后将其子 Widget 在新创建的 Layer 上绘制，而 painter 与 foregroundPainter 还在原来的图层 Layer 上绘制，RepaintBoundary 会隔离其子节点和 CustomPaint 本身的绘制边界，也就是说 RepaintBoundary 包裹的子 Widget 的绘制将独立于父 CustomPaint 的绘制，这样就避免了子节点不必要的重绘，从而提高设计性能，关于 RepaintBoundary 的基本使用代码如下。

```
/// 代码清单 8-3 RepaintBoundary 的基本使用
///lib/code/code8/example_802_baseUse.dart
class Example801 extends StatelessWidget {
  @override
  Widget build(BuildContext context) {
    return Scaffold(
      appBar: AppBar(
        title: Text("绘图基本使用"),
      ),
      backgroundColor: Colors.grey,
      body: Container(
        width: MediaQuery.of(context).size.width,
        color: Colors.white,
        height: 200,
        //创建画板
        child: CustomPaint(
          //指定画布大小
          size: Size(400, 400),
          //与代码清单 8-2 中的一致
          painter: LinePainter(),
          //child不为空时使用 RepaintBoundary 通过独立图层的方式
          //分离与父 Widget 绘制图层，避免不必要的重复绘制
          //更多业务场景如自定义的 StatefulWidget
          child: RepaintBoundary(child: Text("测试数据")),
        ),
      ),
    );
  }
}
```

8.1.2 CustomPainter 简述

CustomPainer 被定义为抽象类型，不能直接创建实例使用，需要定义一个子类来继承使用，基本使用核心代码如下。

```
class LinePainter extends CustomPainter {
  @override
  void paint(Canvas canvas, Size size) {
```

```
        // 绘制代码
    }

    @override
    bool shouldRepaint(CustomPainter oldDelegate) {
      return true;
    }
  }
```

需要重写 paint()和 shouldRepaint()这两个方法，一个是绘制流程，一个是在刷新布局的时候配置是否需要重绘。在 paint 方法中的 size 参数，就是 CustomPaint 中定义的 size 属性，它包含了基本的画布大小信息。

在自定义的 CustomPainter 中，真正的绘制则是在 paint 方法中，通过 canvas 和 Paint 来实现的，可创建定义 Paint 画笔，然后结合 canvas.drawXXX()方法来绘制各种图形，一些常用的 canvas 绘制方法如下。

```
//移动到指定点，当前绘制的开始
moveTo()
//当前点绘制到设置的新起点，通常用来绘制直线
lineTo():
//通常用于闭合绘制的路径
close()
// 绘制点
drawPoints(PointMode pointMode, List<Offset> points, Paint paint)
// 绘制线条
drawLine(Offset p1, Offset p2, Paint paint)
// 绘制弧线
drawArc(Rect rect, double startAngle, double sweepAngle, bool useCenter, Paint paint)
// 绘制图片
drawImage(Image image, Offset p, Paint paint)
// 绘制圆
drawCircle(Offset c, double radius, Paint paint)
// 绘制椭圆
drawOval(Rect rect, Paint paint)
// 绘制文字
drawParagraph(Paragraph paragraph, Offset offset)
// 绘制路径
drawPath(Path path, Paint paint)
// 绘制 Rect
drawRect(Rect rect, Paint paint)
// 绘制阴影
drawShadow(Path path, Color color, double elevation, bool transparentOccluder)
```

从另一个角度来讲，canvas 画布的方法大致可以分为以下三类。

1）drawXXX 等一系列绘制基本图形以及各种自定义图形与曲线相关的方法。

2）scale、rotate、clipXXX 等对画布进行变换操作的方法。

3）save、restore 等与层的保存和回滚相关的方法。

默认情况对于画布 canvas 的左上角是原点（0，0），基于左上角往右为 x 轴正方向，往下为 y 轴正方向，反之为负。

8.1.3 画笔 Paint

画笔 Panit 用来决定画布上绘制图形的颜色、粗细、是否抗锯齿、笔触形状以及作画风格

等，常用属性配置如下。（这些都会在接下来的绘制中使用中一一讲解）

```
//[定义画笔]
Paint _paint = Paint()
  //画笔颜色
  ..color = Colors.blue
  //画笔笔触类型
  ..strokeCap = StrokeCap.round
  //是否启动抗锯齿
  ..isAntiAlias = true
  //颜色混合模式
  ..blendMode = BlendMode.exclusion
  //绘画风格，默认为填充
  ..style = PaintingStyle.fill
  //颜色渲染模式，一般是矩阵效果来改变的，但是 Flutter 中只能使用颜色混合模式
  ..colorFilter = ColorFilter.mode(Colors.blueAccent, BlendMode.exclusion)
  //模糊遮罩效果，Flutter 中只有这一效果
  ..maskFilter = MaskFilter.blur(BlurStyle.inner, 3.0)
  //颜色渲染模式的质量
  ..filterQuality = FilterQuality.high
  //画笔的宽度
  ..strokeWidth = 15.0;
```

8.2　绘制基本图形

基本图片包括点、线、矩形（正方形、长方形）、弧、椭圆等。

在本节讲解的 Demo 实现中，页面的基本布局方式与代码清单 8-1 中的一致，不同的只是画布 CustomPainter 中的 paint 方法不一致，所以本节之后描述到的代码案例都省略了不必要的代码。

8.2.1　绘制点

在绘制中，可以认为点是最小的单位，由点构成线，由线构成面，由面构成空间，所以这里先来绘制点。

通过 canvas 的 drawPoints 来绘制点，其函数源码如下。

```
    void drawPoints(PointMode pointMode, List
points, Paint paint)
```

参数一为 PointMode 枚举类型，可取值为 points（点）、lines（线，隔点连接）、polygon（线，相邻连接）；参数二为所要绘制的点的集合，参数三为所使用的画笔。

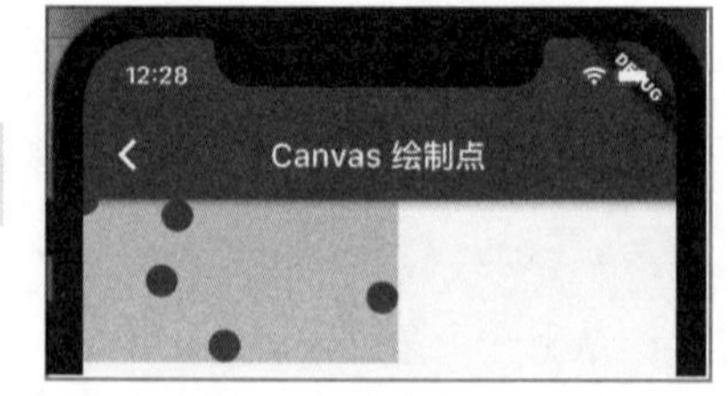

图 8-1　PointMode.points 模式绘制多个点效果图

如图 8-1 所示为绘制的 5 个点，使用的是 PointMode.points 模式，代码如下。

```
/// 代码清单 8-4 绘制点 drawPoints
///lib/code/code8/example_803_Point.dart
class PointPainter extends CustomPainter {
  //[定义画笔]
  Paint _paint = Paint()
    //画笔颜色
    ..color = Colors.blue
```

```
      //画笔笔触类型
      ..strokeCap = StrokeCap.round
      //是否启动抗锯齿
      ..isAntiAlias = true
      //绘画风格，默认为填充
      ..style = PaintingStyle.fill
      //画笔的宽度
      ..strokeWidth = 20.0;

    @override
    void paint(Canvas canvas, Size size) {
      //绘制点
      canvas.drawPoints(
          PointMode.points,
          [
            Offset(0.0, 0.0),
            Offset(60.0, 10.0),
            Offset(50.0, 50.0),
            Offset(90.0, 90.0),
            Offset(190.0, 60.0),
          ],
          _paint);
    }

    @override
    bool shouldRepaint(CustomPainter oldDelegate) {
      return true;
    }
  }
```

当把绘制模式修改为 PointMode.lines 时，效果如图 8-2 所示，会发现第一个点与第二个点连接形成线段，第三个点与第四个点连接形成线段，以此类推，所以可以得出结论：lines 是通过点来绘制线段的。当把绘制模式修改为 PointMode.polygon 时，效果如图 8-2 所示，发现所有的点会依次连接，形成折线，也就是相邻的两个点会连接。

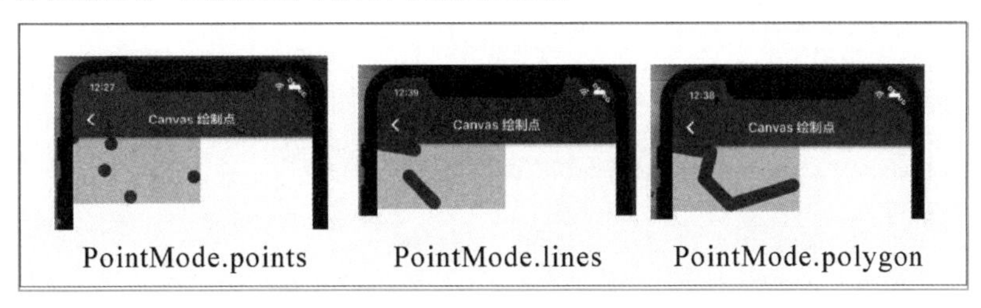

图 8-2　PointMode 多模式绘制多个点效果图

Paint 画笔的属性 strokeCap，是用来配置在绘制图形过程中拐角的类型的，如图 8-3 中所示的效果就是配置的 StrokeCap.round 类型，在绘制图形拐角处使用圆形过渡。

当修改 Paint 画笔属性 strokeCap 的值为 StrokeCap.butt 时，效果如图 8-3 所示，绘制出来的已不是圆形，而是小的正方形，StrokeCap.butt 配置的是在绘制图形拐角处不使用过渡方式，也就是直来直去，所以形成直角。

在上述图 8-2 的示例中，所配置画笔 Paint 的宽度 strokeWidth 为 20，所以绘制出来的点比较大，连接成的线段比较粗，也就是说可通过配置 strokeWidth 来控制绘制出的点的大小。

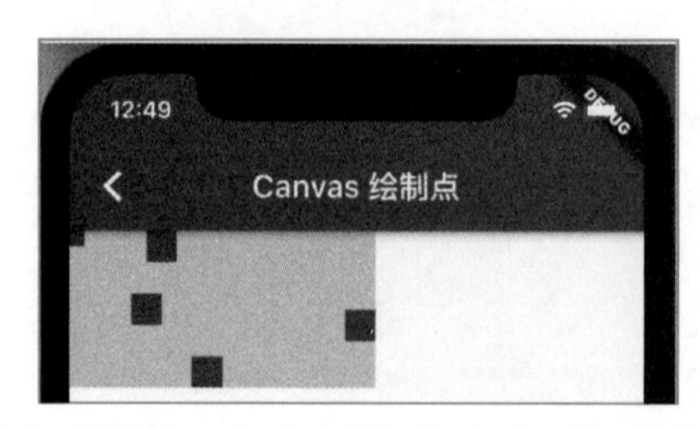

图 8-3　画笔的 strokeCap 值为 StrokeCap.butt 的效果图

8.2.2　绘制直线

两点确定一条直线，所以在绘制直线的时候首先要确定两个点，然后再通过 canvas 画布提供的 drawLine 方法来绘制，基本使用代码如下。

```
//[定义画笔]
Paint _paint = Paint()
  ..color = Colors.blue      //画笔颜色
  ..strokeWidth = 4.0;               //画笔的宽度
@override
void paint(Canvas canvas, Size size) {
  //定义点
  Offset p1=Offset(20,40);
  Offset p2 = Offset(160,40);
  //绘制线
  canvas.drawLine(p1, p2, _paint);
}
```

8-2　绘制直线点位分析效果图

8.2.3　绘制矩形

通过 canvas 画布的方法 drawRect 可以用来绘制矩形，基本使用代码如下。

```
/// 代码清单 8-5 绘制矩形
/// lib/code/code8/example_805_Rect.dart
class RectPainter extends CustomPainter {
  //[定义画笔]
  Paint _paint = Paint()
    ..color = Colors.blueAccent //画笔颜色
    ..strokeCap = StrokeCap.round //画笔笔触类型
    ..isAntiAlias = true //是否启动抗锯齿
    ..style = PaintingStyle.fill //绘画风格，默认为填充
    ..strokeWidth = 2.0; //画笔的宽度

  @override
  void paint(Canvas canvas, Size size) {
    //创建一个矩形
    Rect rect = buildRect1();
    //绘制矩形
    canvas.drawRect(rect, _paint);
  }

  //创建矩形方式一
  Rect buildRect1() {
    //以屏幕左上角为坐标系原点，分别设置上下左右四个方向的距离
```

8-3　fromLTRB 创建矩形分析图

```
    //left,  top,  right, bottom
    return Rect.fromLTRB(20, 40, 150, 100);
  }

  @override
  bool shouldRepaint(CustomPainter oldDelegate) {
    return true;
  }
}
```

创建矩形的方式有多种，方式二是通过 Rect 的静态方法 fromLTWH 设置左上角的点与矩形宽、高据此来绘制，坐标分析如图 8-4 所示，这样创建出来的矩形实际 width 为参数三配置的值 150，height 为参数四配置的值 100，代码如下。

```
//创建矩形方式二
  Rect buildRect2() {
    //根据设置左上角的点与矩形宽高来绘制;
    //left,  top,  width, height
    return Rect.fromLTWH(20, 40, 150, 100);
  }
```

方式三是通过 Rect 的静态方法 fromCircle 来绘制正方形，如图 8-5 所示，这里参考的圆形为所要绘制的正方形的内切圆，代码实现如下。

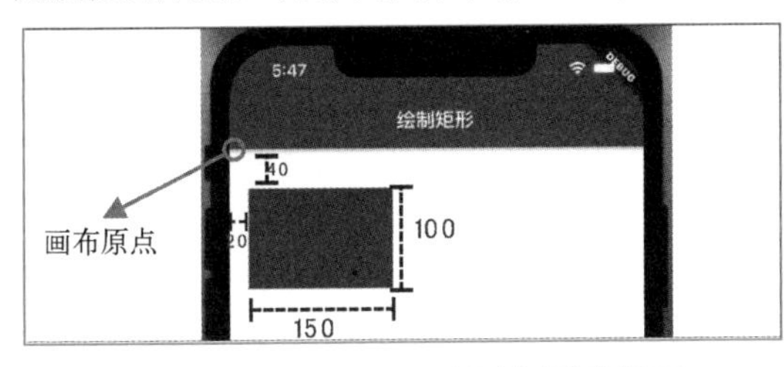

图 8-4　fromLTWH 创建矩形分析图

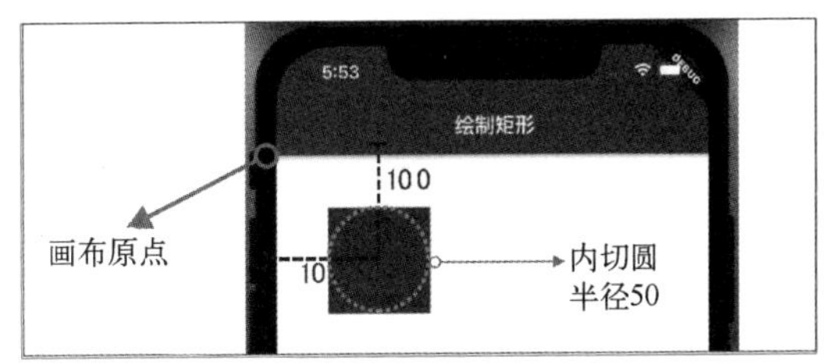

图 8-5　fromCircle 创建矩形分析图

```
//创建矩形方式三
Rect buildRect3() {
  //根据根据圆形绘制正方形
  //参数一 center Offset 类型，参考圆形的中心
  //参数二 radius 以 center 为圆心，以 radius 为半径
  return Rect.fromCircle(center: Offset(100, 100), radius: 50);
}
```

方式四是通过 Rect 的静态方法 fromCenter 根据中心点来绘制矩形，如图 8-6 所示，代码如下。

```
//创建矩形方式四
Rect buildRect4() {
  //根据根据中心点绘制正方形
  //参数一 center Offset 类型，参考圆形的中心
  //参数二 width
  //参数三 height
  return Rect.fromCenter(center: Offset(100, 100), width: 100, height: 100);
}
```

方式五是通过 Rect 的静态方法 fromPoints 来创建矩形，fromPoints 需要两个点，矩形的左上角的点与右下角的点，如图 8-7 所示，代码如下。

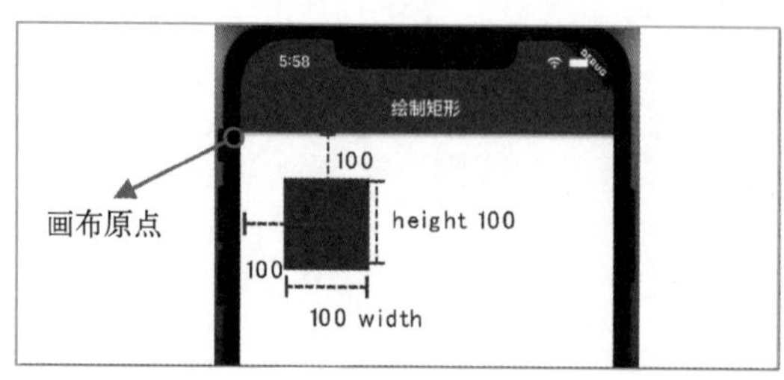

图 8-6　fromCenter 创建矩形分析图

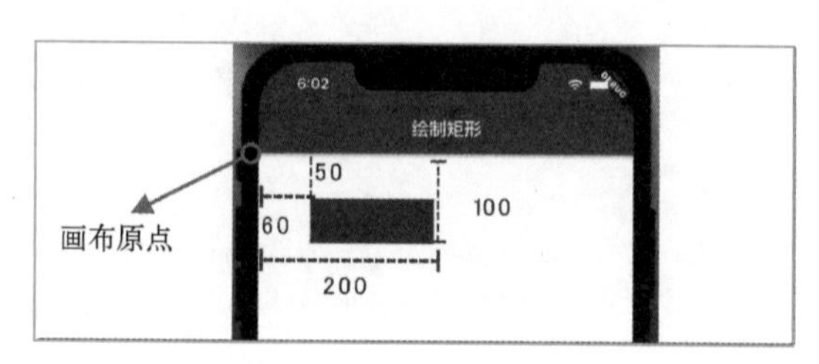

图 8-7　Points 创建矩形分析图

```
//创建矩形方式五
Rect buildRect5() {
  //根据根对角点来绘制矩形
  //参数一 矩形左上角的点
  //参数二 矩形右下角的点
  return Rect.fromPoints(Offset(60, 50), Offset(200, 100));
}
```

8.2.4　绘制弧或者饼 drawArc

在数学中根据定义，一周的弧度数为 $2\pi r/r=2\pi$，$360°=2\pi$ 弧度，1 弧度约为 57.3°，即 57°17′44.806″，1°为 $\pi/180$ 弧度，近似值为 0.01745 弧度，周角为 2π 弧度，平角（即 180°角）为 π 弧度，直角为 $\pi/2$ 弧度，在 Flutter 中使用 pi 来表示 π，即 pi=π。

canvas 画布的方法 drawArc 可以用来绘制圆弧甚至配合 Paint 绘制饼状图，drawArc 方法源码如下。

```
void drawArc(Rect rect, double startAngle, double sweepAngle, bool useCenter, Paint paint)
```

参数一为 Rect 矩形，用来限定圆弧所在的范围，通过 Rect 限制一个矩形，然后绘制的弧是这个 Rect 的内切圆边框的一部分；参数二绘制弧度的起始角度，0 为 x 轴水平向右；参数三 sweepAngle 是在 startAngle 的基础上再变化的角度，正值为顺时针，负值为逆时针；参数四 userCenter 从字面上来理解就是否连接圆心，即是否闭合绘制弧度，为 true 则闭合绘制弧度，呈现出来的就是一个扇形边框，为 fase 时，就是一个弧；参数五就是使用的画笔。

需要注意的是，这里提到的角度使用的是弧度，1 弧度约为 57.3 度，接下来先来绘制一条弧，如图 8-13 所示，代码如下。

```
// 代码清单 8-6  绘制弧或者饼
/// lib/code/code8/example_806_Arc.dart
class ArcPainter extends CustomPainter {
  //[定义画笔]
  Paint _paint = Paint()
    //画笔颜色
    ..color = Colors.red
    //画笔的宽度
    ..style = PaintingStyle.stroke
    ..strokeWidth = 4.0;

  @override
  void paint(Canvas canvas, Size size) {
    //创建矩形
    Rect rect = Rect.fromLTRB(40, 40, 200, 200);
```

8-4　绘制弧

```
    //绘制弧
    //参数一 参考的矩形范围
    //参数二 绘制弧的开始弧度，这里配置的为 0，水平向右
    //参数三 绘制弧的结束弧度
    //参数四 是否连接圆心，false 的效果只是一个弧，true 的效果为连接圆心闭合的弧
    canvas.drawArc(rect, 0, 2, false, _paint);
  }

  @override
  bool shouldRepaint(CustomPainter oldDelegate) {
    return true;
  }
}
```

当把画笔 Paint 的模式修改为 PaintingStyle.fill 填充模式时，运行效果如图 8-8 所示。

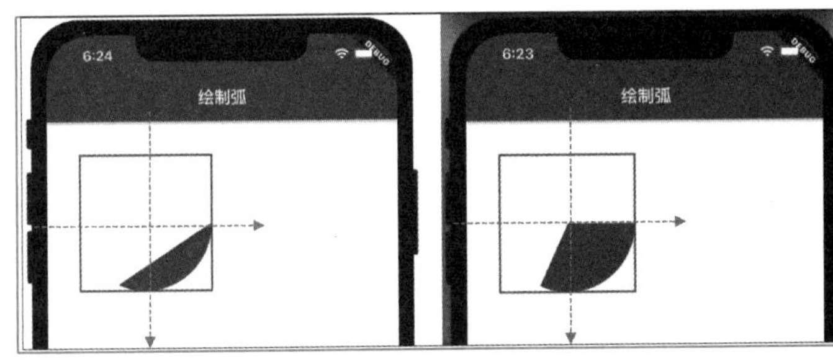

图 8-8　绘制饼

在上述示例中，创建使用的矩形 Rect 正好是一个正方形，所以绘制的弧正好是参数一中配置的 Rect 内切正圆的一部分，当创建的 Rect 不是正方形时，绘制出的效果如图 8-9 所示，代码如下。

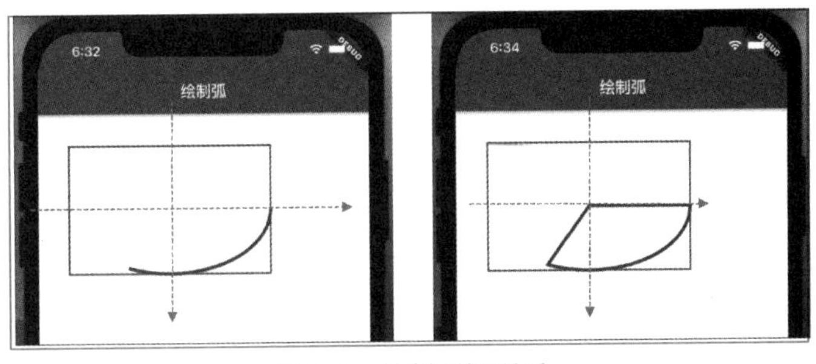

图 8-9　绘制不规则弧

```
Rect rect = Rect.fromLTRB(40, 40, 300, 200);
```

8.2.5　绘制圆角矩形

通过 canvas 的 drawRRect 方法来绘制圆角矩形，基本使用代码如下。

```
/// 代码清单 8-7 绘制圆角矩形
/// lib/code/code8/example_807_RRect.dart
class RRectPainter extends CustomPainter {
  //[定义画笔]
  Paint _paint = Paint()
    //画笔颜色
    ..color = Colors.red
```

```
      //画笔的宽度
      ..style = PaintingStyle.fill
      ..strokeWidth = 3.0;

    @override
    void paint(Canvas canvas, Size size) {
      //创建圆角矩形
      RRect rect = buildRect1();
      //绘制
      canvas.drawRRect(rect, _paint);
    }

  //创建圆角矩形方式一
    RRect buildRect1() {
      //以画板左上角为坐标系原点，通过分别设置上下左右四个方向的距离来创建矩形
      //left,  top,  right, bottom
      //最后两个参数 radiusX 与 radiusY 用来设置圆角的大小
      return RRect.fromLTRBXY(20, 40, 250, 200, 60, 40);
    }

    @override
    bool shouldRepaint(CustomPainter oldDelegate) {
      return true;
    }
  }
```

8-5 绘制圆角矩形

参数 radiusX 与 radiusY 是用来设置圆角的两个半径的，如图 8-10 所示为圆角半径分析图。通过 RRect 的 fromLTRBXY 方法来创建圆角矩形，四个角的圆角都是一样的。另外，还可以通过 RRect 的 fromLTRBR 方法来创建，代码如下。

```
//创建圆角矩形方式二
RRect buildRect2() {
  //以画板左上角为坐标系原点，通过分别设置上下左右四个方向距离来创建矩形
  //left,  top,  right, bottom
  //最后一个参数为 Radius 类型，用来设置圆角的大小
  return RRect.fromLTRBR(20, 40, 250, 200, Radius.circular(40));
}
```

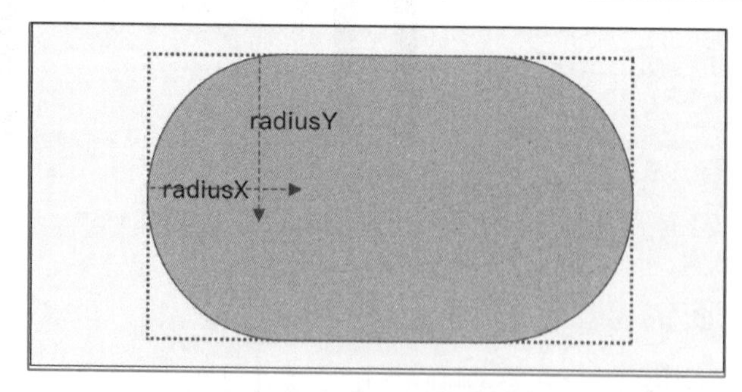

图 8-10 圆角半径分析图

通过 RRect 的 fromLTRBAndCorners 方法来创建的圆角矩形，其四个角的圆角可配置不同弧度，代码如下。

```
//创建圆角矩形方式三
RRect buildRect3() {
  //以画板左上角为坐标系原点，通过分别设置上下左右四个方向的距离来创建矩形
```

```
  //前四个参数分别为 left, top, right, bottom，用来创建矩形
  return RRect.fromLTRBAndCorners(
    20, 40, 250, 200,
    //左上角的圆角
    topLeft: Radius.circular(10),
    //右上角的圆角
    topRight: Radius.circular(20),
    //左正角的圆角
    bottomLeft: Radius.circular(30),
    //右下角的圆角
    bottomRight: Radius.circular(40),
  );
}
```

8-6 fromLTRBAndCorners 创建圆角矩形分析图

8.2.6 绘制圆形

通过 canvas 的 drawCircle 可实现绘制圆形或圆环，若想要对圆形进行颜色填充，需要配置画笔 Paint 的 style 为 PaintingStyle.fill 模式，如果是圆环则需要修改画笔 Paint 的 style 为 PaintingStyle.stroke 模式。

用 drawCircle 绘制圆形，仅需设置原点及半径即可，基本使用代码如下。

```
/// 代码清单 8-8 绘制圆形
/// lib/code/code8/example_808_Circl.dart
class CirclePainter extends CustomPainter {
  //[定义画笔]
  Paint _paint = Paint()
  ..color = Colors.blue
  ..style= PaintingStyle.stroke
  ..strokeWidth = 4.0;


  @override
  void paint(Canvas canvas, Size size) {
    //参数一指定的圆形位置
    //参数二指定的半径大小
    canvas.drawCircle(Offset(100,100), 40, _paint);

  }
  @override
  bool shouldRepaint(CustomPainter oldDelegate) {
    return true;
  }
}
```

8-7 drawCircle 绘制圆形分析图

8.2.7 绘制椭圆 drawOval

在 Flutter 中可通过 canvas 的 drawOval 方法来绘制一个椭圆，绘制椭圆其实就是先确定一个矩形 Rect，然后再绘制这个矩形的内切圆，基本使用代码如下。

```
/// 代码清单 8-9 绘制椭圆形
/// lib/code/code8/example_809_Oval.dart
class OvalPainter extends CustomPainter {
  //[定义画笔]
  Paint _paint = Paint()
    ..color = Colors.blue
```

```
    ..style = PaintingStyle.stroke
    ..strokeWidth = 4.0;

  @override
  void paint(Canvas canvas, Size size) {
    //用 Rect 构建一个边长 50,中心点坐标为(100,100)的矩形
    Rect rect = Rect.fromCircle(center: Offset(100.0, 100.0), radius: 40.0);
    //绘制椭圆
    canvas.drawOval(rect, _paint);

    //使用两个对角点来创建 width 为 150,height 为 100 的矩形
    Rect rect2 = Rect.fromPoints(Offset(200, 50), Offset(350, 150));
    //绘制椭圆
    canvas.drawOval(rect2, _paint);
  }

  @override
  bool shouldRepaint(CustomPainter oldDelegate) {
    return true;
  }
}
```

8-8　绘制椭圆的效果图

8.2.8　通过 Path 绘制基本图形

Path 用于构建各种自定曲线、图形等功能，表 8-2 列出了一些 Path 的相关操作方法。

表 8-2　Path 的函数方法

取　值	说　明
moveTo	将画笔的起点移动到指定的位置，这个是相对于画布的原点位置（默认为左上角），不设置时，默认从画布原点的位置开始，如执行 moveTo(20,20)，再执行 moveTo(40,40)，此时画笔的位置在(40,40)
relativeMoveTo	将画笔的起点移动到指定位置，但其中的参数展示的是相对位移，如执行 moveTo(20,20)，再执行 relative(40,40)，此时画笔的位置在(20+40,20+40)
lineTo	从当前的位置通过直线的方式连接到新的位置
relativeLineTo	相对当前的位置连接到新的位置
arcTo	二阶贝塞尔曲线
conicTo	三阶贝塞尔曲线
add**	添加其他图形，如 addArc，在路径是添加圆弧
contains	路径上是否包括某点
transfor	给路径做 matrix4 变换
combine	结合两个路径
close	关闭路径，连接路径的起始点
reset	重置路径，即清空路线，恢复到默认状态

通过组合使用 Path 的 moveTo、lineTo 以及 close 可实现直线、折线、三角形、矩形、平行四边形、梯形以及其他不规则的图形绘制。

moveTo 是将画笔移动到指定的位置，默认情况下画笔的位置在原点（也就是画布的左上角），lineTo 是从当前画笔的位置画直线到指定的点，基本使用代码如下。

```
/// 代码清单 8-10 Path 路径相关操作
```

```
/// lib/code/code8/example_810_Path.dart
class PathPainter extends CustomPainter {
  //[定义画笔]
  Paint _paint = Paint()
    ..color = Colors.blue
    //画笔笔触类型
    ..strokeCap = StrokeCap.round
    ..strokeJoin = StrokeJoin.round
    //是否启动抗锯齿
    ..isAntiAlias = true
    ..style = PaintingStyle.stroke
    ..strokeWidth = 4.0;

  @override
  void paint(Canvas canvas, Size size) {
    buildPath2(canvas, size);
  }

  @override
  bool shouldRepaint(CustomPainter oldDelegate) {
    return true;
  }

  //构建 Path Path 的基本使用
  void buildPath1(Canvas canvas, Size size) {
    //创建 Path
    Path path = new Path();
    //移动画笔到起点
    path.moveTo(100, 80);
    //画直线到点
    path.lineTo(100, 150);
    //继续画
    path.lineTo(160, 150);
    //闭合路径
    path.close();

    //绘制 Path
    canvas.drawPath(path, _paint);
  }

}
```

8-9　Path 构建直线效果图

其中 Paint 的属性 strokeJoin 是用来配置绘制拐角类型的，如图 8-11 所示。

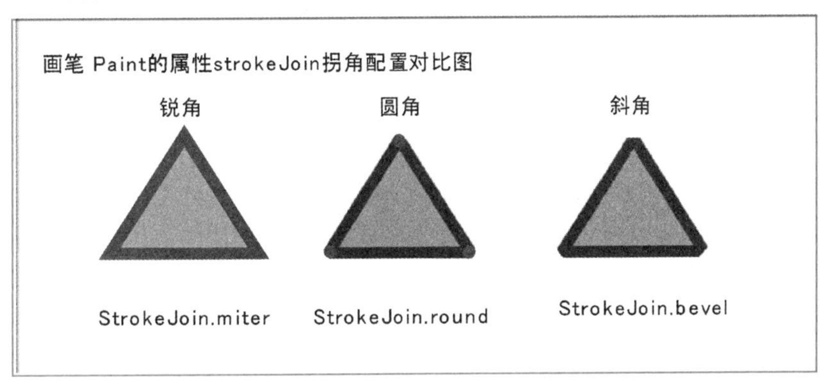

图 8-11　Paint strokeJoin 效果图

其中 Paint 的属性 strokeCap 是用来配置绘制结尾处延伸类型的，如图 8-12 所示。

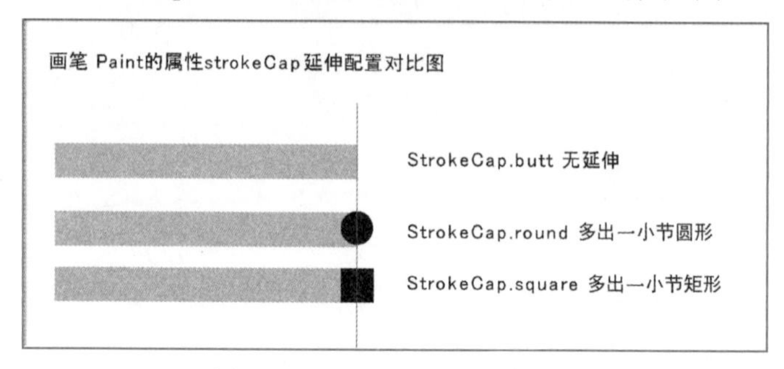

图 8-12　Paint strokeCap 效果图

Path 的 relativeLineTo 方法用来构建从当前点到加上递增坐标后的点的直线，如当前画笔的位置为（50，50），再使用了 relativeLineTo（100，10），实际上是从点（50，50）要绘制直线到目标点（50+100，50+10）。

Path 可通过 addArc 方法来添加一段弧，使用代码如下。

```
/// 代码清单 8-11 Path  添加弧
/// lib/code/code8/example_810_Path.dart
void buildPath4(Canvas canvas, Size size) {
  //创建 Path
  Path path = new Path();
  //移动画笔到起点
  path.moveTo(100, 80);
  //画直线到点
  path.lineTo(200, 80);

  //添加一段弧
  //参数一为绘制弧所参考的外切矩形 参数二为起始位置
  //参数三为 结束位置 2*pi 为360°
  path.addArc(
      Rect.fromCenter(center: Offset(150, 80), width: 100, height: 100),
      0,
      0.5 * pi);

  //绘制 Path
  canvas.drawPath(path, _paint);
}
```

8-10　Path addArc 添加弧效果

同理还有 addRect 添加矩形、addOval 添加椭圆、addPolygon 添加多边形、addRRect 添加圆角矩形、addPath 添加另一个路径，使用方法类比推理即可。

8.3　贝塞尔曲线

两个点构成一个基本的直线，可称为一阶贝塞尔曲线，当这两个点之间的线段被一个其他的点牵引后，形成曲线，如图 8-13 所示称为二阶贝塞尔曲线，这个牵引点称为控制点，当有两个点牵引时，就是由两个控制点来控制曲线。类似地，如图 8-14 所示为三阶贝塞尔曲线。

8.3.1　使用二阶贝塞尔曲线绘制弧线

在 Flutter 中，通过路径 Path 中的方法 quadraticBezierTo 是来构建二阶贝塞尔曲线， cubicTo

用来构建三阶贝塞尔曲线。

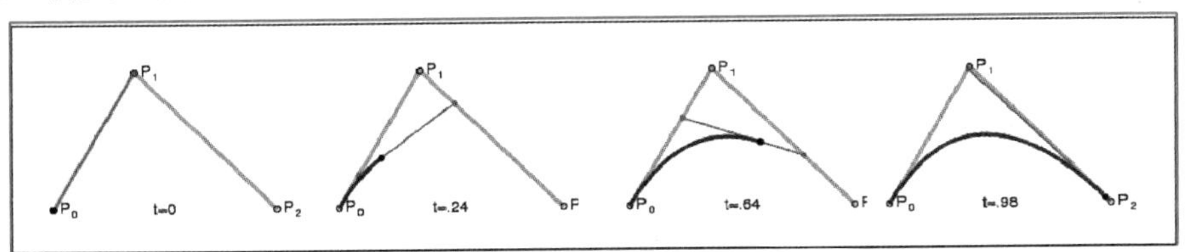

图 8-13　二阶贝塞尔曲线

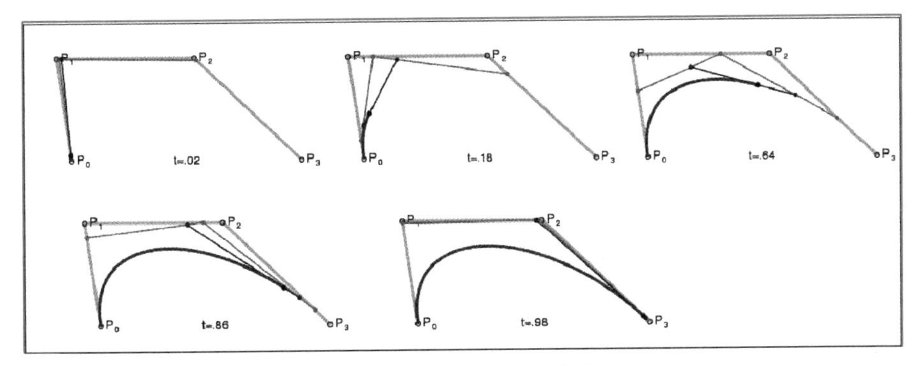

图 8-14　三阶贝塞尔曲线

quadraticBezierTo 方法描述如下，点（x1,y1）是控制点，点（x2,y2）是曲线终点。

```
void quadraticBezierTo(double x1, double y1, double x2, double y2)
void relativeQuadraticBezierTo(double x1, double y1, double x2, double y2)
```

一条简单的二阶贝塞尔曲线的代码实现如下。

```
/// 代码清单 8-12 Path  二阶贝塞尔曲线
/// lib/code/code8/example_810_Path.dart
  Paint _helpPaint = Paint()
    ..color = Colors.grey
    ..style = PaintingStyle.stroke
    ..strokeWidth = 1.0;

  void buildPath5(Canvas canvas, Size size) {
    //定义起点
    Offset startPoint = Offset(50, 50);
    //定义控制点
    Offset controllPoint = Offset(100, 130);
    //定义终点
    Offset endPoint = Offset(250, 50);

    //创建 Path
    Path path = new Path();
    //移动画笔到起点
    path.moveTo(startPoint.dx, startPoint.dy);
    //画二阶贝塞尔曲线

    //path.quadraticBezierTo(x1, y1, x2, y2)
    //参数(x1, y1) 就是控制点
    path.quadraticBezierTo(
        controllPoint.dx, controllPoint.dy, endPoint.dx, endPoint.dy);
```

8-11　二阶贝塞尔曲线效果图

```
    //绘制 Path
    canvas.drawPath(path, _paint);

    ///-----------------------------------------------
    //绘制辅助线 起点到控制点
    canvas.drawLine(startPoint, controllPoint, _helpPaint);
    //绘制辅助线 控制点到终点
    canvas.drawLine(controllPoint, endPoint, _helpPaint);

    _helpPaint.strokeWidth = 10;
    //绘制辅助点
    canvas.drawPoints(
        PointMode.points, [startPoint, controllPoint, endPoint], _helpPaint);
  }
```

8.3.2 使用三阶贝塞尔曲线绘制不规则弧线

通过 Path 来构建三阶贝塞尔曲线，基本使用代码如下。

```
/// 代码清单 8-13 Path  三阶贝塞尔曲线
/// lib/code/code8/example_810_Path.dart
void buildPath6(Canvas canvas, Size size) {
  //定义起点
  Offset startPoint = Offset(50, 50);
  //定义控制点
  Offset controllPoint1 = Offset(100, 150);
  Offset controllPoint2 = Offset(200, 130);
  //定义终点
  Offset endPoint = Offset(250, 50);

  //创建 Path
  Path path = new Path();
  //移动画笔到起点
  path.moveTo(startPoint.dx, startPoint.dy);
  //画三阶贝塞尔曲线
  path.cubicTo(
      //控制点 1
      controllPoint1.dx, controllPoint1.dy,
      //控制点 2
      controllPoint2.dx, controllPoint2.dy,
      //终点
      endPoint.dx, endPoint.dy);

  //绘制 Path
  canvas.drawPath(path, _paint);

  ///-----------------------------------------------
  //绘制辅助线 起点到控制点
  canvas.drawLine(startPoint, controllPoint1, _helpPaint);
  //绘制辅助线 控制点 1 到控制点 2
  canvas.drawLine(controllPoint1, controllPoint2, _helpPaint);
  //绘制辅助线 控制点到终点
  canvas.drawLine(controllPoint2, endPoint, _helpPaint);

  _helpPaint.strokeWidth = 10;
  //绘制辅助点
  canvas.drawPoints(PointMode.points,
      [startPoint, controllPoint1, controllPoint2, endPoint], _helpPaint);
```

8-12 三阶贝塞尔曲线效果图

```
}
```

8.4 绘制文本

在 Flutter 中，canvas 通过方法 drawParagraph 来绘制文本，其方法函数源码如下。

```
void drawParagraph(Paragraph paragraph, Offset offset)
```

参数一 paragraph 就是保存的文本信息，参数二 offset 是用来限定绘制文本段落的位置的，这里的 offset 可认为是段落的左上角顶点的坐标。

Paragraph 用来保存文本段落信息，所以在绘制文本前需要先了解一下 Paragraph，文字段落 Paragraph 是 dart.ui 中的类，所以在使用它的时候首先需要导入对应的包，代码如下。

```
//这里用 as 取个别名，有库名冲突
import 'dart:ui' as ui;
```

在绘制文本时，需要使用到 ParagraphBuilder，绘制一文本需要以下四步操作。

第一步：创建 ParagraphBuilder，并通过 ParagraphStyle 来设置段落的对齐、截断和省略功能。

第二步：调用 pushStyle、addText 和 pop 的组合来向对象添加文本样式。

第三步：调用 build 以获得构造的 Paragraph 对象。

第四步：以画布 Canvas 绘制段落 drawParagraph 的方式进行绘制。

在画布中绘制一段文本，对应的代码如下。

```
/// 代码清单 8-14 绘制文本段落 Paragraph
/// lib/code/code8/example_811_Text.dart
class TextPainter extends CustomPainter {
  @override
  void paint(Canvas canvas, Size size) {
    //第一步
    // 新建一个段落建造器，然后将文字基本信息填入
    ui.ParagraphBuilder paragraphBuilder = ui.ParagraphBuilder(
      ui.ParagraphStyle(
        //文字方向从左向右
        textDirection: TextDirection.ltr,
        //最大行数
        maxLines: 2,
        //文本居中
        textAlign: TextAlign.center,
        //粗体
        fontWeight: FontWeight.w400,
        //文字样式
        fontStyle: FontStyle.normal,
        //文本大小
        fontSize: 24.0,
        //配置超出范围时文本段落结尾显示的内容
        ellipsis: "...",
        //设置行间距 实际的行高为 height*fontSize
        height: 1.2,
        textHeightBehavior: TextHeightBehavior(
            //是否对段落中第一行的上行应用 TextStyle.height 修饰符
            //默认为 true，TextStyle.height 修饰符将应用于第一行的上升
            // 如果为 false，将使用字体的默认提升，
```

8-13 文本段落绘制效果图

```
            // 并且 TextStyle.height 对第一行的提升没有影响
            applyHeightToFirstAscent: true,

            //是否将 TextStyle.height 修饰符应用于段落中最后一行的下行
            //默认为 true，则将对最后一行的下行应用 TextStyle.height 修饰符
            // 当为 false 时，将使用字体的默认下降，
            // 并且 TextStyle.height 对最后一行的下降没有影响
            applyHeightToLastDescent: true),
      ),
    );

    //第二步设置文字的样式
    //这里配置的部分属性如 fontSize 会覆盖 ParagraphStyle 中配置的 fontSize
    paragraphBuilder.pushStyle(ui.TextStyle(
        color: Colors.red,
        fontSize: 20,
        height: 1,
        fontWeight: FontWeight.w500));

    String text = "执剑天涯，从你的点滴积累开始，所及之处，必精益求精，即是折腾每一天";
    //绑定要绘制的文本
    paragraphBuilder.addText(text);
    // 设置文本的宽度约束
    // 参数为允许文本绘制的最大宽度
    ui.ParagraphConstraints pc = ui.ParagraphConstraints(width: 300);

    //第三步
    // 这里需要先 layout,将宽度约束填入，否则无法绘制
    ui.Paragraph paragraph = paragraphBuilder.build()..layout(pc);

    //第四步 最后就是绘制
    //偏移量在这里指的是文字左上角的位置
    canvas.drawParagraph(paragraph, Offset(40, 40));
  }

  @override
  bool shouldRepaint(CustomPainter oldDelegate) {
    return true;
  }
}
```

8.5 绘制图片

画布 canvas 通过方法 drawImage（常用）来绘制图片，此时的 Image 并非日常所用的图片加载，而是用 dart.ui 类中的 ui.Image，并以转换成字节流 ImageStream 的方式传递，包括本地图片或网络图片。drawImage 的函数源码如下。

```
// Draws the given [Image] into the canvas with its top-left corner at the
// given [Offset]. The image is composited into the canvas using the given [Paint].
void drawImage(Image image, Offset p, Paint paint)
```

参数一是一个 Image，它需要的是 widgets 路径下的 Image，完整路径如下所示。

```
flutter/packages/flutter/lib/src/widgets/image.dart
```

参数二是绘制图片开始的左上角顶点的位置，参数三就是画笔。

8.5.1 ui.Image 图片

对于 canvas 的 drawImage 方法，要使用位于 widgets/image.dart 中的 Image，一般的做法如图 8-15 所示。

```
@override
void paint(Canvas canvas, Size size) {
  //绘制图片
  canvas.drawImage(
      ui.Image.asset("name"),
      Offset(0, 0
      _paint);
}

@override
bool shouldRepain
  return true;
}
```

The method 'asset' isn't defined for the type 'Image'.
Try correcting the name to the name of an existing method, or defining a method named 'asset'.
Open documentation
flutterbookcode

图 8-15　drawImage 错误提示

从源码中可以看出，这里的 Image 没有向外提供构建 Image 的方法，而且该类的构造被私有化，那就说明无法被直接创建。

```
@pragma('vm:entry-point')
class Image extends NativeFieldWrapperClass2 {
  // 私有化构造函数
  @pragma('vm:entry-point')
  Image._();
  // 获取宽度
  int get width native 'Image_width';

  // 获取高度
  int get height native 'Image_height';
  //
  Future<ByteData> toByteData({ImageByteFormat format = ImageByteFormat.rawRgba}) {
    return _futurize((_Callback<ByteData> callback) {
      return _toByteData(format.index, (Uint8List encoded) {
        callback(encoded?.buffer?.asByteData());
      });
    });
  }
  String _toByteData(int format, _Callback<Uint8List> callback) native 'Image_toByteData';

   void dispose() native 'Image_dispose';

  @override
  String toString() => '[$width\u00D7$height]';
}
```

加载 ui.Image 的正确操作是通过 ImageProvider，在 Flutter 中，通常使用的图片数据来自于三个途径：程序资源 asset、本地磁盘数据 file、网络图片。

通常获取 asset 目录下的图片时，会通过 AssetImage 构建生成一个 ImageProvider，这个 ImageProvider 的 resolve 方法返回一个图片流 ImageStream，然后再给这个 ImageStream 图片加载流绑定一个监听回调，在图片加载完成时触发回调，代码如下。

```
//通过 ImageProvider 读取 Image
  Future<ui.Image> loadAssetImageImage() async {
    ImageProvider provider = AssetImage("assets/images/2.0/head1.png");
    //完成的回调
    Completer<ui.Image> completer = Completer<ui.Image>();
    ImageStreamListener listener;
    //获取图片流
    ImageStream stream = provider.resolve(ImageConfiguration.empty);
    //创建一个图片流监听
    listener = ImageStreamListener((ImageInfo frame, bool sync) {
      //图片加载完获取这一帧图片
      final ui.Image image = frame.image;
      //触发回调方法
      completer.complete(image);
      //移除监听
      stream.removeListener(listener);
    });
    //为图片流添加监听
    stream.addListener(listener); //添加监听
    return completer.future; //返回
  }
```

在获取本地磁盘图片 File 时，通常使用 FileImage，FileImage 构建会生成一个 ImageProvider；对于加载网络图片，也通常会使用 NetworkImage，NetworkImage 构建也会生成一个 ImageProvider，所以可以封装一个工具类来加载这三类图片，代码见 https://github.com/zhaolongs/flutter_book_jixie/blob/v1/flutter_book_code_video/lib/utils/image_loader_utils.dart（代码清单 8-15）。

8.5.2 Uint8List 图片

在 Flutter Sdk 源码中，Image 组件的说明如下。

```
    // Opaque handle to raw decoded image data (pixels).
    //
    // To obtain an [Image] object, use [instantiateImageCodec].
    //
    // To draw an [Image], use one of the methods on the [Canvas] class, such as
    // [Canvas.drawImage].
    //
    // See also:
    //
    //  * [Image](https://api.flutter.dev/flutter/widgets/Image-class.html), the class in the
[widgets] library.
    //
    @pragma('vm:entry-point')
    class Image extends NativeFieldWrapperClass2 {… …}
```

如果需要得到这里使用的 Image，需要通过 instantiateInageCodec 来创建，对于 instantiateInageCodec 函数，它需要使用 Uint8List 数组数据来构建，代码如下。

```
    //通过[Uint8List]获取图片
    Future<ui.Image> loadImageByUint8List(Uint8List list) async{
      //通过 list 加载图片
      ui.Codec codec= await ui.instantiateImageCodec(list);
      //通过 Codec 来获取 FrameInfo
      ui.FrameInfo frame= await codec.getNextFrame();
```

```
  return frame.image;
}
```

函数 instantiateInageCodec 返回一个 Codec，它是一个图像编解码器的句柄，可以理解为操作图像数据的手柄，通过 Codec 可以获取图像的一帧，然后保存在 FrameInfo 中，通过 FrameInfo 就可获取到这一帧图像（Uint8List 格式的图像）数据。

在加载图片数据时，有一种方法是通过构建 File 文件数据加载，而在 File 中，通过方法 readAsBytes 可以获取一个文件的 Uint8List 数据，源码如下。

```
/**
 * Read the entire file contents as a list of bytes. Returns a
 * 'Future<Uint8List>' that completes with the list of bytes that
 * is the contents of the file.
 */
Future<Uint8List> readAsBytes();
```

所以在这里可以通过 File 来加载图片数据并转化成 Unit8List 数据，然后通过 instantiate-InageCodec 方法处理并获取 Codec，进而获取 FrameInfo，最后再获取对应的 image，代码如下。

```
//通过 File 读取 Image
//[path]文件的本地磁盘路径
//[width][height]图片文件的宽高
Future<ui.Image> loadImageUint8ByFile(
  String path, {
  int width,
  int height,
}) async {
  //通过 readAsBytes 来加载数据并获取 Uint8List 数据集
  var list = await File(path).readAsBytes();
  return loadImageByUint8List(list, width: width, height: height);
}
```

8.5.3 绘制一个图片

在 8.5.1 节与 8.5.2 节中分别分析了加载和创建 ui.Image 的方法，在这里会使用其中的一种，无论哪一种方法，都是用一个异步方式去加载图片，因为加载图片也是一个耗时操作，所以就会出现当页面渲染完成时，图片还没加载完成的情况，所以这里需要严格控制图片的加载时间机制与使用机制。此处在页面 Widget 创建的初始化函数中来开启异步加载，代码见 https://github.com/zhaolongs/flutter_book_jixie/blob/v1/flutter_book_code_video/lib/code/code8/example_812_Image.dart（代码清单 8-16、代码清单 8-17）。

在代码清单 8-16 中通过异步方法函数来加载图片，然后加载完成后再刷新视图，在 Flutter 中，可以使用 FutureBuilder 组件来替代这个过程，代码如下。

```
/// 代码清单 8-18 绘制图片 Image FutureBuilder
/// lib/code/code8/example_813_Image.dart
class Example813 extends StatefulWidget {
  @override
  State<StatefulWidget> createState() {
    return _Example813State();
  }
}
```

```
class _Example813State extends State {
  Future<ui.Image> _imageFuture;

  @override
  void initState() {
    super.initState();
    //图片工具类异步加载图片
    _imageFuture = ImageLoaderUtils.imageLoader
        .loadImageByAsset("assets/images/banner_mang.png");
  }

  @override
  Widget build(BuildContext context) {
    return Scaffold(
      appBar: AppBar(
        title: Text("Canvas 绘制图片"),
      ),
      body: Container(
        child: FutureBuilder<ui.Image>(
          future: _imageFuture,
          builder: (context, snapshot) {
            if (snapshot.data == null) {
              return CircularProgressIndicator();
            } else {
              return CustomPaint(
                painter: ImagePainter(snapshot.data),
              );
            }
          },
        ),
      ),
    );
  }
}
```

小结

本章详细分析了通过画布实现各种基本图形的绘制、通过 Path 来构建各种自定义曲线与图形的绘制，以及通过 PathMetrics 对自定义路径 Path 进行测量绘制可实现各种酷炫的效果。在实际项目中灵活应用，可实现酷炫的路由切换动画、微曲线样式的各种背景装饰等。

第9章 插件开发专题——满足你的个性化开发需求

在Flutter中，当应用遇到使用通知、应用生命周期、深链接、传感器、相机、电池、地理位置、声音、网络连接、与其他应用共享数据、打开其他应用、持久首选项、特殊文件夹、设备信息等这些数据时，就要使用到本章的知识点。

本章从开发 Flutter 应用程序与 Flutter 依赖库两条线来分析讲解，前面章节已详细概述了Flutter应用程序的项目创建，在此不再赘述，下面概述Flutter依赖库项目的创建。

在 Flutter 中，插件类型分为三种：Flutter Plugin、Flutter Package、Flutter Module。对于Flutter Plugin，在 Flutter 中使用 Dart 语言开发移动应用，一套代码可以同时适用 Android 和 iOS 两种环境，但是 Dart 不会编译成 Android Dalvik 字节码，在 iOS 上也不会有 Dart/Objective-C 的绑定，也就是意味着Dart代码并不会直接访问平台特定的API，即iOS Cocoa Touch以及Android SDK的API。

开发插件包是用来开发调用特定平台的 API 包，这个插件包包含针对 Android（Java 或 Kotlin代码）或iOS（Objective-C或Swift代码）编写的特定于平台的功能实现（可以同时包含Android和iOS原生的代码），如加载H5的WebView、调用自定义相机、录音、蓝牙等。

开发依赖库，首先就是创建依赖库项目，其创建方式有以下三种，前两种创建方式为可视化的操作，会打开如图9-1所示的创建项目的选择弹框。

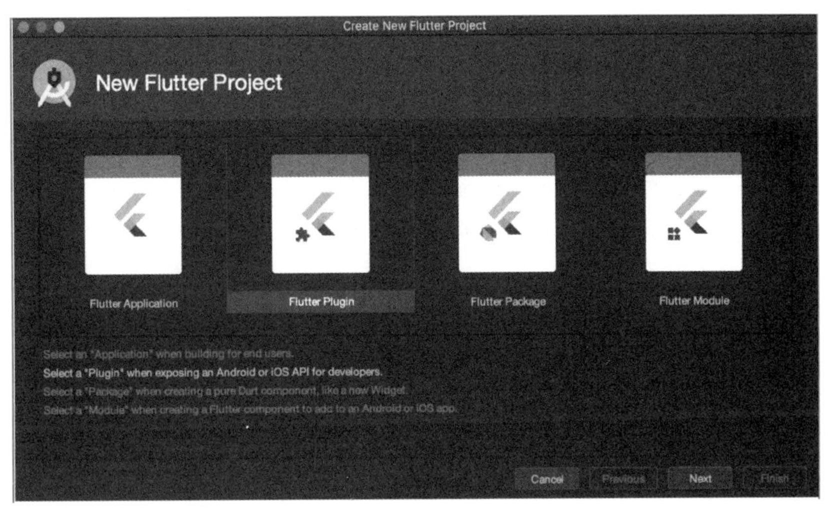

图9-1　Android Studio的工具栏中创建依赖库项目1

1）在 Android Studio 的 Welcome 页面点击“Start New Flutter Project”。

2）在 Android Studio 的工具栏中选中 File→New→New Flutter Project，如图 9-2 所示。

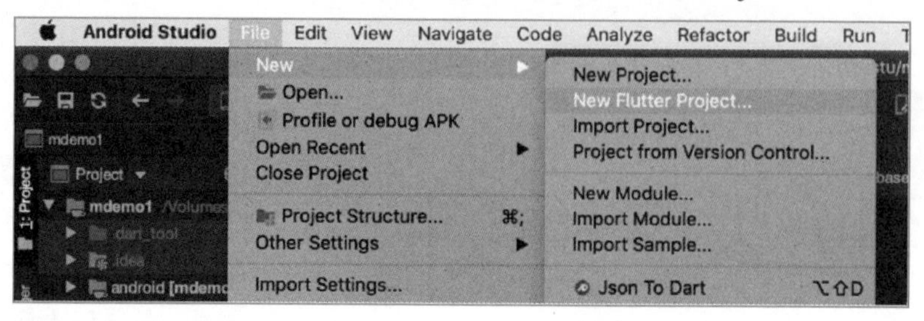

图 9-2　Android Studio 的工具栏中创建依赖库项目 2

3）使用命令行创建工程项目。

创建方式可选择如图 9-1 中的第二个选项 Flutter Plugin ，或者使用命令行工具，创建命令如下（Test 就是创建的项目名称）。

```
flutter create --org com.example --template=plugin Test
```

Flutter Package 用来创建 Dart 语言类库，主要是封装 Dart 语言一些共用的代码块功能，创建开发工程方式可选择如图 9-1 中所示的第三种 Flutter Package，或者是使用命令行，创建命令如下。

```
flutter create --template=package Test
```

Flutter Module 用来创建 Flutter 的一些组件功能，以便在 Android、iOS 中嵌入使用，创建开发工程方式可选择如图 9-1 中所示的第四个选项 Flutter Module，或者是使用命令行，创建命令如下。

```
flutter create -t module Test
```

本章中的源码位于 flutter_native_message_app 项目中，请查看源码 flutter_native_message_ app-master。

9.1　Flutter 与原生（Android、iOS）双向通信

所谓双向通信，此处是指在 Flutter 中调用 Android 与 iOS，以及在原生 Android 与 iOS 中调用 Flutter，也就是数据的双向传输。

常用的 Flutter 与 Android、iOS 原生的通信有以下三种方式。

1）BasicMessageChannel 用于传递字符串和半结构化的信息。

2）MethodChannel 用于传递方法调用，当然也可传输参数。

3）EventChannel 用于数据流 Event Streams 的通信。

这三种方式实际最终都是通过 BinaryMessage 来实现，它们的关系如图 9-3 所示。

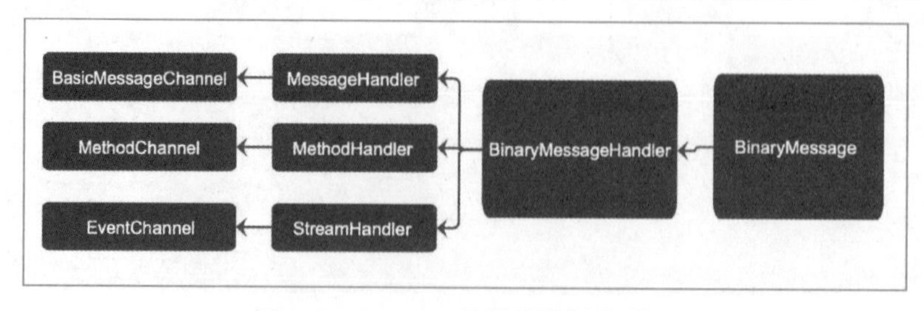

图 9-3　Channels 的通信机制关系图

在实际应用开发中想要调用系统相机，需要从 Flutter 中发送打开指令到 Android、iOS，然后执行调用操作，获取到照片后还需要将照片信息回传到 Flutter 中。此处模拟将一组数据从 Flutter 送到 Android、iOS 中，做相应处理后再从 Android、iOS 返回处理的数据到 Flutter 中。

对于 Flutter 工程项目的创建，在前几章已详细介绍过，不再赘述，此处创建的测试项目为 flutter_native_message_app，代码的 github 地址如下。

```
https://github.com/zhaolongs/flutter_native_message_app.git
```

创建一个 flutter_native_message_plugin 插件项目（注意这里的项目命令格式），用来测试双向通信，代码的 github 地址如下。

```
https://github.com/zhaolongs/flutter_native_message_pugin.git
```

9.1.1 MethodChannel 实现 Flutter 与原生（Android、iOS）双向通信

对于 MethodChannel，官方 API 中解析为 “A named channel for communicating with platform plugins using asynchronous method calls...”，也就是用来实现 Flutter 与原生 Android、iOS 通信。

使用 MethodChannel 进行双向通信的核心方法如下。

```
///创建对象实例
static const methodChannel = const MethodChannel('flutter_and_native_101');
///发送消息
Map reply =  await methodChannel.invokeMethod(method, arguments)

///接收消息
 methodChannel.setMethodCallHandler((result) async {
     return 'Flutter 已收到消息';
 });
```

在实际项目开发中，可以考虑全局注册使用一个 MethodChannel 就好，在这里通过在一个自定义的 StatefulWidget 中进行开发概述，首先在 Flutter 中使用到通信的 StatefulWidget 中声明如下。

```
///代码清单 9-1 MethodChannel 双向通信基本使用
///lib/src/method_channel_page.dart
//创建 MethodChannel
// 参数一 flutter_and_native_101 为通信标识
// 参数二 codec 为参数传递的编码方式，非必选，默认 StandardMessageCodec()
// 参数三 binaryMessenger 为使用的消息通道，默认为
//    [ServicesBinding.defaultBinaryMessenger]
static const methodChannel = const MethodChannel('flutter_and_native_101');

//封装 Flutter 向原生中发送消息的方法
//method 为方法标识 arguments 为传递的参数
static Future<dynamic> invokNative(
    String method,
    {Map<String, dynamic> arguments}) async {
  if (arguments == null) {
    //无参数发送消息
    return await methodChannel.invokeMethod(method);
  } else {
    //有参数发送消息
    return await methodChannel.invokeMethod(method, arguments);
  }
}
```

然后在 Flutter 中点击一个按钮，调用 invokNative 方法向 Android、iOS 原生中发送一条数据，代码如下所示。

```
///代码清单 9-2 向 Android、iOS 原生中发送消息
void sendMessage() {
  ///使用 then 函数来获取异步回调结果
  invokNative("test")
    ..then((result) {
      //此方法只会回调一次
      // result 是原生中回传的数据 在这里定义的数据类型是 Map
      int code = result["code"];
      String message = result["message"];
      ///刷新 Demo 页面显示
      setState(() {
        reciverStr = "invokNative 中的回调 code $code message $message ";
      });
    });
}
```

另一种写法是结合 async 与 await 关键字使用，代码如下。

```
///代码清单 9-3 向 Android、iOS 原生中发送消息
void sendMessage2() async {
  ///使用 async与await 组合来获取结果
  Map result = await invokNative("test");
  //此方法只会回调一次
  int code = result["code"];
  String message = result["message"];
  ///刷新 Demo 页面显示
  setState(() {
    reciverStr = "invokNative 中的回调 code $code message $message ";
  });
}
```

如图 9-4 所示，在 Flutter 项目中，Android 目录下的 MainActivity 就是对应的启动 Activity，可以直接在 MainActivity 中设置方法监听，代码如下。

```
//代码清单 9-4
//app/src/main/java/com/studyyoun/flutter_native_message_app/MainActivity.java
package com.studyyoun.flutter_native_message_app;

import android.content.Context;
import android.os.Bundle;
import android.os.Handler;
import android.widget.Toast;

import java.util.HashMap;
import java.util.Map;

import io.flutter.Log;
import io.flutter.embedding.android.FlutterActivity;
import io.flutter.embedding.engine.FlutterEngine;
import io.flutter.embedding.engine.dart.DartExecutor;
import io.flutter.plugin.common.BinaryMessenger;
import io.flutter.plugin.common.MethodCall;
import io.flutter.plugin.common.MethodChannel;

public class MainActivity extends FlutterActivity {
```

```
    //消息通道
    private MethodChannel mMethodChannel;
    //上下文对象
    private Context mContext;
    private Handler mHandler = new Handler();

    @Override
    protected void onCreate(Bundle savedInstanceState) {
        super.onCreate(savedInstanceState);
        mContext = this;
        //注册监听
        registerChannelFunction();
    }
  ....
}
```

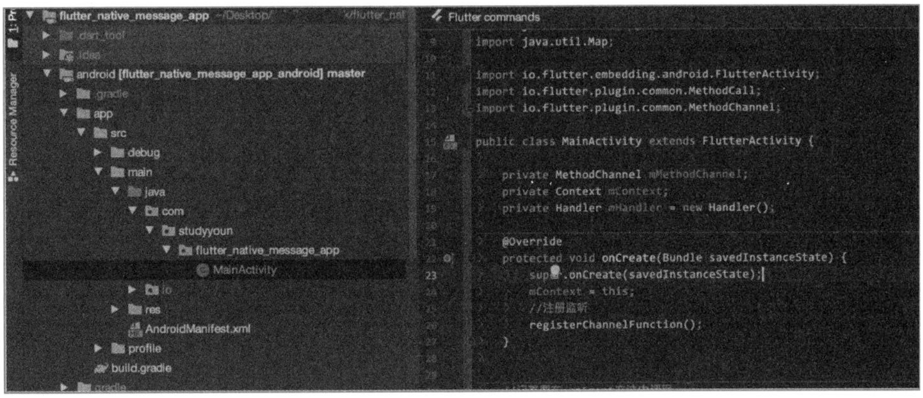

图 9-4　Android 目录视图

封装方法 registerChannelFunction 的代码如下。

```
//代码清单 9-5 MethodChannel 设置监听
//要在 onCreat 方法中调用
private void registerChannelFunction() {
        //A single Flutter execution environment
        //Flutter 运行环境参数封装类
        FlutterEngine lFlutterEngine = getFlutterEngine();
        if (lFlutterEngine == null) {
                Log.e("ERROR", "注册消息通道失败 FlutterEngine = null");
                return;
        }
    //获取 Dart 缓存编译对象
    DartExecutor lDartExecutor = lFlutterEngine.getDartExecutor();
    //获取默认的 BinaryMessenger
    BinaryMessenger lBinaryMessenger = lDartExecutor.getBinaryMessenger();
    //消息通道名称
    String channelName = "flutter_and_native_101";
    //构建消息通道
    mMethodChannel = new MethodChannel(lBinaryMessenger, channelName);
    //设置监听 这里使用的是匿名内部类的方式
    mMethodChannel.setMethodCallHandler(
                        getMethodCallHandler()
    );
}
```

对应的 getMethodCallHandler 方法就是通过匿名内部类的方式创建一个 MethodCallHandler 回调对象，用来获取解析 Flutter 中传递的数据，代码如下。

```
//代码清单 9-6 MethodCallHandler 中获取数据
private MethodChannel.MethodCallHandler getMethodCallHandler() {
  return new MethodChannel.MethodCallHandler() {
     @Override
    public void onMethodCall(MethodCall call, MethodChannel.Result result) {
         //获取方法名称
         String lMethod = call.method;
         //获取参数
         Object lArguments = call.arguments;
         Map<String, Object> arguments = null;
         if (lArguments != null) {
              arguments = (Map<String, Object>) lArguments;
         }
         //处理消息
         methodCallFunction(result, lMethod, arguments);
     }};
}
```

methodCallFunction 函数就是用来处理数据的，代码如下。

```
/**
 * 代码清单 9-7 处理 Flutter 发送过来的消息
 * @param result    回调 Flutter 的对象
 * @param method    Flutter 传递的方法名称
 * @param arguments Flutter 传递的参数
 */
private void methodCallFunction(MethodChannel.Result result,
                                String method,
                                Map<String, Object> arguments) {
         if (method.equals("test")) {
            Toast.makeText(mContext,
                  "flutter 调用到了 android test",
                  Toast.LENGTH_SHORT).show();
         Map<String, Object> resultMap = new HashMap<>();
         resultMap.put("message", "result.success 返回给 flutter 的数据");
         resultMap.put("code", 200);
         //发消息至 Flutter 此方法只能使用一次
         //然后在 Flutter 中如代码 9-1-2 中的 then 函数中就可获取到这个返回的结果
         result.success(resultMap);

         } else {
         result.notImplemented();
         }
}
```

Tips:

在这里从 Flutter 发送数据到 Android 中，发送的数据格式要与 Android 中接收的数据类型一致，如 Flutter 中发送的是 Map<String, dynamic>类型，那么就需要在 Android 中使用 Map<String, Object>类型来接收。

然后从 Android 向 Flutter 回传数据为 Map<String, Object>类型，在 Flutter 中接收的数据类型应为 Map<dynamic, dynamic>。

如图 9-5 所示，在 Flutter 项目中，可以在 ios 目录下的 AppDelegate 中设置方法监听。

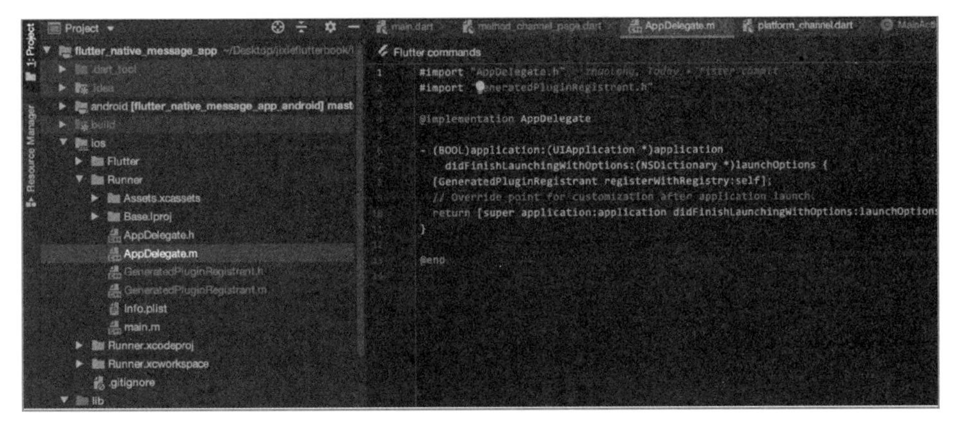

图 9-5 ios 目录视图

进行数据原生和回传的代码见 https://github.com/zhaolongs/flutter_book_jixie/blob/v1/flutter_native_message_app/ios/Runner/AppDelegate.m（代码清单 9-8）。

上述代码已通过 MethodChannel 实现了数据从 Flutter 发送到 Android、iOS 原生，并通过 FlutterMethodCall（iOS）或者是 MethodChannel.Result（Android）实现了数据的回传，但是这两者只能回调一次。

在 Android 原生中通过 MethodChannel 主动向 Flutter 回传数据，可多次调用，如代码清单 9-9 所示。

```
//代码清单 9-9
Map<String, Object> resultMap2 = new HashMap<>();
resultMap2.put("message", "android 主动调用 flutter test 方法");
resultMap2.put("code", 200);
mMethodChannel.invokeMethod("test2", resultMap2);
```

在 iOS 原生中通过 FlutterMethodChannel 向 Flutter 中回传数据，如代码清单 9-10 所示，其中使用到的 methodChannel 实例就是在代码清单 9-8 中所创建的实例对象：

```
//代码清单 9-10
NSMutableDictionary *dic = [NSMutableDictionary dictionary];
[dic setObject:@" 原生中数据" forKey:@"message"];
[dic setObject: [NSNumber numberWithInt:200] forKey:@"code"];

//通过此方法可以主动向 Flutter 中发送消息
//可以多次调用
[methodChannel invokeMethod:@"test" arguments:dic];
```

然后就是在 Flutter 设置接收 Android、iOS 原生发过的消息，如代码清单 9-11 所示，在 StatefulWidget 的 initState 方法中设置一个回调监听，这里使用到的 methodChannel 就是代码清单 9-11 中所创建的消息通道实例。

```
//代码清单 9-11 设置 MethodCallHandler 消息监听，获取原生发送的消息
@override
void initState() {
  super.initState();
  ///设置监听
  nativeMessageListener();
}
```

```
//设置消息监听
Future<dynamic> nativeMessageListener() async {
  methodChannel.setMethodCallHandler((resultCall) {
    //处理原生 Android iOS 发送过来的消息
    MethodCall call = resultCall;

    String method = call.method;
    Map arguments = call.arguments;

    int code = arguments["code"];
    String message = arguments["message"];

    setState(() {
      reciverStr += " code $code message $message and method $method ";
    });
    return null;
  });
}
```

以上就是 MethodChannel 实现 Flutter 应用与 Android、iOS 原生通信的方法，在 Flutter 中对应的创建使用的完整代码地址如下。

```
https://github.com/zhaolongs/flutter_native_message_app/blob/master/lib/src/method_channe
l_page.dart
```

9.1.2 BasicMessageChannel 实现 Flutter 与原生（Android、iOS）双向通信

对于 BasicMessageChannel，也可用来实现 Flutter 与原生 Android、iOS 通信，与 MethodChannel 的区别是 MethodChannel 针对于方法调用使用，BasicMessageChannel 针对于消息数据来使用，针对于发送和接收字符串消息，使用 BasicMessageChannel 进行双向通信的核心方法如下。

```
///创建对象实例
static const messageChannel = const BasicMessageChannel(
      'flutter_and_native_100', StandardMessageCodec());

///发送消息 arguments 为传递的数据参数
 Map reply = await messageChannel.send(arguments);

///接收消息
 messageChannel.setMessageHandler((result) async {
      return 'Flutter 已收到消息';
 });
```

首先在 Flutter 中使用到通信的 StatefulWidget 中进行声明。

详见 https://github.com/zhaolongs/flutter_book_jixie/blob/v1/flutter_native_message_app/lib/src/base_method_ channel_page.dart（代码清单 9-12）。

在 Flutter 应用项目的 Android 目录下的 MainActivity 中，一是要接收 Flutter 中发送过来的消息并做出回应消息，二是要主动多次地向 Flutter 中发送消息，首先是注册消息监听用来获取 Flutter 中发送的消息，代码见 https://github.com/zhaolongs/flutter_book_jixie/blob/v1/flutter_native_message_app/android/app/src/main/java/com/studyyoun/flutter_native_message_app/MainActivity.java（代码清单 9-13）。

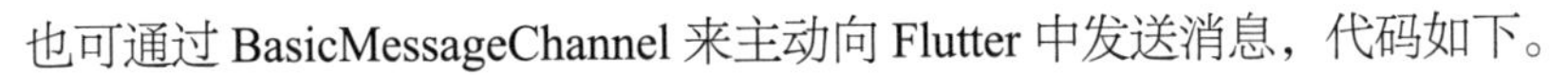

也可通过 BasicMessageChannel 来主动向 Flutter 中发送消息，代码如下。

```
///代码清单 9-14 Android 中 BasicMessageChannel 向 Flutter 主动发送消息
private void messageChannelSendFunction() {

  Map<String, Object> resultMap = new HashMap<>();
  resultMap.put("message", "ABCSD");
  resultMap.put("code", 200);

  //向 Flutter 发送消息
  //参数二可以再次接收到 Flutter 中的回调
  //也可以直接使用 mMessageChannel.send(resultMap)
  mMessageChannel.send(resultMap,new BasicMessageChannel.Reply<Object>() {
    @Override
    public void reply(Object o) {
      ///再次接收到的回执消息
      Log.d("mMessageChannel", "mMessageChannel send 回调 " + o);
    }
  });
}
```

在 iOS 中通过 FlutterBasicMessageChannel 来处理 Flutter 中 BasicMessageChannel 的通道消息，基本使用代码见 https://github.com/zhaolongs/flutter_book_jixie/blob/v1/flutter_native_message_app/ ios/Runner/AppDelegate.m（代码清单 9-15）。

可通过 BasicMessageChannel 通道主动向 Flutter 中发送消息数据，代码如下。

```
///代码清单 9-16
///iOS 中通过 BasicMessageChannel 通道向 Flutter 中发送消息
-(void)baseMessageSendFunction{

   NSMutableDictionary *dic = [NSMutableDictionary dictionary];
   [dic setObject:@"这里是数据" forKey:@"message"];
   [dic setObject: [NSNumber numberWithInt:200] forKey:@"code"];

   //通过这个方法 iOS 可以主动多次 向 Flutter 发送消息
   [messageChannel sendMessage:dic];

}
```

9.1.3 EventChannel 实现原生（Android、iOS）向 Flutter 发送消息

首先在 Flutter 项目中注册 EventChannel 通道并设置消息监听通道，代码见 https://github.com/zhaolongs/flutter_book_jixie/blob/v1/flutter_native_message_app/lib/src/event_channel_page.dart（代码清单 9-17）。

然后就是在 Android 中注册通道，代码如下。

```
//代码清单 9-18 Android 中 EventChannel 向 Flutter 发送消息
//app/src/main/java/com/studyyoun/flutter_native_message_app/MainActivity. java
public class MainActivity extends FlutterActivity {

  @Override
  protected void onCreate(Bundle savedInstanceState) {
    super.onCreate(savedInstanceState);
    //EventChannel 通信
    registerEventChannerl();
```

```
    }

    //EventChannel 通信
    private  EventChannel.EventSink mEventSink;
    private void registerEventChannerl() {

      ///获取当前默认的 BinaryMessenger
      BinaryMessenger lBinaryMessenger = getFlutterEngine()
          .getDartExecutor()
          .getBinaryMessenger();
      //消息通道名称
      String channelName = "flutter_and_native_103";
      //创建 EventChannel 通道
      EventChannel lEventChannel = new EventChannel(lBinaryMessenger,channelName);
      //设置 StreamHandler
      lEventChannel.setStreamHandler(new EventChannel.StreamHandler() {
        // onListen 回调则代表通道已经建好，可以发送数据了
        @Override
        public void onListen(Object o, EventChannel.EventSink eventSink) {
          //注意是通过 EventSink 发送消息
          mEventSink = eventSink;
          ///启动定时器
          startTimer();
        }
        /// onCancel 表示 Flutter 端已取消接收消息
        @Override
        public void onCancel(Object o) {
          mEventSink = null;
          //停止定时器
          stopTimer();
        }
      });
    }
  }
```

当在 Android 中注册了 EventChannel 消息通道后，可通过 EventChannel.EventSink 向 Flutter 中发送消息，代码如下。

```
//代码清单 9-19 使用 EventChannel 通道向 Flutter 发送消息
//这里发送的消息为 String 类型 可以根据项目实际需要发送其他数据类型
private void eventSendMessageFunction(String messsage){
  if (mEventSink != null) {
    mEventSink.success(messsage);
  }else{
    Log.e("ERROR","EventSink is null");
  }
}
```

需要注意的是，此方法需要在主线程中调用，否则会抛出如下异常。

```
    java.lang.RuntimeException: Methods marked with @UiThread must be executed on the main
thread. Current thread: Timer-0
```

对于 StreamHandler 的 onCancel 函数，当在 Flutter 中（代码清单 9-17）调用到移除监听时会回调此方法。

EventChannel 通道适用于频繁发送消息的情景，此处使用定时器模拟实时传输数据的情况，如代码清单 9-20 所示。

```
//代码清单 9-20 使用 EventChannel 通道向 Flutter 发送消息
private void eventSendMessageFunction(String messsage){
  if (mEventSink != null) {
    mEventSink.success(messsage);
  }else{
    Log.e("ERROR","EventSink is null");
  }
}
//定时器
private Timer mTimer;

//开始计时
private void startTimer(){
  mTimer= new Timer();
  //异步任务
  Timer-0
  TimerTask task = new TimerTask() {
    @Override
    public void run() {
      try {
        //主线程回调
        mHandler.post(new Runnable() {
          @Override
          public void run() {
          //向 Flutter 中发送消息
            eventSendMessageFunction(System.currentTimeMillis()+"");
          }
        });

      } catch (Exception e) {
        e.printStackTrace();
      }
    }
  };
  //启动任务 延时 1.2s，每 1s 执行一次
  mTimer.schedule(task,1200,1000);
}
///取消定时任务
private void stopTimer(){
  mTimer.cancel();;
}
```

在 iOS 中实现过程也类似，首先是注册兼听通道，如代码清单 9-21 所示（详见 https://github.com/zhaolongs/flutter_book_jixie/blob/v1/flutter_native_message_app/ios/Runner/AppDelegate.m），此处的实现与上述在 Android 中的实现过程是一致的，所以不过多阐述。

需要注意的是，在 AppDelegate.h 中需要遵循协议 FlutterStreamHandler，如下所示。

```
#import <Flutter/Flutter.h>
#import <UIKit/UIKit.h>

@interface AppDelegate : FlutterAppDelegate<FlutterStreamHandler>

@end
```

9.1.4 Flutter 调用 Android 原生 TextView

首先第一步就是创建 Android 原生的自定义 View，需要继承于 PlatformView，然后在

TestTextView 构造函数中创建 Android 原生的 View，在这里使用了 Android 原生文本组件 TextView。

```
///代码清单 9-22 创建 Android 原生自定义 View
///app/src/main/java/com/studyyoun/flutter_native_message_app/TestTextView.java
public class TestTextView implements PlatformView {

    ///这里使用的是一个 TextView
    private final TextView mTestTextView;
    //初始化时 Flutter 传递过来的参数
    TestTextView(Context context, int id, Map<String, Object> params) {
        //创建 TextView
        TextView lTextView = new TextView(context);
        //设置文字
        lTextView.setText("Android 的原生 TextView aas ");
        this.mTestTextView = lTextView;

        //Flutter 传递过来的参数
        if (params!=null&&params.containsKey("content")) {
            String myContent = (String) params.get("content");
            lTextView.setText(myContent);
        }
    }

    @Override
    public View getView() {
        return mTestTextView;
    }

    @Override
    public void dispose() {}
}
```

然后第二步就是创建一个 PlatformViewFactory 来关联上述自定义的 TestTextView，代码如下。

```
///代码清单 9-23 PlatformViewFactory 创建
///app/src/main/java/com/studyyoun/flutter_native_message_app/TestView Factory.java
public class TestViewFactory extends PlatformViewFactory {


    public TestViewFactory() {
        super(StandardMessageCodec.INSTANCE);
    }

    /**
     * @param args args 是由 Flutter 传过来的自定义参数
     */
    @SuppressWarnings("unchecked")
    @Override
    public PlatformView create(Context context, int id, Object args) {
        //Flutter 传递过来的参数
        Map<String, Object> params = (Map<String, Object>) args;
        //创建自定义的 TestTextView
        return new TestTextView(context, id, params);

    }
```

```
    ///需要在 MainActivity 的 onCreate 方法中调用
    public static void registerWith(FlutterEngine flutterEngine) {
        //通过 platformViewsController 来获取 Registry
        PlatformViewRegistry registry = flutterEngine.GetPlatformViews-Controller().getRegistry();

        //通过工厂类 PlatformViewRegistry 注册 Android 原生 View
        //参数一就是 设置标识
        //参数二就是 自定义的 Android 原生 View
        registry.registerViewFactory("com.flutter_to_native_test_textview",new TestViewFactory());
    }
}
```

第三步就是在 MainActivity 中绑定自定义的 TestViewFactory，代码如下。

```
//代码清单 9-24 MainActivity 中注册
//Flutter 项目中 默认创建的这个 MainActivity
public class MainActivity extends FlutterActivity {

    @Override
    protected void onCreate(Bundle savedInstanceState) {
        super.onCreate(savedInstanceState);
        //这是我们新创建的插件
        TestViewFactory.registerWith(getFlutterEngine());
    }
}
```

最后就是在 Flutter 中通过 AndroidView 来加载 Android 原生中自定义的原生文本组件 TextView，代码如下。

```
  //代码清单 9-25 AndroidView 的基本使用
//lib/src/android_view_page.dart
  buildAndroidView() {
    return Container(
      height: 200,
      child: AndroidView(
        //设置标识
        viewType: "com.flutter_to_native_test_textview",
        //参数
        creationParams: {
          "content": " 34erw3 ",
        },
        onPlatformViewCreated: (int id) {
          //Android 原生的 View 创建后的回调
        },
        //参数的编码方式
        creationParamsCodec: const StandardMessageCodec(),
      ),
    );
  }
```

9.1.5 Flutter 调用 iOS 原生 UIView

第一步创建 iOS 原生 View，需要继承于 FlutterPlatformView，如代码清单 9-26 和代码清单 9-27 所示，在 FlutterIosTextLabel.m 中创建了 UILabel 来显示文本代码详见 https://github.com/zhaolongs/flutter_book_jixie/blob/v1/flutter_native_message_app/ios/Runner/FlutterIosTextLabel.h（代

码清单 9-26）和 https://github.com/zhaolongs/flutter_book_jixie/blob/v1/ flutter_native_message_app/ios/Runner/FlutterIosTextLabel.m（代码清单 9-27）。

第二步就是定义 FlutterPlatformViewFactory，用来构建装载 FlutterIosTextLabel，代码如下。

```
//代码清单 9-28 iOS 中 FlutterPlatformViewFactory 创建使用
//ios/Runner/FlutterIosTextLabelFactory.h
#import <Foundation/Foundation.h>
#import <Flutter/Flutter.h>
NS_ASSUME_NONNULL_BEGIN

@interface FlutterIosTextLabelFactory : NSObject<FlutterPlatformViewFactory>

- (instancetype)initWithMessenger:(NSObject<FlutterBinaryMessenger>*)messager;

+ (void)registerWithRegistrar:(nonnull NSObject<FlutterPluginRegistrar> *) registrar ;
@end

NS_ASSUME_NONNULL_END
```

```
//代码清单 9-29
//ios/Runner/FlutterIosTextLabelFactory.m
#import "FlutterIosTextLabelFactory.h"
#import "FlutterIosTextLabel.h"

@implementation FlutterIosTextLabelFactory{
    NSObject<FlutterBinaryMessenger>*_messenger;
}

//设置参数的编码方式
-(NSObject<FlutterMessageCodec> *)createArgsCodec{
    return [FlutterStandardMessageCodec sharedInstance];
}

//用来创建 iOS 原生 view
- (nonnull NSObject<FlutterPlatformView> *)createWithFrame:(CGRect)frame viewIdentifier:
(int64_t) viewId arguments:(id _Nullable)args {
    //args 为 Flutter 传过来的参数
    FlutterIosTextLabel *textLagel = [[FlutterIosTextLabel alloc] initWith WithFrame:frame
viewIdentifier:viewId arguments:args binaryMessenger:_messenger];
    return textLagel;
}

+ (void)registerWithRegistrar:(nonnull NSObject<FlutterPluginRegistrar> *) registrar {
    //注册插件
    //注册 FlutterIosTextLabelFactory
    //com.flutter_to_native_test_textview 为 Flutter 调用此 textLabel 的标识
    [registrar  registerViewFactory:[[FlutterIosTextLabelFactory  alloc]initWithMessenger:
registrar.messenger] withId:@"com.flutter_to_native_test_textview"];
}

- (instancetype)initWithMessenger:(NSObject<FlutterBinaryMessenger> *)messager{
    self = [super init];
    if (self) {
        _messenger = messager;
    }
    return self;
```

```
}

@end
```

第三步就是将自定义的 FlutterIosTextLabelFactory 注册关联，代码如下。

```
#import "AppDelegate.h"
#import "GeneratedPluginRegistrant.h"
#import "FlutterIosTextLabelFactory.h"

@implementation AppDelegate

-(BOOL)application:(UIApplication *)application
didFinishLaunchingWithOptions:(NSDictionary *)launchOptions {
    // 默认 需要保留
    [GeneratedPluginRegistrant registerWithRegistry:self];

    [FlutterIosTextLabelFactory registerWithRegistrar:[self registrarForPlugin: @"Flutter
IosTextLabelPlugin"]];

    return [super application:application didFinishLaunchingWithOptions: launchOptions];
}
}
```

最后就是在 Flutter 中使用 UiKitView 加载自定义的 iOS 原生 UILabel，代码如下。

```
///代码清单 9-30 通过 UiKitView 来加载 iOS 原生 View
///lib/src/android_view_page.dart
buildUIKitView() {
  return Container(
    height: 200,
    child: UiKitView(
      //标识
      viewType: "com.flutter_to_native_test_textview",
      creationParams: {
        "content": "flutter 传入的文本内容",
      },
      //参数的编码方式
      creationParamsCodec: const StandardMessageCodec(),
    ),
  );
}
```

9.2 插件发布

在业务应用场景中，如相机、相册、录音、蓝牙等一些需要调用 Android、iOS 原生的方法来实现，便捷的一种方式就是开发插件。

开发插件就必须要创建插件项目，在图 9-1 中选择第二个选项 Flutter Plugin，然后单击“Next”（下一步），就会进入如图 9-6 所示的 Flutter 插件项目的基本配置页面。

然后单击“Next”按钮，进入如图 9-7 所示的插件基本信息配置页面，Package name 配置的是插件的唯一标识。

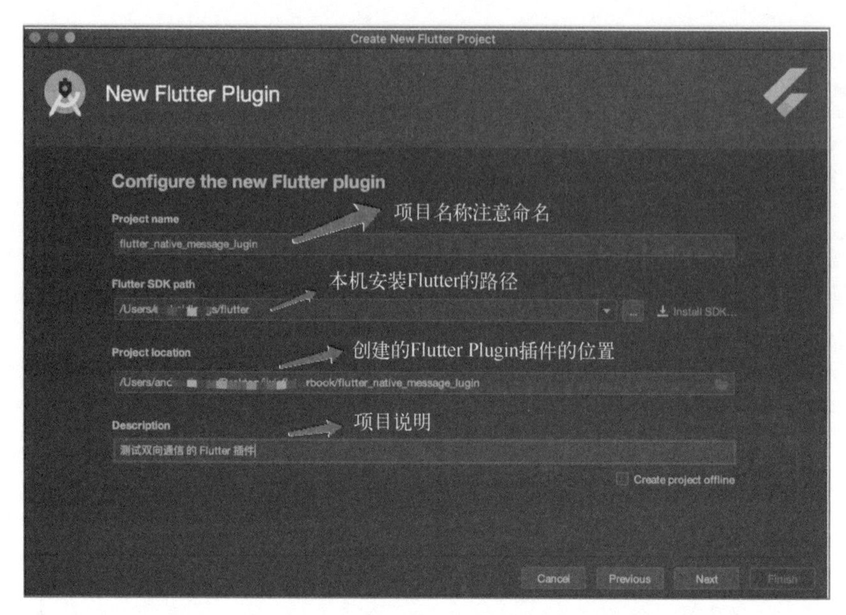

图 9-6　Android Studio 的工具栏中创建依赖库项目

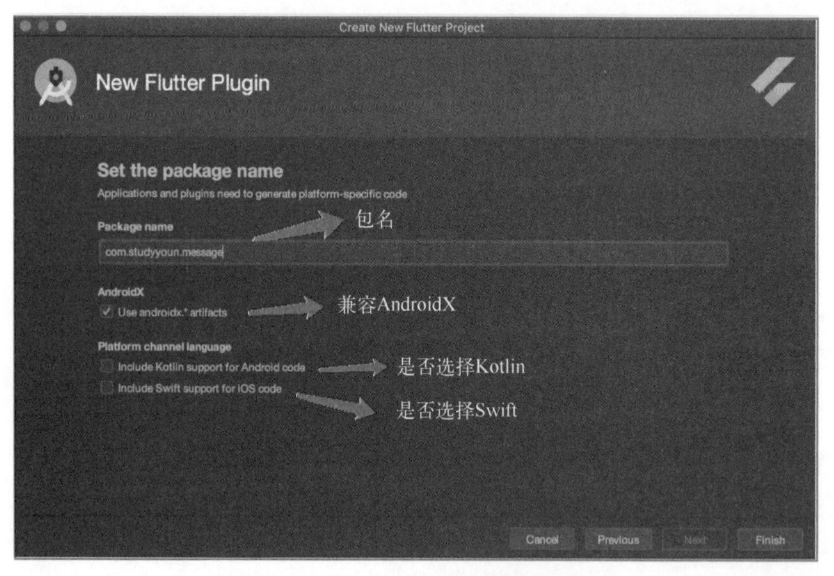

图 9-7　配置包名与开发平台使用的语言

如图 9-8 所示为创建的 Flutter Plugin 项目，构建完成后的项目目录结构以及文件说明如下。

1）Android 目录用来编写 Android 平台相关的代码，默认创建使用的是 Java 语言。

2）ios 目录用来编写 iOS 平台相关的代码，默认创建使用的是 Object-C 语言。

3）lib 文件夹是编写与 native 层映射的地方，是 Dart 语言范畴，原生 Android 和 iOS 与 Flutter 之间不能直接通信，必须通过 MethodChannel 来间接调用。

4）example 文件夹则是例子工程，编写的插件可以直接在这个项目中进行验证。

5）test 文件夹则是用于单元测试。

6）CHANGELOG.md 文件，md 格式，用做如图 9-6 中所示的 pub 仓库中 Changelog 所加载

显示的文件内容，在向插件市场 pub 仓库提交时必填，当然格式也需要注意下，后续插件提交中会详细说明。

7）LICENSE 文件就是开源协议。

8）pubspec.yaml 就是插件所使用配置文件。

9）README.md 文件就是项目插件的说明文档，用做如图 9-6 所示的 Readme 中所加载显示的内容。

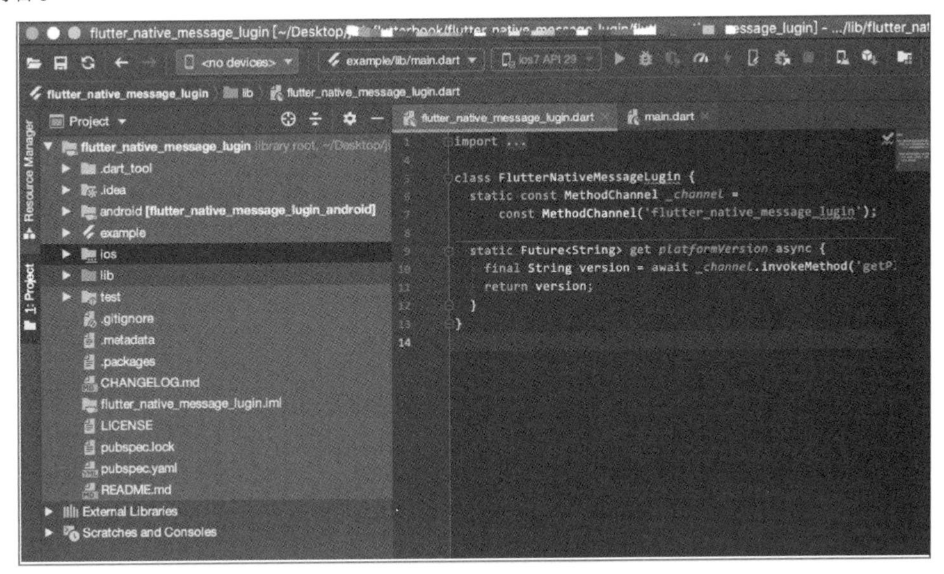

图 9-8　Flutter Plugin 项目目录结构图

然后插件创建好后，在 android 目录中编写 Android 平台中的功能代码，在 ios 目录下编写 iOS 平台中的功能，然后使用 9.1 章节中处理 Flutter 与原生的通信技术来进行数据处理。

9.2.1　插件发布前的准备

插件发布一般是指写成的开源项目发布到 pub 仓库中以提供给其他开发者使用，在发布 pub 仓库之前需要一些基本配置。

开源许可证的 LICENSE 文件配置，官方建议使用 BSD 许可证，BSD 开源协议是一个给予使用者很大自由的协议。使用者可以自由地使用、修改源代码，也可以将修改后的代码作为开源或者专有软件再发布。

开发的插件经过 gzip 压缩后，包的大小必须小于 10MB，如果大于 10MB 则可考虑分成多个包或者减少各种资源的依赖。

需要有一个谷歌账号，并且绑定邮箱，用来发布插件使用。

必须设置 CHANGELOG.md 文件的各版本信息配置的内容会在 pub.dev（国内 https://pub.flutter-io.cn/）网站中的 Versions 标签中展示，如图 9-9 所示。

需要配置一个 example 文件夹，然后创建一个 main.dart 用于编写插件的使用案例，对应的 pub.dev 网站中的 example 标签就可以加载显示出来。

example 文件夹中也可以配置一个完整的 Flutter 项目结构的使用案例，如图 9-10 所示，这种方式在 pub.dev 网站中的 example 标签加载的是 example/lib/main。

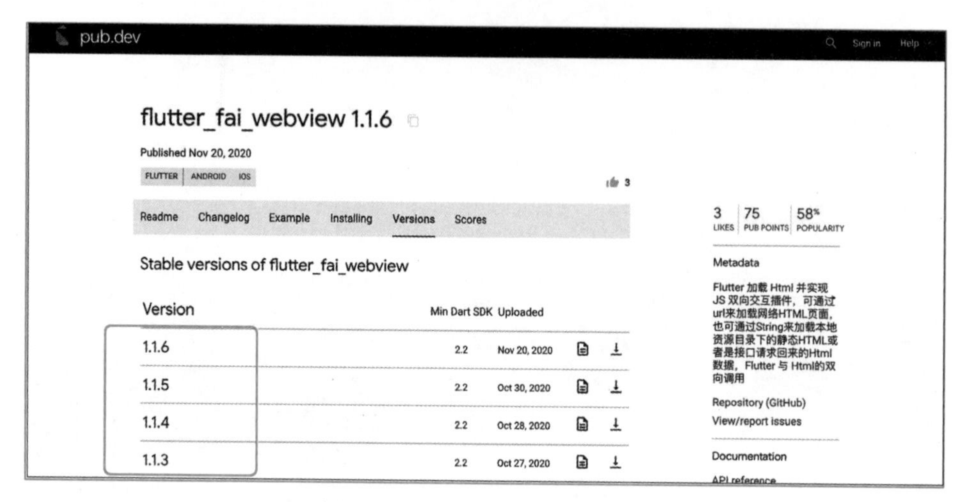

图 9-9　pub.dev 仓库版本说明图

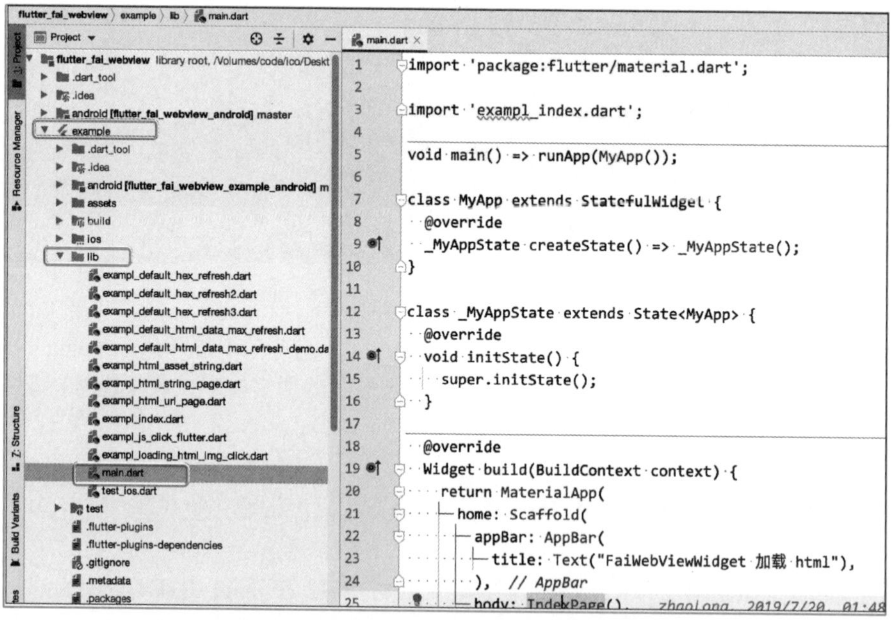

图 9-10　Android Studio 中 example 说明图

pubspec.yaml 基本配置文件参考范文如下。

```
name: flutter_fai_webview
description: 插件说明
version: 1.1.6
homepage: https://github.com/zhaolongs/Flutter_Fai_Webview.git

environment:
  sdk: ">=2.2.0 <3.0.0"
  flutter: ">=1.12.0 <2.0.0"
dependencies:
  flutter:
    sdk: flutter
```

```
dev_dependencies:
  flutter_test:
    sdk: flutter
```

9.2.2 插件发布 pub 仓库

插件开发好以及基本配置完成后，首先第一步是需要验证一下代码，可在插件根目录下执行如图 9-11 所示命令（用来检查插件项目是否有错误）。

```
Flutter packages pub publish -- dry-run
```

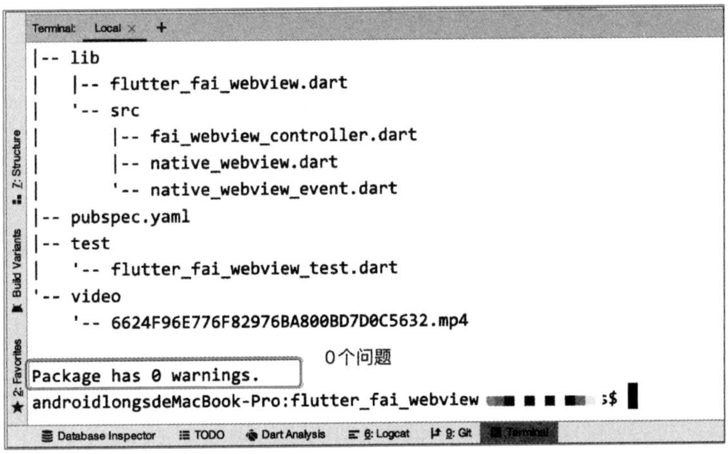

```
|-- lib
|   |-- flutter_fai_webview.dart
|   '-- src
|       |-- fai_webview_controller.dart
|       |-- native_webview.dart
|       '-- native_webview_event.dart
|-- pubspec.yaml
|-- test
|   '-- flutter_fai_webview_test.dart
'-- video
    '-- 6624F96E776F82976BA800BD7D0C5632.mp4
                                          0个问题
Package has 0 warnings.
androidlongsdeMacBook-Pro:flutter_fai_webview ■■ ■ ■ ■■ :$
```

图 9-11　验证插件代码

验证是否可连接到 Google，命令如下。

```
curl -vv https://www.google.com
```

如图 9-12 所示，当终端运行校验命令后，有大量代码出现时，代表可通过终端（命令行工具）访问到谷歌。

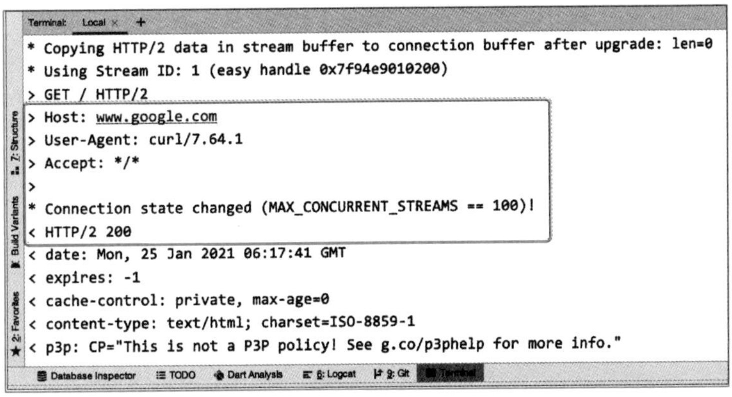

```
* Copying HTTP/2 data in stream buffer to connection buffer after upgrade: len=0
* Using Stream ID: 1 (easy handle 0x7f94e9010200)
> GET / HTTP/2
> Host: www.google.com
> User-Agent: curl/7.64.1
> Accept: */*
>
* Connection state changed (MAX_CONCURRENT_STREAMS == 100)!
< HTTP/2 200
< date: Mon, 25 Jan 2021 06:17:41 GMT
< expires: -1
< cache-control: private, max-age=0
< content-type: text/html; charset=ISO-8859-1
< p3p: CP="This is not a P3P policy! See g.co/p3phelp for more info."
```

图 9-12　验证终端访问谷歌

终端可以访问谷歌后，就发布如下局插件命令。

```
sudo flutter packages pub publish -v
```

执行发布命令后，会先检测项目结构是否合法，然后会出现如图 9-13 所示的界面，输入 y 表示同意发布。

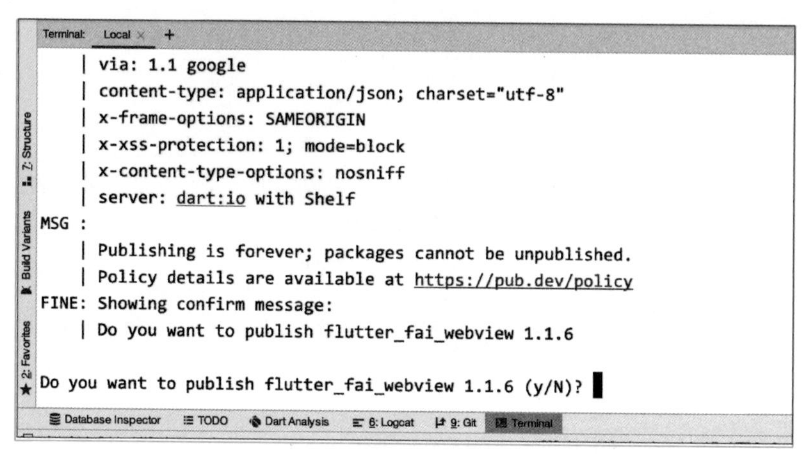

图 9-13　插件发布

第一次上传，会要求登录谷歌账号，终端会出现一个 url 地址，通过浏览器打开这个 url 地址，允许登录谷歌账号进行验证，确认登录后，浏览器会回调给 Android Studio，然后 Android Studio 开始连接谷歌并上传插件包。

小结

本节概述了 Flutter 与原生 Android 与 iOS 平台双向通信的方式、在 Flutter 中嵌入原生 View 的方法，以及插件的开发，通过本章的内容，可以很容易地处理在 Flutter 项目开发中使用到原生平台的需求，如自定义相机、视频、音频、蓝牙以及各种第三方原生 SDK 的支持使用。

第10章 文件操作与网络请求

异步编程常用于网络请求、缓存数据加载、本地File图片加载、定时与延时任务等，本章内容如下。

1）异步编程 Future、Timer 的使用分析以及任务队列分析。

2）File 文本的读写、SharedPreferences 轻量级数据缓存、sqflite 数据库操作。

3）网络请求库 Dio 的详细使用分析，GET、POST、文件上传、文件下载、公共请求参数、请求代理、取消网络请求、JSON 数据组件等。

10.1 异步编程

在 Flutter 开发中，使用 async 关键字开启一个异步开始处理，使用 await 关键字来等待处理结果，这个结果通常是一个 Future 对象。Future 表示延迟计算的对象，Future 用于表示将来某个时间可用的潜在值或错误，也就是用来处理异步结果。

10.1.1 Flutter 异步编程 async 与 await 的基本使用

如处理一个网络请求，或者是加载一个图片、文件，需要异步加载，通过 async 与 await 的组合可以实现这个操作，基本使用代码如下。

```
/// 代码清单 10-1 async 基本使用
///lib/code/code10/example_1001_baseUse.dart
///async 关键字声明该函数内部有代码需要延迟执行
Future<bool> getData() async {
  //模拟一个耗时操作  延时 1s
  //await 关键字声明运算为延迟执行，然后 return 运算结果
  //await 关键字声明后当前线程分阻塞在这里
  await Future.delayed(Duration(milliseconds: 1000), () {
    print("延时 1 秒 的操作");
  });
  print("执行完成");
  return true;
}
```

运行日志视图如图 10-1 所示。

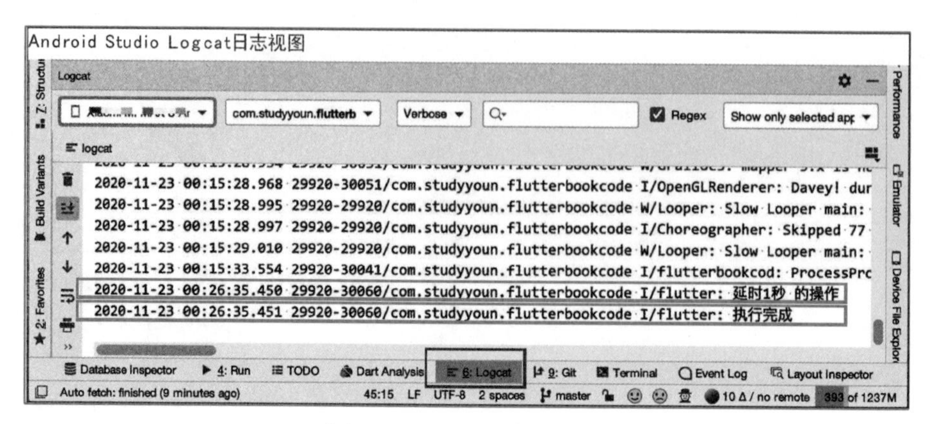

图 10-1　Locat 运行日志图

在代码清单 10-2 中执行了两个异步任务，这两个异步任务是串行的，也就是代码清单 10-2 中的 10-2-1 异步执行完毕后，获取到结果 result，然后再开启异步执行 10-2-2，在实际项目可应用于使用第一个网络请求的结果来动态加载第二个网络请求或者是其他分类别的异步任务。多个耗时任务运行日志如图 10-2 所示。

```
/// 代码清单 10-2 async 多个 await
///lib/code/code10/example_1001_baseUse.dart
Future<bool> getData2() async {
  print("第一个耗时任务开始执行");

  //10-2-1
  //模拟一个耗时操作　延时 1s
  await Future.delayed(Duration(milliseconds: 1000), () {
    print("第一个耗时任务执行完成");
  });
  print("第二个耗时任务开始执行");

  //10-2-2
  //模拟一个耗时操作　延时 2s
  await Future.delayed(Duration(milliseconds: 1000), () {
    print("第二个耗时任务执行完成");
  });
  print("执行完成");
  return true;
}
```

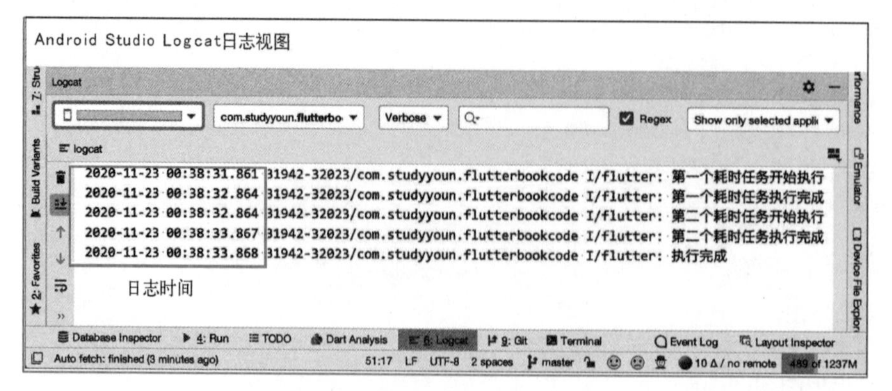

图 10-2　多个耗时任务运行日志图

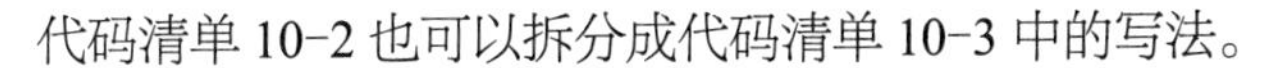
代码清单 10-2 也可以拆分成代码清单 10-3 中的写法。

```
/// 代码清单 10-3 async 多个 await
///lib/code/code10/example_1001_baseUse.dart
Future<String> getData3() async {
  //await 关键字声明运算为延迟执行，然后 return 运算结果
  String result = await getDataA();
  String result2 = await getDataB();
  return Future.value(result2);
}

Future<String> getDataA() async {
  //await 关键字声明运算为延迟执行，然后 return 运算结果
  await Future.delayed(Duration(milliseconds: 1000), () {
    print("第一个耗时任务执行完成");
  });
  return Future.value("执行完毕");
}

Future<String> getDataB() async {
  //await 关键字声明运算为延迟执行，然后 return 运算结果
  await Future.delayed(Duration(milliseconds: 1000), () {
    print("第二个耗时任务执行完成");
  });
  return Future.value("执行完毕");
}
```

对于代码清单 10-3 中异步处理 getDataA()与 getDataB()，可以分别加入异常捕捉机制（见代码清单 10-4），以确保在异步处理之间不会相互影响，当出现异常时也可以针对性地处理，代码如下。

```
/// 代码清单 10-4 async 多个 await
///lib/code/code10/example_1001_baseUse.dart
Future<String> getDataA1() async {
  String result = "";
  try {
    await Future.delayed(Duration(milliseconds: 1000), () {
      print("第一个耗时任务执行完成");
    });
    result = "执行完毕";
  } catch (e) {
    result = "出现异常";
  } finally {
    return Future.value(result);
  }
}

Future<String> getDataB1() async {
  String result = "";
  try {
    await Future.delayed(Duration(milliseconds: 1000), () {
      print("第二个耗时任务执行完成");
    });
  } catch (e) {
    result = "出现异常";
  } finally {
    return Future.value(result);
  }
}
```

综上所述，串行调用两个异步任务的一般写法如下所示。

```
void test() async{
  await getDataA();
  await getDataB();
}
```

也可以用 Future 提供的 then 函数，代码如下。

```
void test() async {
  getDataA().then((value1) {
    ///值 value1 就是 getDataA 中返回的结果
    getDataB().then((value2) {
      ///值 value2 就是 getDataB 中返回的结果
    });
  });
}
```

10.1.2 延时任务与定时任务概述

在 Flutter 中实现延时操作有两种方式，一种是通过 Future，另一种是通过 Timer，常用方法见 10.1.3 节。

在 Flutter 中，使用 Future 来实现延时 1 秒的操作，代码如下。

```
///方式一 参数一 延时的时间 参数二 延时执行的方法
Future.delayed(Duration(milliseconds: 1000), () {
  print("延时 1 秒执行");
});

///方式二
Future.delayed(Duration(milliseconds: 1000)).whenComplete((){
  print("延时 1 秒执行 whenComplete ");
});

///方式三
Future.delayed(Duration(milliseconds:1000)).then((value){
  print("延时 1 秒执行 then ");
});
```

Future 的 then 函数返回值类型为一个 Future 对象，所以支持链式调用，组合在一起就是串行方式调用。

```
/// 代码清单 10-5
Future.delayed(Duration(milliseconds: 1000), () {
   print("延时 1 秒执行");
   return Future.value("测试数据");
 }).then((value) {//函数一
   print(" then  $value");
   //也可以再来异步任务
   return Future.value("测试数据 2");
 }).then((value) {///函数二
   print(" then  $value");
   return Future.value("测试数据 2");
 }).then((value) {//函数三
   ///value 就是 函数一中回传的值
   print(" then  $value");
 });
```

假如在 then 函数中任何一个环节出现了异常，那么后续的函数将会被中断执行，如代码清单 10-5 中的 then 函数一出现了问题，then 函数二与三就都不会执行，相当于程序线程停止在这里了，对于手机界面来讲就是无响应或者是红屏显示。

Future 的 whenComplete 方法，类似于 try-catch-finally 中的 finally 块，所以使用 whenComplete 来结束多个异步操作是一个合适的解决方案，如代码清单 10-6 所示。

```
/// 代码清单 10-6
Future.delayed(Duration(milliseconds: 1000), () {
  print("延时 1 秒执行");
  return Future.value("测试数据");
}).then((value) {//函数一
  print(" then  $value");
  return Future.value("测试数据 2");
}).then((value) {///函数二
  print(" then  $value");
  throw 'Error!';
  return Future.value("测试数据 3");
}).then((value) {//函数三
  ///value 就是 函数一中回传的值
  print(" then  $value");
}).catchError((err) {
  print('Caught $err'); // Handle the error.
},test: (e){
  print('Caughte  $e'); // Han
  return e is String;
}).whenComplete((){
  print("程序执行完成");
});
```

在代码清单 10-6 中也使用到了 catchError 函数，当 then 这几个函数中任何一个处理出现异常，都会回调此方法，如这里在函数二中通过 throw 抛出的一个异常，在 catchError 函数中捕捉到这个异常，然后回调 test 方法块，再回调 catchError 的参数一的函数处理，类似 try-catch-finally 中的 catch。

通过 Timer 来实现延时 2s 的操作，代码如下。

```
///延时 2s
Timer timer =  new Timer(Duration(milliseconds: 2000), (){

});
```

从源码的角度来看，Future 中实现的延时操作也是通过 Timer 来实现的，在实际开发中，如果只是一个单纯的延时操作，建议使用 Timer，其操作应用见 https://github.com/zhaolongs/flutter_book_jixie/blob/v1/flutter_book_code_video/lib/demo/future/timer_delayed_page.dart（代码清单 10-7），以及 https://github.com/zhaolongs/flutter_book_jixie/blob/v1/flutter_book_code_video/lib/code/code10/example_1002_baseUse.dart（代码清单 10-8）。在当前 Widget 销毁时取消延时任务，可避免内存泄漏。

10.1.3 Future 与 Timer 常用方法概述

Future 用来处理异步操作结果，在注册回调时，通常的做法是分别注册两个回调，首先使用 then 和一个参数（值处理程序），然后使用第二个 catchError 处理错误。

```
///异步任务的常用写法
```

```
Future<String> testAsync() async {
  try {
    return "正确的值 ";
  } catch (e) {
    return "错误的值 ";
  }
}
```

Flutter 的构造方法描述如下。

```
//1
Future(FutureOr<T> computation())
//2
Future.delayed(Duration duration, [FutureOr<T> computation()])
//3
Future.error(Object error, [StackTrace? stackTrace])
//4
Future.microtask(FutureOr<T> computation())
//5
Future.sync(FutureOr<T> computation())
//6
Future.value([FutureOr<T>? value])
```

1）通过构造方法来创建，并将构建的方法任务添加到当前程序的事件队列中。

2）创建一个延迟指定时间的异步任务，参数一 duration 为延迟的时间，参数二为回调的函数，在回调函数中没有返回任何值时，将会默认为 null。

3）创建一个错误回调，如在异步任务中判断为错误的结果时，可使用此方法，如代码清单 10-9 所示，测试运行效果如图 10-3 所示。

```
/// 代码清单 10-9 Future.error
/// lib/code/code10/example_1003_baseUse.dart
void testError() async {
  Future.delayed(Duration(milliseconds: 1000), () {
    print("延时 1 秒执行");
    // return Future.value("测试数据");
    //参数一是 任意的数据类型
    //参数二是 异常信息  将会在 catchError 中的 test 函数中接收到
    return Future.error(
      "发生错误了",
      StackTrace.fromString("这里是错误消息"),
    );
  }).then((value) {
    //当延时任务正常执行时 有返回值 Future.value("测试数据")
    //或者无返回值 这里的 value 为 null 都会执行到这晨
    print(" then  $value");
    return Future.value("测试数据 2");
  }).catchError((err) {
    //当上面的两个任务中有 Future.error 抛出时
    //会被这里捕捉到
    print('Caught $err'); // Handle the error.
  }, test: (e) {
    print('Caughte  $e'); // Han
    return e is String;
  }).whenComplete(() {
    print("程序执行完成");
  });
}
```

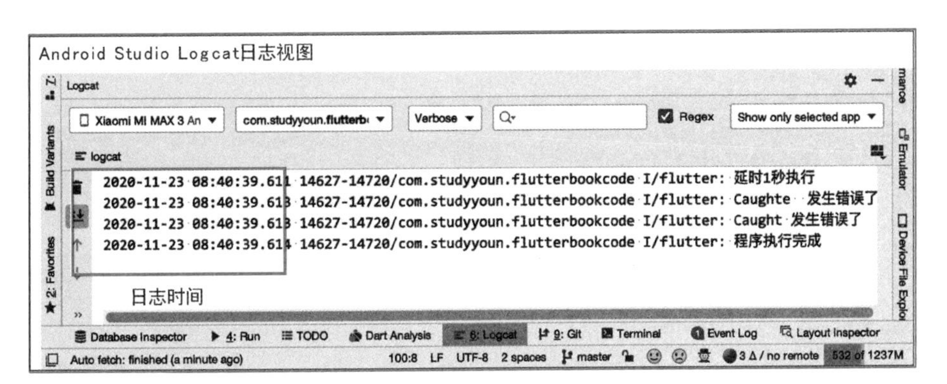

图 10-3　Future error 方法测试运行日志图

4）microtask 方法用于将任务添加到主消息任务队列中，在 10.1.4 节中有说明。

5）sync 方法用于将任务添加到当前的消息任务队列中。

6）value 方法用于将一个普通的计算结果构建成一个 Future 对象体。

Future 的对象方法汇总描述如下。

```
/// 代码清单 10-10 Future 对象方法概述
/// lib/code/code10/example_1003_baseUse.dart
void testTimeOut() async {
  //testA 是个异步任务
  testA().then((value) {
    //testA 方法执行完成后执行这里
  }).timeout(Duration(milliseconds: 1000), onTimeout: () {
    //这里配置的为 1s
    //例如 testA 异步方法中执行的时间超过了 11s
    //就会回调到这里
  }).catchError((e) {
    //有 Future Error 错误时执行这里
    //或者是由 throw 关键字抛出异常时
  }).whenComplete(() {
    //最终执行的方法
  });
}

Future<String> testA() async {
  await Future.delayed(Duration(milliseconds: 1200));
  //耗时异步任务
  return Future.value("testA 执行完成");
}
```

Future 的 doWhile 方法用来循环执行一定量的任务，可以是同步的任务也可以是异步的任务，代码如下。

```
/// 代码清单 10-11 模拟的定时任务
/// lib/code/code10/example_1003_baseUse.dart
int _whileNumber=3;
void testdoWhile() async {

  //用来执行一定数量的任务，如这里的定时
  await Future.doWhile(() async {
    // wait 方法用来阻塞当前任务，获取到另一个 Future 结果
    // 后继续执行
    //await Future.wait([testA()]);
```

```
    await Future.delayed(Duration(milliseconds: 1000));
    _whileNumber++;
    print("任务执行 doWhile $_whileNumber");
    //返回 true 继续执行，反之退出
    return _whileNumber > 10 ? false : true;
  });

  print("任务执行完成 $_whileNumber");
}

Timer 计时器，Timer 的构造函数描述如下：
//1
Timer(Duration duration,void callback())
//2
Timer.periodic(Duration duration,void callback(Timer timer))
//3
static void run(void Function() callback)
```

1）Timer 默认构造函数创建的是一个倒计时的功能（延时功能）。

2）Timer.periodic 创建的是一个间隔一定时间的计时器。

3）静态方法 run 用来快速创建一个任务添加到当前任务队列中，相当于使用 Timer 默认构造创建的一个 Duration.zero 无延迟的任务执行。

Timer 的常用方法如下。

```
///计时器
Timer _timer;
//计时器是否在活跃
bool isActive =_timer.isActive;
//停止计时器
_timer.cancel();
```

10.1.4 Future 任务原理分析

大部分操作系统（如 Windows、Linux）的任务调度是采用时间片轮转的抢占式调度方式，对于单核 CPU 来讲，并行执行两个任务，实际上是 CPU 在进行着快速的切换，对用户来讲感觉不到有切换停顿，就好比 220V 交流电灯光显示原理一样，也就是说一个任务执行一小段时间后强制暂停去执行下一个任务，每个任务轮流执行。

任务执行的一小段时间叫作时间片，任务正在执行时的状态叫作运行状态，任务执行一段时间后强制暂停去执行下一个任务，被暂停的任务就处于就绪状态等待下一个属于它的时间片的到来，任务的停与执行切换，称之为任务调度。

计算机的核心是 CPU，它承担了所有的计算任务，而操作系统是计算机的管理者，它负责任务的调度、资源的分配和管理，操作系统中运行着多个进程，每一个进程是一个具有一定独立功能的程序在一个数据集上的一次动态执行的过程，是应用程序运行的载体。

操作系统会以进程为单位，分配系统资源（CPU 时间片、内存等资源），进程是资源分配的最小单位，也就是操作系统的最小单位。

线程是进程中的概念，一个进程中可包含多个线程，任务调度采用的是时间片轮转的抢占式调度方式，进程是任务调度的最小单位。默认情况下，一般一个进程里只有一个线程，进程本身就是线程，所以线程可以被称为轻量级进程。

协程是一种基于线程，但又是比线程更加轻量级的存在，是线程中的概念，一个线程可以拥有多个协程。

在传统的 J2EE 体系中，都是基于每个请求占用一个线程去完成完整的业务逻辑（包括事务），所以系统的吞吐能力取决于每个线程的操作耗时。如果遇到很耗时的 I/O 行为，则整个系统的吞吐立刻下降，因为这个时候线程一直处于阻塞状态，如果线程很多，会存在很多其他的线程在等待的情况，空闲状态（等待前面的线程执行完才能执行）造成了资源应用不彻底。

最常见的例子就是同步阻塞的 JDBC，在连接过程中线程根本没有利用 CPU 去做运算，而是处在等待状态，而另外过多的线程，也会带来更多的 ContextSwitch（上下文切换）开销。

在协程的作用下，当出现长时间的 I/O 操作时，协程通过让出当前占用的任务通道，执行下一个任务的方式，在线程中实现任务调度，来消除 ContextSwitch 上的开销，避免了陷入内核级别的上下文切换造成的性能损失，进而突破了线程在 I/O 上的性能瓶颈。从编程角度上看，协程的思想本质上就是控制流的主动让出（Yield）和恢复（Resume）机制。

将使用 Flutter 开发的 APP 安装在手机上，当点击 APP 图标启动时，手机操作系统会为当前 APP 创建一个进程，然后在 Flutter 项目中通过 main 函数启动 Flutter 构建的项目。

Dart 是基于单线程模型的语言，所以在 Flutter 中，一般的异步操作实际上还是通过单线程通过调度任务优先级来实现的。

Dart 中的线程机制被称为 isolate，在 Flutter 项目中，运行中的 Flutter 程序由一个或多个 isolate 组成，默认情况下启动的 Flutter 项目，通过 main 函数启动就是创建了一个 main isolate，它 Flutter 的主线程，或者是 UI 线程。

单线程模型中主要就是在维护着一个事件循环（Event Loop）与两个队列（event queue 和 microtask queue）。当 Flutter 项目程序触发如点击事件、I/O 事件、网络事件时，它们就会被加入 eventLoop 中，eventLoop 一直在循环之中，当主线程发现事件队列不为空时，就会取出事件，并且执行。

microtask queue（主队列）只处理在当前 isolate 中的任务，优先级高于 event queue，好比机场里的某个 VIP 候机室，总是 VIP 用户先登机了，才开放公共排队入口，如果在 event 事件队列中插入 microtask，当前 event 执行完毕即可插队执行 microtask 事件，microtask queue 队列的存在为 Dart 提供了给任务队列插队的解决方案。

当事件正在循环处理 microtask 事件时，event queue（事件队列）会被堵塞。这时候 APP 就无法进行 UI 绘制，响应鼠标事件和 I/O 等事件。

主队列和事件队列这两个任务队列中的任务切换机制与协程调度机制是一致的。

Future 就是 event，每一个被 await 标记的句柄也是一个 event，timer 创建的任务也是一个 event，每创建一个 Future 就会把这个 Future 扔进 event queue 中排队。使用 async 和 await 组合，即可向 event queue 中插入 event，实现异步操作。使用 Future 的 microtask 方法用于将任务添加到 microtask queue 任务队列中。

10.1.5 异步加载 FutureBuilder 概述

FutureBuilder 用于将 Future 处理结果与 UI 数据刷新显示完美地结合在一起，基本使用如下。

```
/// 代码清单 10-12 FutureBuilder 的基本使用
/// lib/code/code10/example_1004_FutureBuilder.dart

class _Example1004State extends State {
  Future<String> _testFuture;
```

```
    @override
    void initState() {
      super.initState();
      //模拟一个异步任务，如读取文件、网络请求等
      _testFuture = Future.delayed(Duration(milliseconds: 2000), () {
        return "模拟的数据";
      });
    }

    @override
    Widget build(BuildContext context) {
      return Scaffold(
        backgroundColor: Colors.grey,
        body: Container(
          width: MediaQuery.of(context).size.width,
          color: Colors.white,
          //关键代码
          child: FutureBuilder<String>(
            //绑定 Future
            future: _testFuture,
            //默认显示的占位数据
            initialData: "",
            //需要更新数据对应的 Widget
            builder: (BuildContext context, AsyncSnapshot<String> snapshot) {
              return Text("${snapshot.data}");
            },
          ),
        ),
      );
    }
  }
```

需要注意的是，必须在 initState、didUpdateWidget 或 didChangeDependencies 中构建 Future，在构造 FutureBuilder 时，不能在 State.build 或 StatelessWidget.build 方法调用期间创建它，如果 Future 与 FutureBuilder 同时创建，那么每次重新构建 FutureBuilder 的父类时，都会重新启动异步任务。

10.2 文件 File 的读写

APP 安装包中会包含代码和 assets（资源）两部分，Assets 是会打包到程序安装包中的，可在运行时访问，常见类型有静态数据（如 JSON 文件、JS 文本）、配置文件、图标和图片（JPEG、WebP、GIF、动画 WebP / GIF、PNG、BMP 和 WBMP）以及各种字体等。

在手机存储磁盘上也保存着一些共享的内容，如相册图片或者是其他目录下的文件等，如选择手机中存储的 text 文本文件要上传到服务器，就需要来获取这个文本文件，再如一些不常用大文件，需要保存在手机存储空间中，所以也要用到文件 File 的保存操作。

10.2.1 资源目录 assets 文件读取

在 Flutter 工程项目中可以自定义资源文件的存储目录，如图 10-4 所示，只需要在配置文件中做好路径配置即可。

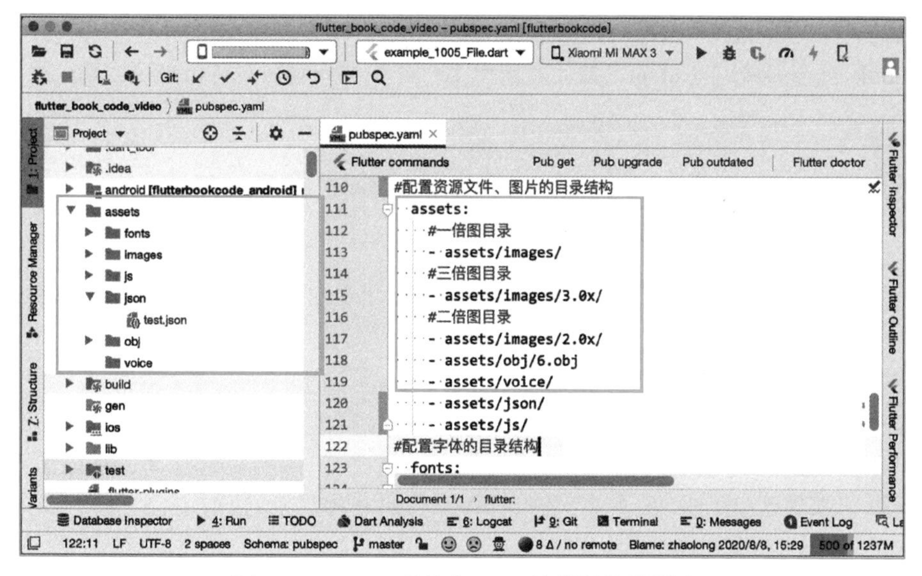

图 10-4　Flutter 项目中 assets 资源目录配置图

每个 Flutter 应用程序都有一个默认创建的 rootBundle 对象，通过它可以轻松访问主资源包，直接使用 package:flutter/services.dart 中全局静态的 rootBundle 对象来加载 asset 即可，如以下的 test.json 文件。

```
{
  "name": "张三",
  "age": 22
}
```

如果需要在程序中获取到这个文件中的内容，可以进行以下操作。

```
/// 代码清单 10-13 加载 assets 路径下的文件 运行日志如图 10-5 所示
/// lib/code/code10/example_1005_File.dart
import 'package:flutter/services.dart';

void loadAssetTestJson() async {
  //注意是文件在 Flutter 项目中的完整路径
  String json = await rootBundle.loadString('assets/json/test.json');
  print("加载完成 $json");
}
```

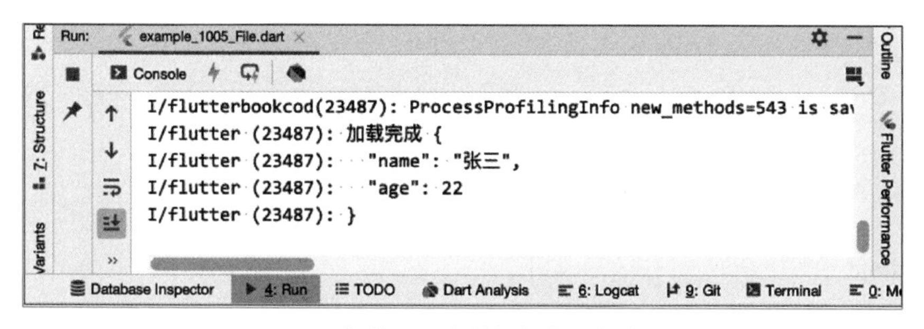

图 10-5　加载 json 文件控制台输出结果图

DefaultAssetBundle 来获取当前 BuildContext 的 AssetBundle。这种方法不是使用应用程序构建的默认 asset bundle，而是使父级 Widget 在运行时动态替换的不同的 AssetBundle，一般可以使用 DefaultAssetBundle.of()在运行期间加载 asset 中的文件，而在 Widget 上下文之外，可以使用 rootBundle 直接加载这些 asset，如代码清单 10-13 中的内容可以进行如下改造。

```
/// 代码清单 10-14 加载 assets 路径下的文件
/// lib/code/code10/example_1005_File.dart
void loadAssetTestJson2() async {
  //注意是 文件 在 Flutter 项目中的完整路径
  String json = await DefaultAssetBundle.of(context).loadString('assets/json/test.json');
  print("加载完成 $json");
}
```

10.2.2 手机磁盘文件读写

Dart 的 I/O 库包含了文件读写的相关类，所以对于文件的读写操作是需要导入 I/O 库。

手机磁盘上的文件读写，首先要获取磁盘上开放的对应的目录空间，在这里使用插件 PathProvider 来实现这个操作，在配置文件 pubspec.yaml 中添加依赖如下。

```
dependencies:
  path_provider: ^1.6.24
```

然后加载依赖，操作如下。

```
flutter pub get
```

在使用的文件中导包如下。

```
import 'package:path_provider/path_provider.dart';
```

Android 和 iOS 的应用存储目录不同，大体可分为两类：临时目录和文档目录。

临时目录: 系统可随时清除的临时目录（缓存）。在 Android 上，对应 getCacheDir()，在 iOS 上，对应于 NSTemporaryDirectory()，使用 PathProvider 来获取临时目录的方法如下。

```
/// 代码清单 10-15  临时目录
/// lib/code/code10/example_1005_File.dart
void getThemPath() async {
  //获取临时目录
  Directory dic = await getTemporaryDirectory();

  String path = dic.path;
  Uri uri =dic.uri;
  //父级目录
  Directory parentDic = dic.parent;
  Directory absolute = dic.absolute;

  print("path:  $path");
  print("uri:  $uri");
  print("parentDic:  $parentDic");
  print("absolute:  $absolute");
}
```

在 Android 手机上获取的日志信息如下。

```
path:  /data/user/0/com.studyyoun.flutterbookcode/cache

uri:  file:///data/user/0/com.studyyoun.flutterbookcode/cache/

parentDic:  Directory: '/data/user/0/com.studyyoun.flutterbookcode'
```

```
absolute: Directory: '/data/user/0/com.studyyoun.flutterbookcode/cache'
```

在 iOS 手机上获取的路径日志信息如下。

```
path:          /var/mobile/Containers/Data/Application/C07A17EA-DFA0-4AE2-BA16-7C8C6E158058/Library/Caches

uri:file:///var/mobile/Containers/Data/Application/C07A17EA-DFA0-4AE2-BA16-7C8C6E158058/Library/Caches/

parentDic:  Directory: '/var/mobile/Containers/Data/Application/C07A17EA-DFA0-4AE2-BA16-7C8C6E158058/Library'

absolute:   Directory:  '/var/mobile/Containers/Data/Application/C07A17EA-DFA0-4AE2-BA16-7C8C6E158058/Library/Caches'
```

文档目录：对应 Android 的 AppData 目录。在 iOS 上，这对应于 NSDocumentDirectory 目录，该目录用于存储只有自己应用可以访问的文件，只有当应用程序被卸载时，系统才会清除该目录，获取方式如下。

```
/// 代码清单 10-16  文档目录
/// lib/code/code10/example_1005_File.dart
void getDocumentPath() async {
  //获取文档目录
  Directory dic = await getApplicationDocumentsDirectory();

  String path = dic.path;
  Uri uri =dic.uri;
  //父级目录
  Directory parentDic = dic.parent;
  Directory absolute = dic.absolute;

}
```

在 Android 平台中，可以获取外部存储目录空间，iOS 则不支持，代码如下。

```
/// 代码清单 10-17 外部存储目录
/// lib/code/code10/example_1005_File.dart
void getExternalPath() async {
  //获取外部存储目录
  Directory dic = await getExternalStorageDirectory();
}
```

File 文件存储适用于保存到这样的目录下，如应用程序必备的升级功能，需要将安装包数据先保存到文档目录中，再如音乐、视频一类的 APP，需要将媒体数据通过 File 保存到磁盘上，在这里提供一个将一个文本字符串信息保存到手机中的示例，代码如下。

```
/// 代码清单 10-18 保存文件
/// lib/code/code10/example_1005_File.dart
void saveFile() async {
  //获取文档目录
  Directory documentsDir = await getApplicationDocumentsDirectory();
  //获取对应的路径
  String documentsPath = documentsDir.path;
  //构建保存文本的路径
  String filePath = '$documentsPath/test.json';
  //创建对应的文件
  File file = new File(filePath);
```

```
  //如果文件不存在就创建
  if (!file.existsSync()) {
    file.createSync();
  } else {
    //否则就删除
    file.delete();
  }
  //向文件中写入字符串数据
  await file.writeAsString("测试数据");

  //直接调用 File 的 writeAs 函数时
  //默认文件打开方式为 WRITE:如果文件存在，会将原来的内容覆盖
  //如果不存在，则创建文件
  //写入 String，默认将字符串以 UTF8 进行编码
  //将数据内容写入指定文件中
  if (file.existsSync()) {
    print("保存成功");
  } else {
    print("保存失败");
  }
}
```

然后再获取这个文件中的文本，代码如下。

```
/// 代码清单 10-19 获取文件
/// lib/code/code10/example_1005_File.dart
void getFile() async {
  //获取文档目录
  Directory documentsDir = await getApplicationDocumentsDirectory();
  //获取对应的路径
  String documentsPath = documentsDir.path;
  //构建保存文本的路径
  String filePath = '$documentsPath/test.json';
  //读取
  File file = File(filePath);
  if (file.existsSync()) {
    print("文件存在");
    //readAsString 读取文件，并返回字符串
    //默认返回的 String 编码为 UTF8
    //相关的编解码器在 dart:convert 包中
    //包括以下编解码器：ASCII、LANTI1、BASE64、UTF8、SYSTEM_ENCODING
    //SYSTEM_ENCODING 可以自动检测并返回当前系统编码方式
    String data = await file.readAsString();
    print("文件内容 $data");

    //一行一行地读取
    List<String> lines = await file.readAsLines();
    lines.forEach((String line) => print(line));

  } else {
    print("文件不存在 ");
  }
}
```

10.2.3 SharedPreferences 轻量级数据保存

在上述提到的 File 文件磁盘读写操作，适用于大文件的存储，在应用开发中，还有一些轻量

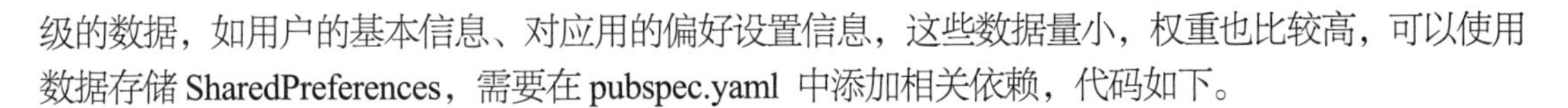

级的数据，如用户的基本信息、对应用的偏好设置信息，这些数据量小，权重也比较高，可以使用数据存储 SharedPreferences，需要在 pubspec.yaml 中添加相关依赖，代码如下。

```
dependencies:
  shared_preferences: ^0.5.12+4
```

这个插件在 Android 平台中，使用 SharedPreferences 存储机制，Sharedpreferences 是 Android 平台上一个轻量级的存储类，用来保存一些轻量级数据，如应用程序的各种配置信息，时以“键-值”对的方式（或者说是 key-value 的形式）保存数据的 xml 文件，其文件保存在/data/data/应用包名/shared_prefs 目录下，以 Map 形式存放简单的配置参数，如图 10-6 所示为 Android 手机中常见的一个目录突然间结构；在 iOS 平台中，使用 NSUserDefaults，NSUserDefaults 是 iOS 中的一个单例类，用来存储一些轻量级数据，如应用程序的基本配置，一些小数据类型等，以 key-value 的形式将数据存储到相应的 plist 文件中，存储路径为沙盒路径的 Library 下的 Preferences 文件夹中。

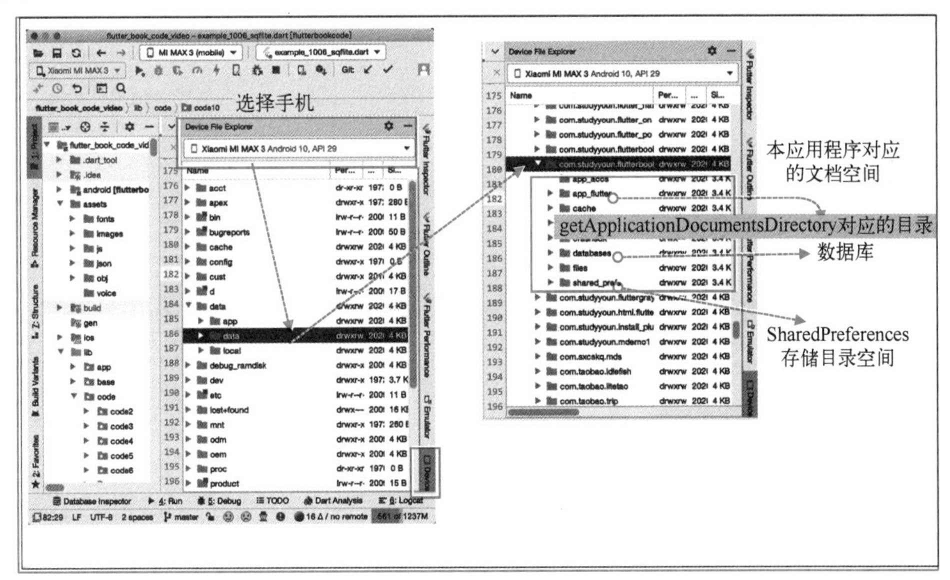

图 10-6　Andorid 磁盘目录说明图

在实际应用开发中，一般会创建 shared_preferences 插件的操作工具类，代码见 https://github.com/zhaolongs/flutter_book_jixie/blob/v1/flutter_book_code_video/lib/utils/sp_utils.dart（代码清单 10-20）。

需要注意的是，在使用 Sharedpreferences 时，首先是异步获取 Sharedpreferences 的实例，所以在使用 SPUtil 工具类里要注意先初始化，在第 11 章中会使用到。

10.2.4　sqflite 数据库数据操作

在 APP 的许多业务应用场景中，常会有很多的列表数据，将这些列表数据适当地保存下来，当用户的手机无网络或者是网络不好时，先使用这些数据填充应用的页面信息，可以很好地提高应用的体验，针对列表数据，适合使用数据库来缓存。

此处使用插件 sqflite 来实现这个操作，在配置文件 pubspec.yaml 中添加依赖如下。

```
dependencies:
  sqflite: ^1.3.2+3
```

一个应用程序中可以对应多个库，每个库可以对应多个表，小编创建一个 test.db 数据库，然后使用一个用户数据表 t_user 来对用户数据进行增、删、改、查操作，如图 10-7 所示是在 Android Studio 中使用 Database Inspector 工具连接到本地数据库的效果图，以及 Device File 工具查询到对应的数据库文件在手机目录中保存的位置。

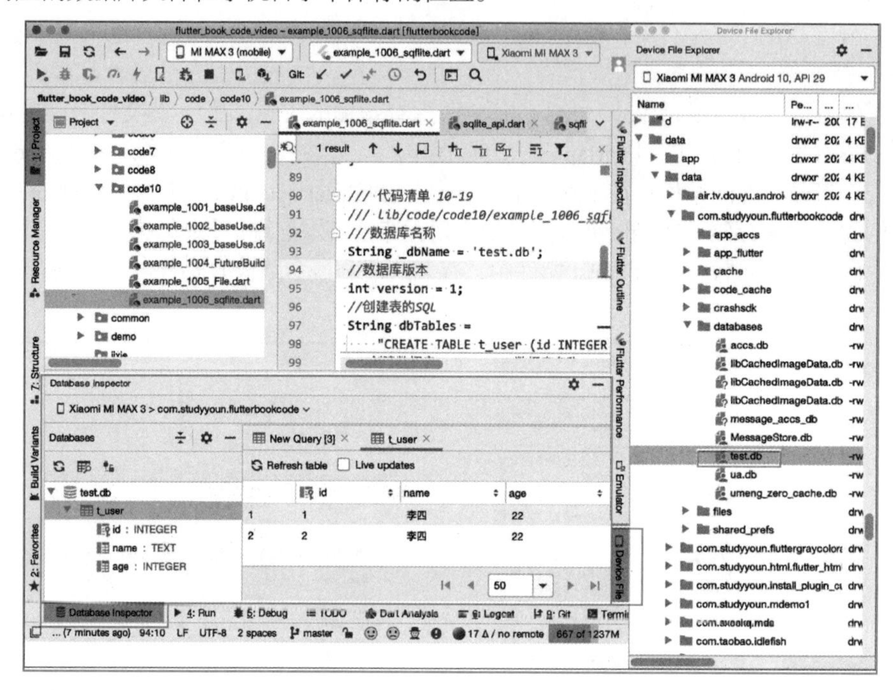

图 10-7　Andorid Studio 数据库工具查视图

在使用数据库时首先是创建数据库并且创建表，代码如下。

```
/// 代码清单 10-21
/// lib/code/code10/example_1006_sqflite.dart
///数据库名称
String _dbName = 'test.db';
//数据库版本
int version = 1;
//创建表的 SQL
String dbTables =
    "CREATE TABLE t_user (id INTEGER PRIMARY KEY, name TEXT,age INTEGER)";
///创建数据库 db [dbName]数据库名称 [version] 版本
void _createDb() async {
  //获取数据库路径
  String databasesPath = await getDatabasesPath();
  // /data/user/0/com.studyyoun.flutterbookcode/databases
  //获取数据库的完整路径
  //join 函数是 path 下的一个拼接路径的函数
  // 导入 import 'package:path/path.dart';
  String path = join(databasesPath, _dbName);
  // /data/user/0/com.studyyoun.flutterbookcode/databases/test.db

  //打开数据库
  Database db = await openDatabase(path, version: version,
      onUpgrade: (Database db, int oldVersion, int newVersion) async {
    //数据库升级，只回调一次
```

```
    print("数据库需要升级! 旧版: $oldVersion,新版: $newVersion");
  }, onCreate: (Database db, int version) async {
    //创建表，只回调一次
    await db.execute(dbTables,);
    await db.close();
  });
}
```

每当应用程序升级时，如表有改动或者是有新的表需要创建，在这里就可以升级版本号，然后应用程序在升级后，如果本地已存在这个数据库，就会执行 onUpgrade 方法的回调，可以在这里创建新的表。

NSERT INTO 语句用于向表格中插入新的行，表中插入数据的 SQL 格式如下。

```
方式一
INSERT INTO 表名称 VALUES (值1, 值2,...)
方式二
INSERT INTO table_name (列1, 列2,...) VALUES (值1, 值2,...)
```

向表中添加一条数据，代码如下。

```
/// 代码清单 10-22
/// lib/code/code10/example_1006_sqflite.dart
void _add() async {
  //获取数据库路径
  var databasesPath = await getDatabasesPath();
  String sql = "INSERT INTO t_user(name,age) VALUES('李四','22')";
  String path = join(databasesPath, _dbName);
  print("数据库路径: $path");
  //打开数据 ylkd
  Database db = await openDatabase(path);
  //插入数据
  await db.transaction((txn) async {
    //可以根据插入的行数来判断是否插入成功
    int count = await txn.rawInsert(sql);
    print("插入数据 $count");
  });
  await db.close();

  print("插入数据成功! ");
}
```

DELETE 语句用于删除表中的行，SQL 格式如下。

```
DELETE FROM 表名称 WHERE 列名称 = 值
```

删除表中的一条数据，代码如下。

```
/// 代码清单 10-23 删
/// lib/code/code10/example_1006_sqflite.dart
_delete() async {
  var databasesPath = await getDatabasesPath();
  String sql = "DELETE FROM t_user";
  String path = join(databasesPath, _dbName);
  Database db = await openDatabase(path);
  int count = await db.rawDelete(sql);
  await db.close();
  if (count > 0) {
    print("执行删除操作完成，该 sql 删除条件下的数目为: $count");
```

```
  } else {
    print("无法执行删除操作，该 sql 删除条件下的数目为：$count");
  }
}
```

无删除条件时，代表删除这张表中的所有的数据。

Update 语句用于修改表中的数据，SQL 格式如下。

```
UPDATE 表名称 SET 列名称 = 新值 WHERE 列名称 = 某值
```

修改表中的一条数据，代码如下。

```
/// 代码清单 10-24 改
/// lib/code/code10/example_1006_sqflite.dart
void _update() async {
  var databasesPath = await getDatabasesPath();
  String sql = "UPDATE t_user SET name =? WHERE id = ?";
  String path = join(databasesPath, _dbName);
  Database db = await openDatabase(path);
  //修改条件，对应参数值 参数二中的值要与 sql 中的 ？ 占位对应
  int count = await db.rawUpdate(sql, ["张三", 1]);
  await db.close();
  if (count > 0) {
    print("更新数据库操作完成，: $count");
  } else {
    print("无法更新数据库，: $count");
  }
}
```

SELECT 语句用于从表中选取数据，查数据是一门大学问，在这里只描述查询的基础语法如下。

```
SELECT 列名称 FROM 表名称 WHERE 条件
```

查询表中所有的数据，代码如下。

```
/// 代码清单 10-25 查
/// lib/code/code10/example_1006_sqflite.dart
void _queryAll() async {
  var databasesPath = await getDatabasesPath();
  String sql = "SELECT * FROM t_user";
  String path = join(databasesPath, _dbName);
  Database db = await openDatabase(path);
  //获取查询的条数
  int count = Sqflite.firstIntValue(await db.rawQuery(sql));
  //获取查询到的所有的结果集
  List<Map> list = await db.rawQuery(sql);
  print("查询完毕 count: $count 数据详情: $list");
  await db.close();

}
```

需要注意的是，在上述操作数据库的过程中，每个操作结束后都将数据库关闭了，所以数据库工具 Database Inspector 是无法连接到调试应用中创建的数据库的，不关闭才可连接到。

在实际项目开发中，数据库可以在适当的一个版块业务结束后再关闭，或者是应用程序退出时再关闭，因为数据库的频繁打开与关闭也是一种性能消耗。

10.3 网络请求库

Dart I/O 库中提供了用于发起 Http 请求的一些类，可以直接使用 HttpClient 来发起请求，Dio 是一个支持 Restful API、FormData、拦截器、请求取消、Cookie 管理、文件上传/下载、超时等功能的封装网络框架。

10.3.1 网络请求框架 HttpClient

HttpClient 是 Dart I/O 库中的一个用于网络请求交互处理的类，一个基本的 Get 请求代码如下。

```
/// 代码清单 10-26 get 请求无参数
/// lib/code/code10/example_1007_HttpClient.dart

/// 网络调用通常遵循如下步骤：
/// 1 创建 client
/// 2 构造 Uri
/// 3 发起请求，等待请求，同时也可以配置请求 headers、 body
/// 4 关闭请求，等待响应
/// 5 解码响应的内容
/// get 无参数请求
void getRequest() async {
  ///定义请求 URL
  String url = 'http://192.168.40.167:8080/getUserList';
  //第一就创建 Client
  HttpClient httpClient = new HttpClient();
  String result;
  try {
    //第二步构建 Uri
    Uri uri = Uri.parse(url);
    //第三步发送 get 请求
    HttpClientRequest request = await httpClient.getUrl(uri);
    //第四步获取响应同时关闭通道
    HttpClientResponse response = await request.close();

    if (response.statusCode == HttpStatus.ok) {
      //请求成功 获取数据
      String json = await response.transform(utf8.decoder).join();
      //解析数据
      var data = jsonDecode(json);
      result = data.toString();
      print("请求到的数据为 ${data.toString()}");
    } else {
      result = '请求异常 ${response.statusCode}';
    }
  } catch (exception) {
    //异常数据处理
    result = 'Failed getting IP address';
  }
  setState(() {
    _netData = result;
  });
}
```

在这里需要注意导入如下库。

```
import 'dart:io';          // 网络请求
import 'dart:convert';     // 数据解析
```

HttpClient 发起 Post 请求并提交 JSON 格式的数据，代码如下。

```
/// 代码清单 10-27 post 请求参数为 json 格式
/// lib/code/code10/example_1007_HttpClient.dart
void postRequest() async {
  HttpClient client = HttpClient();
  ///定义请求 URL
  String url = 'http://192.168.40.167:8080/registerUser2';
  Uri uri = Uri.parse(url);
  //请求参数
  Map<String, dynamic> map = {"name": "张三", "age": 22};
  //发起网络请求
  final request = await client.postUrl(uri);
  //设置请求头
  request.headers
      .set(HttpHeaders.contentTypeHeader, "application/json; charset=UTF-8");
  //设置参数
  request.write(map.toString());
  //获取响应
  final response = await request.close();
  if (response.statusCode == HttpStatus.ok) {
    //请求成功 获取数据 这里通过监听的方式来获取结果
    response.transform(utf8.decoder).listen((contents) {
      setState(() {
        _netData = contents;
      });
    });
  } else {
    //请求失败
    setState(() {
      _netData = "请求失败";
    });
  }
}
```

10.3.2 网络请求库 Dio

Dio 是一个第三方库，所以在使用前需要在配置文件 pubspec.yaml 中添加依赖如下。

```
dependencies:
  dio: ^3.0.10
```

Dio get 请求无参数，代码如下。

```
/// 代码清单 10-28 Dio get 请求无参数
/// 获取所有的用户信息
/// lib/code/code10/example_1008_Dio.dart
void getRequest() async {
  //定义请求 URL 获取用户列表
  String url = 'http://192.168.40.167:8080/getUserList';
  //创建 Dio 对象
  Dio dio = new Dio();
  //发起 get 请求
  Response response = await dio.get(url);
  //响应数据
```

```
    var data = response.data;
    setState(() {
      _netData = data.toString();
    });
  }
```

Dio get 请求有参数，代码如下。

```
/// 代码清单 10-29 Dio get 请求有参数
  /// 根据用户 ID 来获取用户信息
  /// lib/code/code10/example_1008_Dio.dart
  void getRequestFunction2() async {
    //用户 ID
    int userId = 3;

    //创建 dio
    Dio dio = new Dio();

    //请求地址
    //传参方式 1
    String url = "http://192.168.40.167:8080/getUser/$userId";
    //传参方式 2
    String url2 = "http://192.168.40.167:8080/getUser?userId=$userId";
    //传参方式 3 通过下面的 map
    String url3 = "http://192.168.40.167:8080/getUser";

    Map<String, dynamic> map = Map();
    map["userId"] = userId;

    try {
      //发起 get 请求
      Response response = await dio.get(url3, queryParameters: map);
      //响应数据
      Map<String, dynamic> data = response.data;

      // 将响应数据解析为 UserBean
      UserBean userBean = UserBean.fromJson(data);

      _netData = data.toString();
    } catch (e) {
      //异常
      _netData = e.toString();
    }

    setState(() {});
  }
```

在代码清单 10-28 中，传参方式 1 与传参方式 2 是在请求链接中拼接参数，请求方式 3 是将参数放在一个 map 中，然后通过 Dio 的 queryParameters 来配置参数。

对于这里使用到的数据模型 UserBean ，就是一个基本的将 JSON 数据解析为对象数据模型的方法，如图 10-8 所示为解析层级说明图，UserBean 的定义如下。

```
/// 用户信息数据模型
/// lib/code/code10/example_1008_Dio.dart
class UserBean {
  String userName;
  String realName;
```

```
  int age;
  int id;

  static UserBean fromJson(Map<String, dynamic> rootData) {
    ///解析第一层
    Map<String, dynamic> data = rootData["data"];

    ///解析第二层
    UserBean userBean = new UserBean();

    userBean.id = data["id"];
    userBean.age = data["age"];
    userBean.userName = data["userName"];
    userBean.realName = data["realName"];
    return userBean;
  }
}
```

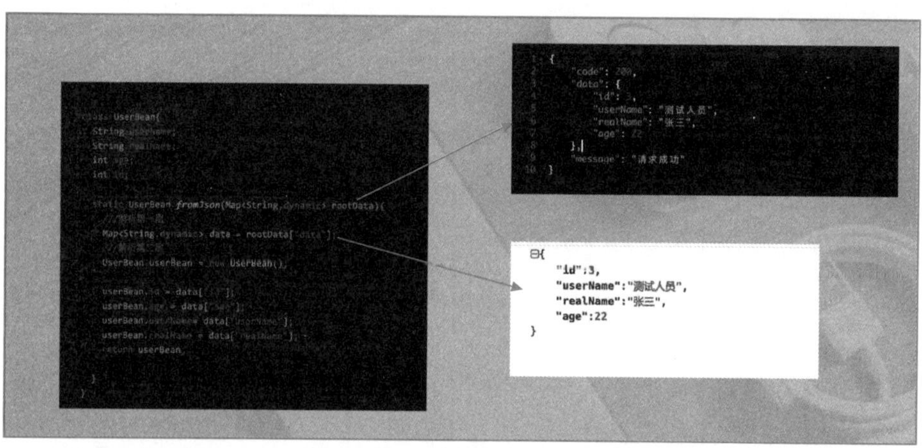

图 10-8　UserBean 数据模型的解析说明

Dio post 请求提交 FormData 表单数据，FormData 将提交的参数 name 与 value 进行组合，实现表单数据的序列化，从而减少表单元素的拼接。

从另一个角度描述，FormData 接口提供了一种表示表单数据的键值对的构造方式，通过 FormData 发出的请求编码类型被设为 “multipart/form-data”，而在网络请求访问中，通过 Content-Type 来记录这个值，可以理解为 Content-Type 表示具体请求中的媒体类型信息。

在实际开发中常用的 Content-Type 如下。

```
multipart/form-data
application/json       JSON 数据格式
application/x-www-form-urlencoded 表单数据格式
```

使用 Dio 来发起一个 post 请求，提交参数的格式为 FromData，代码如下。

```
/// 代码清单 10-30 Dio post 请求 FormData 格式
/// 根据用户 ID 来获取用户信息
/// lib/code/code10/example_1008_Dio.dart
void postRequestFunction() async {
  //创建 Dio
  Dio dio = new Dio();
  //发送 FormData:
```

```
  FormData formData = FormData.fromMap({"userName":"张三", "userAge": 22});
  //请求 UIR
  String url = "http://192.168.40.167:8080/registerUser";
  //发起 post 请求 如这里的注册用户信息
  Response response = await dio.post(url, data: formData);
  String result = response.data.toString();
  setState(() {
    _netData = result;
  });
}
```

使用 Dio 发起一个 post 请求，提交 json 格式的参数，代码如下。

```
/// 代码清单 10-31 Dio post 请求 发送 json 数据
/// 根据用户 ID 来获取用户信息
/// lib/code/code10/example_1008_Dio.dart
void postRequestFunction2() async {
  //请求 url
  String url = "http://192.168.40.167:8080/registerUser2";

  //创建 Dio
  Dio dio = new Dio();
  //创建 Map 封装参数
  Map<String, dynamic> map = Map();
  map['userName'] = "小明";
  map['userAge'] = 44;

  //发起 post 请求
  Response response = await dio.post(url, data: map);
  //获取响应结果
  var data = response.data;

  setState(() {
    _netData = data.toString();
  });
}
```

Dio 文件上传并实现进度监听，代码如下。

```
/// 代码清单 10-32 Dio post 实现文件上传
/// 根据用户 ID 来获取用户信息
/// lib/code/code10/example_1008_Dio.dart
///
///手机中的图片
String localImagePath = "/storage/emulated/0/Download/17306285.jpg";
///上传的服务器地址
String netUploadUrl = "http://192.168.0.102:8080/fileupload";

///dio 实现文件上传
void fileUplod() async {
  //创建 Dio
  Dio dio = new Dio();

  Map<String, dynamic> map = Map();
  map["auth"] = "12345";
  //图片数据 记住一定要 await
  map["file"] =
      await MultipartFile.fromFile(localImagePath, filename: "xxx23.png");
```

```
    //通过 FormData 传参数
    FormData formData = FormData.fromMap(map);
    //发送 post
    Response response = await dio.post(
      netUploadUrl, data: formData,

      //这里是发送请求回调函数
      //[progress] 当前的进度
      //[total] 总进度
      onSendProgress: (int progress, int total) {
        print("当前进度是 $progress 总进度是 $total");
      },
    );

    ///服务器响应结果
    var data = response.data;
  }
```

Dio 文件下载并实现进度监听，代码如下。

```
/// 代码清单 10-33 Dio post 实现文件上传
/// lib/code/code10/example_1008_Dio.dart
///
///当前进度百分比  当前进度/总进度 从 0.0～1.0
double currentProgress = 0.0;

///下载文件的网络路径
String apkUrl = "";

///使用 Dio 下载文件
void downApkFunction() async {
  //申请写文件权限
  //
  //手机存储目录
  String savePath = await getPhoneLocalPath();
  String appName = "rk.apk";

  //创建 Dio
  Dio dio = new Dio();

  //参数一 文件的网络存储 URL
  //参数二 下载的本地目录文件
  //参数三 下载监听
  Response response = await dio.download(apkUrl, "$savePath$appName",
      onReceiveProgress: (received, total) {
    if (total != -1) {
      //当前下载的百分比例
      print((received / total * 100).toStringAsFixed(0) + "%");
      // CircularProgressIndicator(value: currentProgress,) 进度 0-1
      currentProgress = received / total;
      setState(() {});
    }
  });
}

//获取手机的存储目录路径
//getExternalStorageDirectory() 获取的是Android 的外部存储 (External Storage)
//  getApplicationDocumentsDirectory获取的是iOS 的Documents' or 'Downloads'目录
```

```
Future<String> getPhoneLocalPath() async {
  final directory = Theme.of(context).platform == TargetPlatform.android
      ? await getExternalStorageDirectory()
      : await getApplicationDocumentsDirectory();
  return directory.path;
}
```

在进行文件的读写操作时，需要特别注意对手机平台的权限处理，在 11.3 节中会有对权限请求的封装操作，以及在最后两章节中有系统处理权限问题。

Dios 配置网络代理抓包，使用抓包工具可以辅助程序员快速地调试数据功能，配置代码如下。

```
/// 代码清单 10-34 Dio 配置代理抓包
/// lib/code/code10/example_1008_Dio.dart

import 'dart:io';
import 'package:dio/adapter.dart';
import 'package:dio/dio.dart';


_setupPROXY(Dio dio) {
  (dio.httpClientAdapter as DefaultHttpClientAdapter).onHttpClientCreate =
      (HttpClient client) {
    client.findProxy = (uri) {
      ///这里的 192.168.0.102:8888 就是代理服务地址
      return "PROXY 192.168.0.102:8888";
    };
    client.badCertificateCallback =
        (X509Certificate cert, String host, int port) {
      return true;
    };
  };
}
```

在应用开发中，会有像 token、appVersionCode 等这些每个接口请求都需要传的参数，称之为公共请求参数，那么在这里 dio 的请求中可以考虑按如下方法进行配置。

```
/// 代码清单 10-35 Dio  公共请求参数配置
/// lib/code/code10/example_1008_Dio.dart
///
String application = "V 1.2.2";
int appVersionCode = 122;
///[url]网络请求链接
///[data] post 请求时传的 json 数据
///[queryParameters] get 请求时传的参数
void configCommonPar(url,data,Map<String, dynamic> queryParameters){
  ///配置统一参数
  if (data != null) {
    data['application'] = application;
    data['appVersionCode'] = appVersionCode.toString();
  } else if (queryParameters != null) {
```

```
      queryParameters['application'] = application;
      queryParameters['appVersionCode'] = appVersionCode.toString();
    } else {
      ///url 中有可能拼接着其他参数
      if (url.contains("?")) {
        url += "&application=$application&appVersionCode=$appVersionCode";
      } else {
        url += "?application=$application&appVersionCode=$appVersionCode";
      }
    }
  }
```

Dio 配置 Content-Type 与请求 header，创建 Dio 对象时，会初始化一个 BaseOptions 来创建 Dio，通过 BaseOptions 可以来设置请求头，代码如下。

```
BaseOptions options = BaseOptions();
///请求 header 的配置
options.headers["appVersionCode"]=406;
options.headers["appVersionName"]="V 4.0.6";

options.contentType="application/json";
options.method="GET";
options.connectTimeout=30000;
///创建 Dio
Dio dio = new Dio(options);
```

业务开发场景中，例如退出一个页面时，如果网络请求没完成，就会形成内存泄漏，所以需要在页面销毁时，取消网络请求，或者是在下载一个文件时，时间太长了，用户点击取消，就需要取消网络连接，代码如下。

```
///创建取消标志
CancelToken cancelToken = new CancelToken();
void getRequestFunction2() async {
    ///用户 ID
    int userId = 3;
    ///创建 Dio
    Dio dio = new Dio();
    ///请求地址
    ///传参方式 1
    String url = "http://192.168.0.102:8080/getUser/$userId";
    ///发起 get 请求 并设置 CancelToken 取消标志
    Response response = await dio.get(url,cancelToken: cancelToken);

  ...
  }
```

然后在手动取消这个网络请求时，只需要调用如下方法。

```
///取消网络请求
if(cancelToken!=null&&!cancelToken.isCancelled){
  cancelToken.cancel();
```

```
    cancelToken=null;
  }
```

需要注意的是，一个 cancelToken 只能对应一个网络请求。

小结

本章详细讲解了 Flutter、Timer 以及 Flutter 中的消息队列任务模型，可以很好地帮助开发者理解 Flutter 中的异步机制，同时也可以一定程度上提高开发者异步任务开发上的调试协调，也详细介绍了文本数据持久化存储方案，可以帮助开发者很好地处理数据缓存方面的问题。

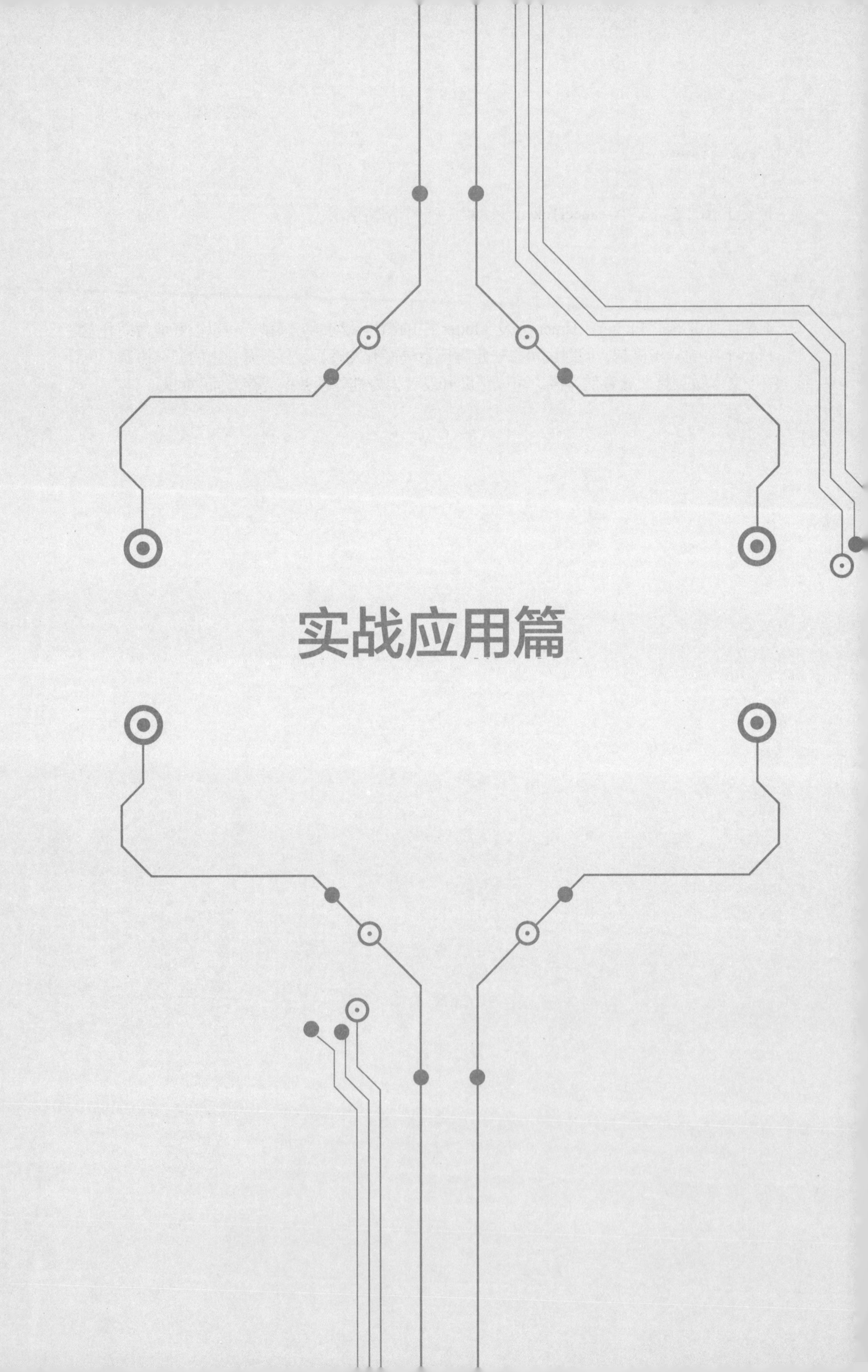

实战应用篇

第 11 章 APP 从 0 起步——用 Flutter 搭建基础框架

使用 Flutter 可以快速构建 Android、iOS 双平台的应用程序，从 0 到 1 的搭建过程会有很多细节要处理。本章不使用任何架构与框架以及设计模式搭建，旨在帮助读者综合前 10 章内容，从最基础的搭建开始学习 APP 的开发。本章内容如下。

1）Flutter 项目目录说明、Android build.gradle 以及清单文件配置、iOS info.plist 配置概述。

2）APP 的图标配置、启动页面配置、打包发布流程概述。

Flutter 中基础工具类的封装。

3）基础 APP 的启动、欢迎页面、引导页面、首页面。

4）最终形成的一个基础开发的脚手架。

如图 11-1 所示，是本章最终开发完成的一个脚手架，读者可以直接使用这个脚手架来快速构建应用程序，当然读者顺序阅读本章也可以形成 APP 应用开发思维。

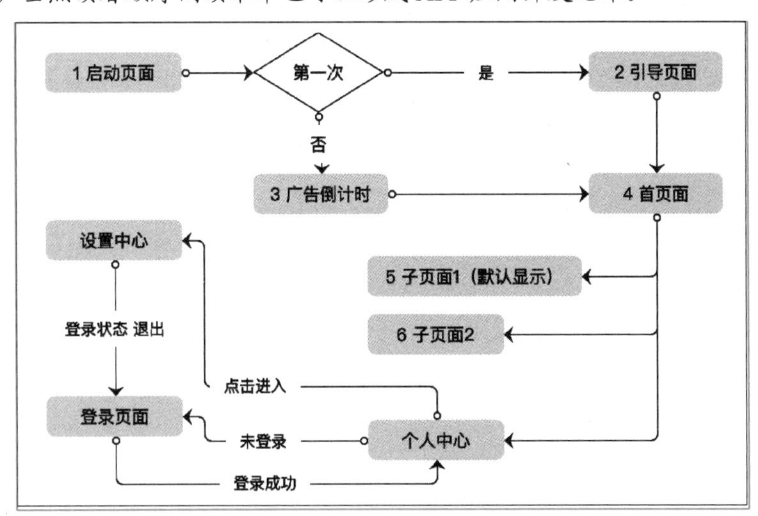

图 11-1　Flutter 脚手架实现的功能流程图

在 1.3 节中已讲述过 Flutter 应用程序项目的基本创建以及 Android Studio 开发工具的一些使用方法与说明，本章直接创建 flutter_app_ho 项目用来开发这个脚手架功能，如图 11-2 所示，为 flutter_app_ho 项目结构图。

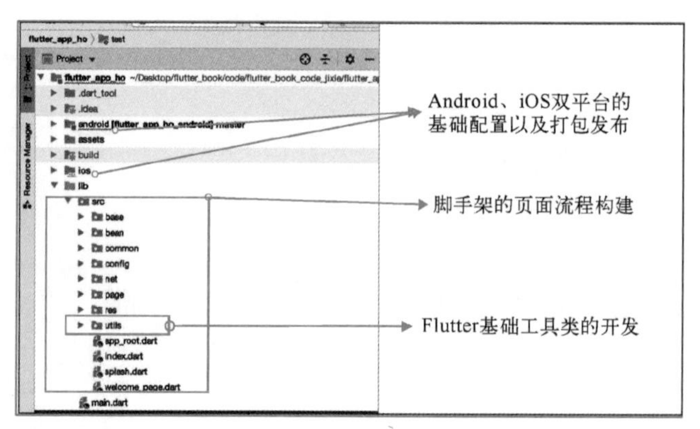

图 11-2　Flutter 脚手架项目目录说明图

11.1　项目创建及打包配置

一个完整的 APP，初次呈现在用户面前是在手机屏幕上的图标，然后在手机的设置中应用管理、快速搜索列表、手机通知栏都会有对应 APP 的图标显示，不同分辨率的手机用到的图标大小不一样，所以需要分别配置不同大小的图标来适配。

对于打包生成发布的 APP，在打包时需要配置一些应用版本信息、应用唯一标识信息签名信息，以及其他针对不同平台的优化配置信息。对于 Flutter 项目工程开发，也需要不同的配置，如添加依赖字体以及一些原生 SDK 的接入等。

11.1.1　Flutter 项目配置概述

在 1.3 节中介绍了 Flutter 项目的创建、基本的目录结构说明以及 pubspec.yaml 配置文件的详细讲解，本节将要介绍 Flutter 项目中应用图标配置、应用名称配置。在 Flutter 项目中 android 目录（目录结构如图 11-3 所示）下的 res 目录中各 mipmap-xxx 文件夹中放入不同尺寸的 app_icon.png 图标，然后在 android 目录下找到清单文件 AndroidManifest.xml，再在清单文件中的 application 标签下配置 icon 属性即可，如图 11-3 所示。

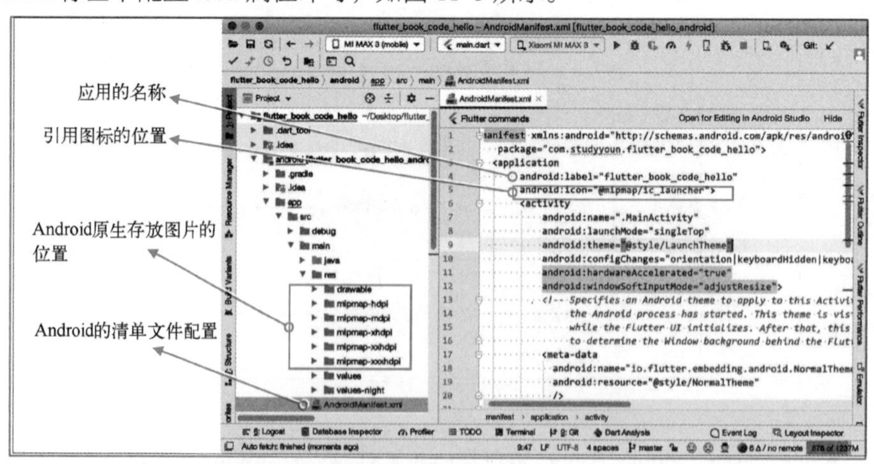

图 11-3　Android 原生中配置图标位置示意图

对于 iOS 的图标配置，有两种配置方式。第一种如图 11-4 所示，在 Flutter 工程项目的 ios 目录下的 AppIcon.appiconset 中直接替换图标即可。第二种方式就是在 Xcode 中打开 Flutter 项目，然后进行图标配置，打开方式有如下三种。

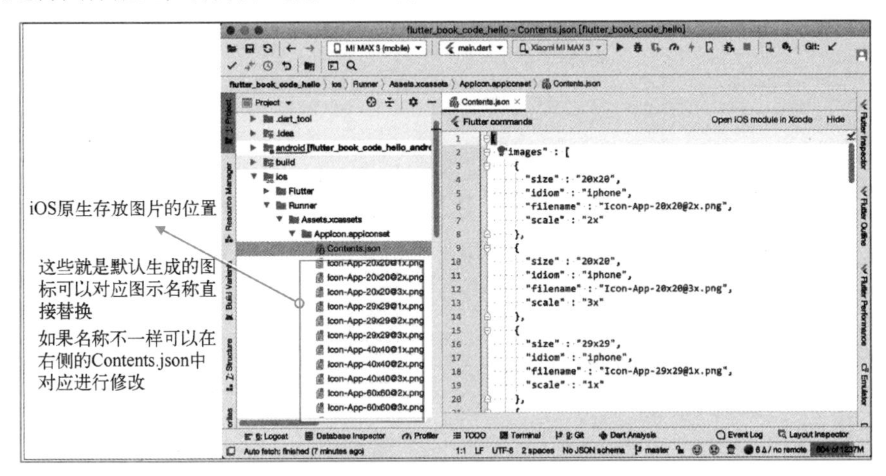

图 11-4　iOS 原生中配置图标位置示意图

1）通过 Android Studio 的工具栏中的 Tools→Flutter→Open iOS module in Xcode。

2）在 Flutter 项目中的 ios 目录上单击右键，在弹出的对话框中选择 Flutter→Open iOS module in Xcode。

3）在 Android Studio 的 Terminal 命令行工具中输入命令 open ios/Runner.xcworkspace 即可。

在 Xcode 中打开的 Flutter 工程目录如图 11-5 所示，General 设置项中的 App Icons Source 就是用来配置 APP 的图标的，对应的 AppIcon 放在 Assets.xcassets 资源文件夹中，如图 11-6 所示。

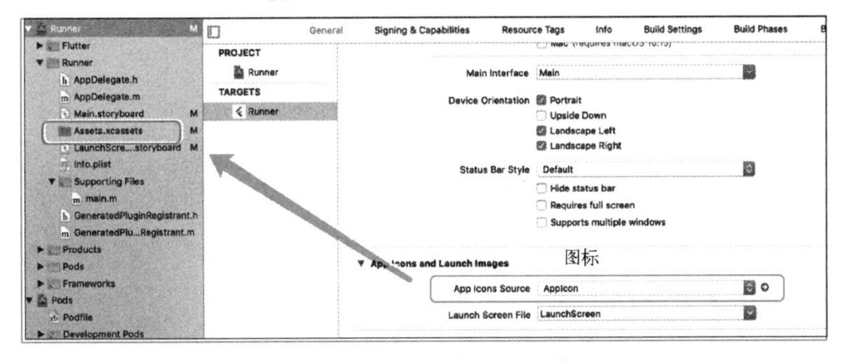

图 11-5　iOS 工程目录下的 APP 图标配置图

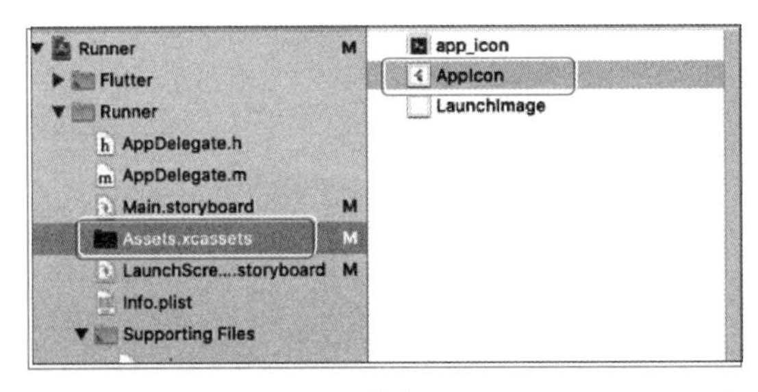

图 11-6　iOS 工程目录下的资源 Assets.xcassets 目录图

在 Android 平台中，清单文件 AndroidManifest.xml 中的 application 标签下的 label 属性用来配置应用名称，如图 11-6 中所示；在 iOS 平台中，则通过 info.plist 文件中的 Bundle name 属性来配置应用名称，如图 11-7 所示。

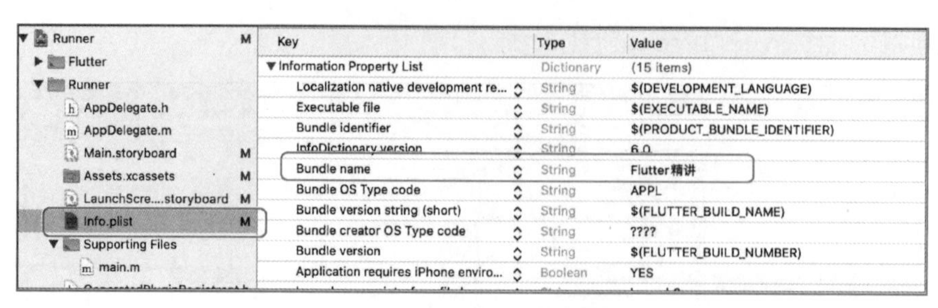

图 11-7　iOS 应用名称的配置

或者在 Flutter 工程项目中找到 ios 目录直接修改，如图 11-8 所示。

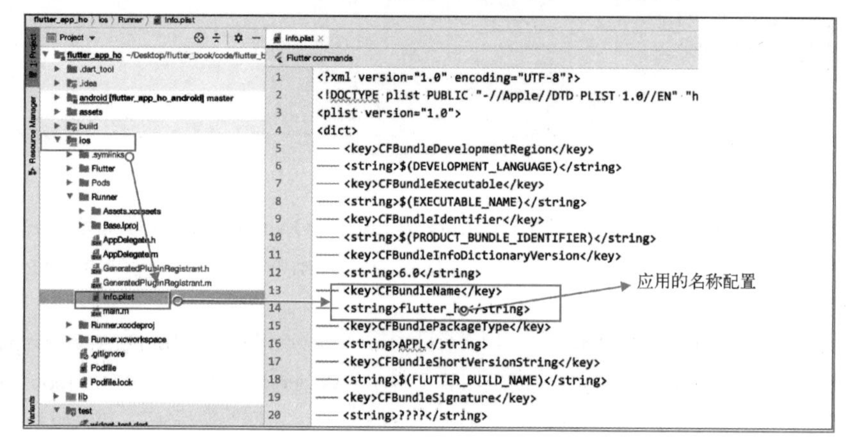

图 11-8　Flutter 工程项目下修改 iOS 应用名称

11.1.2　Android 配置文件与清单文件概述

如图 11-9 所示，是 Android 平台的配置信息。图中所示的内容是比较全的一个配置，默认创建的项目是缺少部分配置的，可根据实际业务项目需要来修改配置。

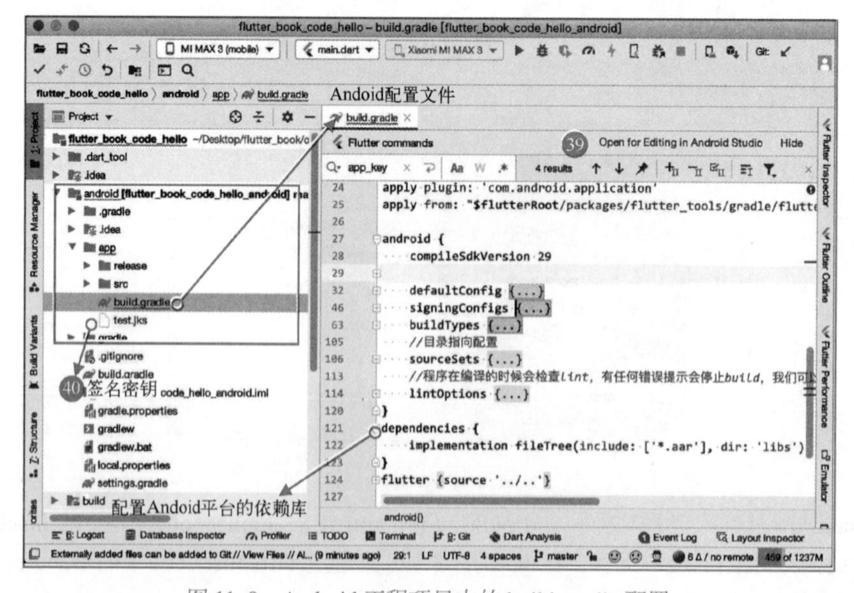

图 11-9　Android 工程项目中的 build.gradle 配置

首先 defaultConfig 标签下配置的是一些基本内容，描述如下。

```
defaultConfig {
    //应用的唯一标识
    applicationId "com.studyyoun.flutter_book_code_hello"
    //Android 依赖的 SDK 版本
    minSdkVersion 16
    targetSdkVersion 29
    //应用的版本信息
    versionCode flutterVersionCode.toInteger()
    versionName flutterVersionName
    //65536 方法限制，分包打包
    multiDexEnabled true
    //  为了减小 apk 体积，只保留 armeabi 和 armeabi-v7a 两个文件夹
    //  并保证这两个文件夹中 .so 数量一致
    //  对只提供 armeabi 版本的第三方 .so，原样复制一份到 armeabi-v7a 文件夹
    ndk {
        abiFilters "armeabi-v7a", "arm64-v8a", "armeabi"
    }
}
```

ndk 标签配置的是打包 Android 平台中 framework、so、JIN 库等相关的平台编译库，如在使用地图插件时，默认是编译所有支持的平台 so 库，应用 apk 的体积是比较大的，通过这个标签减少一些不常用的平台编译，也是缩小应用 apk 体积的一种有效方式。

同时也需要指定 JNI 的编译源位置，通过 sourceSets 标签来指定这个位置（需要在 app 目录下创建目录 libs 并将需要集成的第三方原生的库放在这个路径下），操作如下。

```
//目录指向配置
sourceSets {
    main {
        //指定 lib 库目录
        //可以在 Android studio 的 Android 视图下生成 jniLibs 文件夹
        //可以方便我们存放 jar 包和库文件
        jniLibs.srcDirs = ['libs']
    }
}
```

lintOptions 标签是用来配置程序编译过程中对程序代码中可能存在的错误的一种检查，常用配置如下。

```
//程序在编译的时候会执行 lint,
// 有任何错误提示会停止 build,
lintOptions {
    //即使报错也不会停止打包
    checkReleaseBuilds false
    //打包 release 版本的时候进行检测
    abortOnError false
    disable 'InvalidPackage'
}
```

signingConfigs 是自定义的方法块，用来配置加载的打包签名信息，这里配置的签名文件 test.jks 的位置是通过相对位置来引用的，如图 11-9 的 40 标签所示位置。

```
signingConfigs {
    // 正式发布使用签名文件，名字自定义
    app_key {
        storeFile file('test.jks')//文件位置
```

```
            storePassword '123456'//文件密码
            keyAlias 'test'//别名
            keyPassword '123456'//别名密码
        }

        // debug 调试编译发布使用签名文件，名字自定义
        debug_app_key {
            storeFile file('test.jks')
            storePassword '123456'
            keyAlias 'test'
            keyPassword '123456'
        }
    }
```

配置好的 signingConfigs 会在 buildTypes 标签中使用，buildTypes 标签是用于配置 Android 程序编译过程的一些信息，代码如下。

```
    buildTypes {
        debug {
            //设置签名信息
            signingConfig signingConfigs.debug_app_key
            ////是否对代码进行混淆
            minifyEnabled false
            //指定混淆的规则文件
            proguardFiles getDefaultProguardFile('proguard-android.txt'), 'proguard- rules.pro'
            //是否在 APK 中生成伪语言环境，帮助国际化的东西，一般使用不多
            pseudoLocalesEnabled false
            //值为 true 时，开启对打包文件 apk 的 zip 压缩功能，提高运行效率
            zipAlignEnabled false
            //在 applicationId 中添加了一个后缀，一般使用不多
            //applicationIdSuffix 'test'
            //在 applicationId 中添加了一个后缀，一般使用不多
            //versionNameSuffix 'test'
            //是否支持断点调试
            debuggable true
            //是否可以调试 NDK 代码
            jniDebuggable true
            //编译生成具有 RenderScript 可调试代码的 apk（RenderScript 是 Android SDK 的计算框架，能够利用
CPU、GPU、DSP 等在图片处理等方面提供高效的计算能力）
            renderscriptDebuggable false
        }
        release {
            signingConfig signingConfigs.app_key
            ////是否对代码进行混淆
            minifyEnabled false
            shrinkResources false
            //指定混淆的规则文件
            proguardFiles getDefaultProguardFile('proguard-android.txt'), 'proguard- rules.pro'
            //是否在 APK 中生成伪语言环境，帮助国际化的东西，一般使用不多
//              pseudoLocalesEnabled false
            //是否对 APK 包执行 ZIP 对齐优化，减小压缩包体积，提高运行效率
//              zipAlignEnabled true
            //在 applicationId 中添加了一个后缀，一般使用不多
            //applicationIdSuffix 'test'
            //在 applicationId 中添加了一个后缀，一般使用不多
            //versionNameSuffix 'test'
            //是否开启渲染脚本（C 语言写的渲染方法）
//              renderscriptDebuggable false
```

```
    }
}
```

如图 11-3 所示的清单文件 AndroidManifest.xml，包含了 APP 的基本配置信息，包括 APP 的名称、显示图标、启动页面、权限等。在业务项目开发中，Flutter 项目中可能会集成较多的插件，有许多插件中会有配合的项目示例，如果多个插件项目中有配置清单文件中的 label 属性，在打包 apk 文件时，就会因为 label 属性的多个配置而出错，此时可删除不需要使用的项目插件中的 label 属性配置，有一个技巧就是通过如图 11-10 所示的 Android 工程目录视图打开项目，然后在可视化区域查看冲突的文件并进行处理。

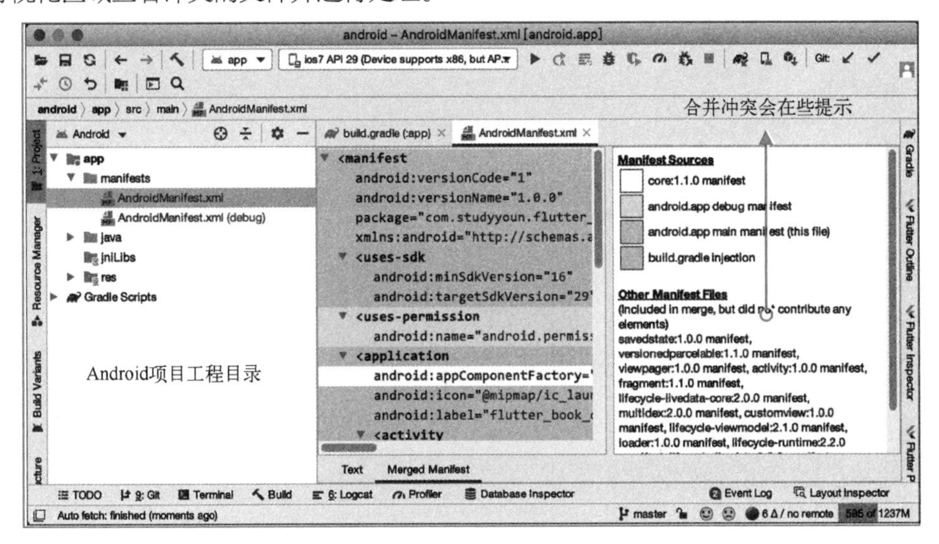

图 11-10　Android 工程项目中的清单文件调试

将 Flutter 项目工程以 Android 项目工程视图调试也是一种开发技巧。通常打开方式有如下三种。

1）通过 Android Studio 的工具栏中的 Tools→Flutter→Open for Editing Android Studio。

2）在 Flutter 项目中的 android 目录上点击右键，在弹出的对话框中选择 Flutter→Open Android module in Android Studio。

3）在 Android Studio 的顶部工具栏中选择 File→Open，然后在弹出的选项框中选中当前 Flutter 项目的 android 目录，然后打开。

如本脚手架项目 AndroidManifest.xml 中配置两个基本使用权限。

```
<!--    网络请求权限-->
<uses-permission android:name="android.permission.INTERNET" />
<!--外部文件存储权限-->
<uses-pe
rmission android:name="android.permission.WRITE_EXTERNAL_STORAGE" />
```

Android P（9.0）以上的系统，默认禁止 APP 使用 HTTP 访问网络，HTTP 明文传输协议不安全，同样在 iOS9 和 OS X10.11 以上的系统中，苹果引入了隐私保护功能 ATS（App Transport Security），ATS 屏蔽了 HTTP 明文传输协议资源加载。但在业务开发中，常会有一些资源需要使用 HTTP 来访问，这种情况就需要应用程序支持 HTTP 传输。

在 Android 平台中，通常配置应用程序可兼容 HTTP 有两种方式，第一种方式就是在 AndroidManifest.xml 清单文件中，直接在 application 标签下编写如下代码。

```
<uses-library
    android:name="org.apache.http.legacy"
    android:required="false" />
```

第二种方式是在 android 目录下的 res 目录中新建一个 xml 目录，然后创建一个名为 network_config.xml 的文件（文件名可以自定义），内容如下。

```
<?xml version="1.0" encoding="utf-8"?>
<network-security-config>
    <base-config cleartextTrafficPermitted="true" />
</network-security-config>
```

然后在 AndroidManifest.xml 清单文件中进行如下配置。

```
<application
    android:label="flutter_app_ho"
    android:networkSecurityConfig="@xml/network_security_config"
    android:icon="@mipmap/app_icon">

       ... ...

</application>
```

在 iOS 平台中的 info.plist（11.1.3 节讲解）清单中添加代码如下。

```
<key>NSAppTransportSecurity</key>
 <dict>
    <key>NSAllowsArbitraryLoads</key>
     <true/>
 </dict>
```

11.1.3 iOS 清单 info.plist 配置概述

iOS 项目工程中也有配套的清单文件 info.plist 文件，也是用来配置应用的基本信息，如权限请求、外部链接等，如图 11-11 所示。

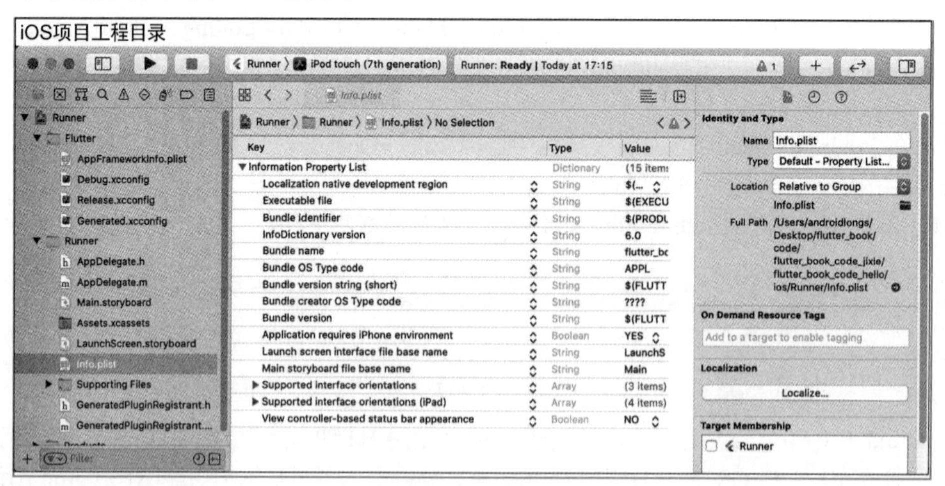

图 11-11　iOS 清单 info.plist 文件

在编译 iOS 平台时，时常会编译失败，提示找不到 xx.sh，这种情况通常是 Flutter 路径配置错误导致的，可以通过如图 11-12 所示的方法来检查 Flutter Sdk 路径配置是否正确，也可以通过如图 11-13 所示的 iOS 工程目录视图来检查路径配置。

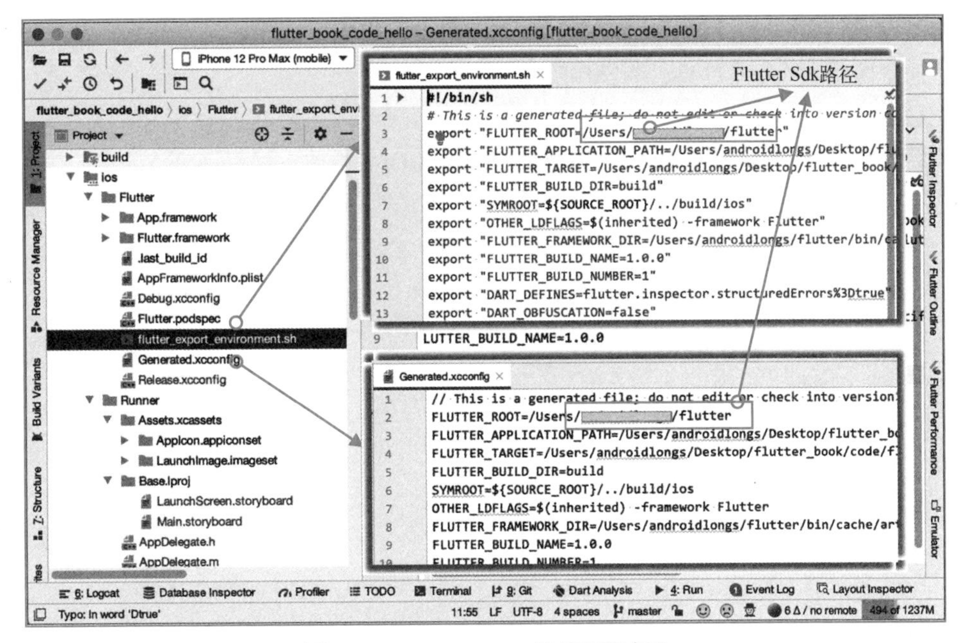

图 11-12　Flutter SDK 路径配置查看

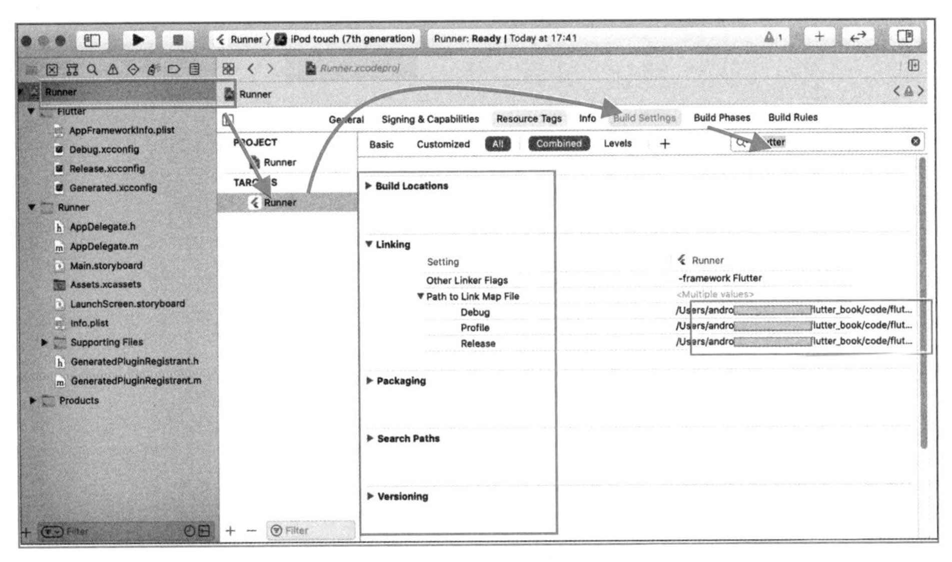

图 11-13　iOS 工程目录下 Flutter 相关路径配置查看

11.2　基础工具类封装

在封装工具类的过程中，通常也会使用一些常用的依赖库与插件，它们全部配置在 pubspec.yaml 文件中，代码见 https://github.com/zhaolongs/flutter_book_jixie/blob/v1/flutter_book_code_video/pubspec.yaml（代码清单 11-1）。

11.2.1　常用工具类封装

本节中封装的工具类全部放在如图 11-2 所示的 utils 包中。

日志工具类 LogUtil 用来向控制台输出日志信息。在使用 LogUtil 时，需要在程序启动时调用 init 方法初始化一些基本信息，完整代码如下。

```
import 'package:flutter/material.dart';
///日志输出工具类
class LogUtil {
  ///打印 log 的标签
  static const String _defaultLogTag = "flutter_log";
  //是否是 debug 模式，true: log，不输出
  static bool _debugMode=false;
  ///log 日志的长度
  static int _maxLogLength=130;
  ///当前的 logTag 的值
  static String _tagValue=_defaultLogTag;

  static void init({
    String tag = _defaultLogTag,
    bool isDebug = false,
    int maxLen = 130,
  }) {
    _tagValue = tag;
    _debugMode = isDebug;
    _maxLogLength = maxLen;
  }

  static void e(Object object, {String tag}) {
    if(_debugMode){
      _printLog(tag, ' e ', object);
    }
  }

  static void _printLog(String tag, String stag, Object object) {
    String da = object.toString();
    tag = tag ?? _tagValue;
    if (da.length <= _maxLogLength) {
      debugPrint("$tag$stag $da");
      return;
    }
    debugPrint(
        '$tag$stag -------— sartt ---——--------');
    while (da.isNotEmpty) {
      if (da.length > _maxLogLength) {
        debugPrint("$tag$stag| ${da.substring(0, _maxLogLength)}");
        da = da.substring(_maxLogLength, da.length);
      } else {
        debugPrint("$tag$stag| $da");
        da = "";
      }
    }
    debugPrint(
        '$tag$stag -------——--- end ----------------');
  }
}
```

如图 11-14 所示，为一种常用的短消息提示功能，类似 Android 原生的 Toast 功能，其实现需要使用如下插件。

```
dependencies:
  fluttertoast: ^7.1.5
```

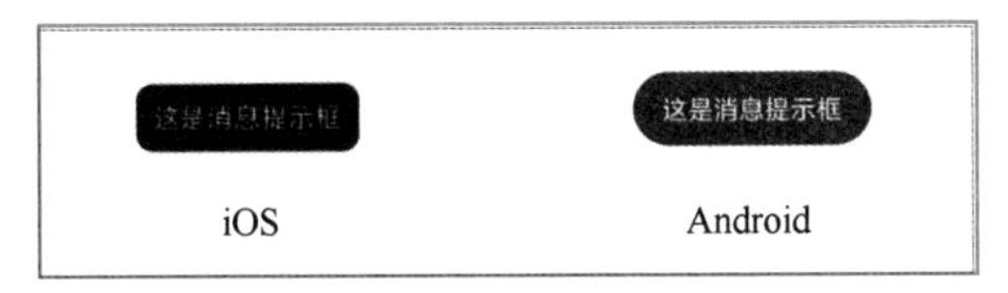

图 11-14　ToastUtils 短消息提示效果图

短消息提示工具类 ToastUtils 的定义如下。

```
/// Toast 工具类
/// lib/utils/toast_utils.dart
class ToastUtils {
  static void showToast(String message) {
    // 根据消息长度决定自动消失时间
    double multiplier = 0.5;
    double flag = message.length * 0.06 + 0.5;
    //计算显示时间
    int timeInSecForIos = (multiplier * flag).round();
    //如果已显示 先取消已有的
    Fluttertoast.cancel();
    //显示 Toast
    Fluttertoast.showToast(
      backgroundColor: Colors.black54,
      msg: message,
      //显示的位置
      gravity: ToastGravity.CENTER,
      //只针对 iOS 生效的消失时间
      timeInSecForIosWeb: timeInSecForIos,
    );
  }
}
```

APP 业务开发时，如订单商品的价格的简单计算，通常需要保留两位小数，可通过 num 的 toStringAsFixed 方法来转换，本书将这个方法放在了 StringUtils 中，代码如下。

```
///字符串操作工具类
///lib/utils/string_utils.dart
class StringUtils {
  //判断 String 是否为空 为空返回 true
  static bool isEmpty(String tagText) {
    return tagText == null || tagText.isEmpty;
  }

  ///对数字小数点的取舍，默认保留小数点后两位
  static String getDecimalPoint(double tagNumber,{int fractionDigits = 2}){
    //返回一个字符串
    return tagNumber.toStringAsFixed(fractionDigits);
```

```
  }
}
```

不同格式样式的日期时间处理，在 APP 开发中也是时常用到的。如果接口提供给 APP 的日期数据是年月日形式的，处理起来比较简单。如果涉及不同格式的显示切换，就比较麻烦。在 Dart 中，使用 DateTime 来处理日期时间，代码见 https://github.com/ zhaolongs/flutter_book_jixie/blob/v1/flutter_book_code_video/lib/utils/time_date_utils.dart（代码清单 11-2）。

Key 可理解为是用来标识 Widget 组件的，可作为 Widget 的标识，Key 的继承结构如图 11-15 所示，GlobalKey 能够跨 Widget 访问 State 的信息，在这里主要提供 GlobalKey 的常用操作方法，代码见 https://github.com/zhaolongs/flutter_book_jixie/blob/v1/flutter_book_code_video/lib/utils/global_key_utils.dart（代码清单 11-3）。

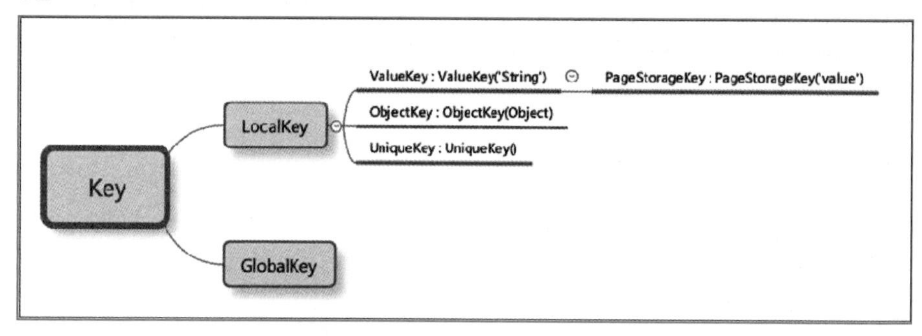

图 11-15 Key 继承结构效果图

ImageLoaderUtils 能够将网络图片、asset 资源图片、flie 图片加载为 ui.Image，主要用于绘图中其具体使用代码见 https://github.com/zhaolongs/flutter_book_jixie/blob/v1/flutter_book_code_video/lib/utils/image_loader_utils.dart（代码清单 11-4）。

11.2.2 路由工具类封装

Navigator 用来管理堆栈功能（即 push 和 pop），Router 路由是页面的抽象，Flutter 中所有的页面（路由）都保存在一个栈空间中，如图 11-16 所示。

```
///lib/utils/navigator_utils.dart
///路由工具类
class NavigatorUtils {
  ///关闭当前页面
  ///[context]当前页面的 Context
  ///[parameters]回传上一个页面的参数
  static pop(BuildContext context, {parameters}) {
    if (Navigator.canPop(context)) {
      Navigator.of(context).pop(parameters);
    } else {
      //最后一个页面不可 pop
    }
  }
}
```

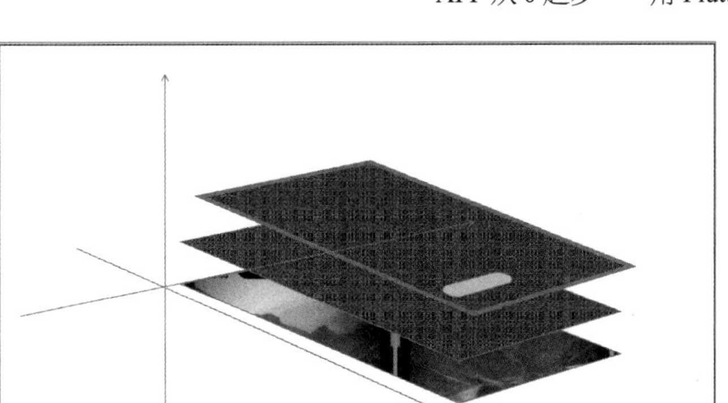

图 11-16　页面路由栈效果图

本节所述的封装方法全部放在 NavigatorUtils 类中，首先是封装的静态路由的打开方法，这里使用到了 Navigator 的 pushNamed 方法与 pushReplacementNamed 方法，前者直接在路由栈的栈顶放一个路由页面，后者先关闭当前栈顶的路由页面，然后再打开新的路由页面，代码如下。

```
///静态路由
///[context]当前页面的 Context
///[routeName]目标页面的路由名称
///[paramtes]向目标页面传的参数
///[callback]目标页面关闭时的回调函数
///[isReplace]是否替换当前页面路由
static pushName(BuildContext context, String routeName,
    {paramtes, bool isReplace = false, Function callback}) {
  if (isReplace) {
    Navigator.of(context)
        .pushReplacementNamed(routeName, arguments: paramtes)
        .then((value) {
      if (callback != null) {
        callback(value);
      }
    });
    return;
  }
  Navigator.of(context)
      .pushNamed(routeName, arguments: paramtes)
      .then((value) {
    if (callback != null) {
      callback(value);
    }
  });
}
```

接下来就是动态路由 pushPage 方法的封装，根据不同的平台选择不同的动画过渡方式，代码如下。

```
///动态路由方法封装
///[context]当前页面的 Context
///[routeName]目标页面的路由名称
///[paramtes]向目标页面传的参数
///[callback]目标页面关闭时的回调函数
///[isReplace]是否替换当前的路由
```

```
static pushPage(
  BuildContext context,
  Widget page, {
  String routeName,
  paramtes,
  Function callback,
  bool isReplace = false,
}) {
  PageRoute pageRoute;
  //是导入 iOs 包
  if (Platform.isIOS) {
    //iOS 平台使用支持滑动关闭页面的路由控制
    pageRoute = new CupertinoPageRoute(
      builder: (_) {
        return page;
      },
      settings: RouteSettings(name: routeName, arguments: paramtes),
    );
  } else {
    //Android 等其他平台使用 Material 风格的路由控制
    pageRoute = new MaterialPageRoute(
      builder: (_) {
        return page;
      },
      settings: RouteSettings(name: routeName, arguments: paramtes),
    );
  }
  if (isReplace) {
    Navigator.of(context).pushReplacement(pageRoute).then((value) {
      //目标页面关闭时回调函数与回传参数
      if (callback != null) {
        callback(value);
      }
    });
    return;
  }
  //压栈
  Navigator.of(context).push(pageRoute).then((value) {
    //目标页面关闭时回调函数与回传参数
    if (callback != null) {
      callback(value);
    }
  });
}
```

以渐变透明过渡的方式来打开一个新的路由也是常用的一种方式，如在使用 Hero 动画时，结合这种方式就可以实现酷炫美妙的效果，代码如下。

```
///以透明过渡的方式打开新的页面
///[opaque] 是否以背景透明的方式打开新的页面
///[isReplace] 是否替换当前路由中的页面
///[mills]透明过度页面打开的时间
///[endMills]页面关闭的时间
///[isBuilder]透明过渡动画的构建模式
static void openPageByFade(BuildContext context, Widget page,
    {bool isReplace = false,
    bool opaque = true,
    int mills = 800,
```

```
    int endMills = 400,
    bool isBuilder = false,
    Function(dynamic value) dismissCallBack}) {
  //创建自定义路由 PageRouteBuilder
  PageRouteBuilder pageRouteBuilder =
      buildRoute1(mills, endMills, page, opaque);
  //使用模式二
  if (isBuilder) {
    pageRouteBuilder = buildRoute2(mills, endMills, page, opaque);
  }
  //是否替换当前显示的 Page
  if (isReplace) {
    Navigator.of(context).pushReplacement(pageRouteBuilder).then(
      (value) {
        if (dismissCallBack != null) {
          dismissCallBack(value);
        }
      },
    );
  } else {
    Navigator.of(context).push(pageRouteBuilder).then(
      (value) {
        if (dismissCallBack != null) {
          dismissCallBack(value);
        }
      },
    );
  }
}
```

在这里使用到两种方式来构建透明渐变过渡路由 PageRouteBuilder，第一种是使用 PageRouteBuilder 的 transitionsBuilder 来构建动画组合，代码如下。

```
///自定义路由构建方式一
///透明渐变
static PageRouteBuilder buildRoute1(
    int mills, int endMills, Widget page, bool opaque) {
  return new PageRouteBuilder(
    //值为 false 时以透明背景方式打开
    opaque: opaque,
    pageBuilder: (BuildContext context, Animation<double> animation,
        Animation<double> secondaryAnimation) {
      //目标页面
      return page;
    },
    //动画时间
    transitionDuration: Duration(milliseconds: mills),
    reverseTransitionDuration: Duration(milliseconds: endMills),
    //过渡动画
    transitionsBuilder: (
      BuildContext context,
      Animation<double> animation,
      Animation<double> secondaryAnimation,
      Widget child,
    ) {
      //渐变过渡动画
      return FadeTransition(
        // 透明度从 0.0～1.0
```

```
        opacity: Tween(begin: 0.0, end: 1.0).animate(
          CurvedAnimation(
            parent: animation,
            //动画曲线规则，这里使用的是先快后慢
            curve: Curves.fastOutSlowIn,
          ),
        ),
        child: child,
      );
    },
  );
}
```

第二种是在 PageRouteBuilder 的 pageBuilder 属性中结合使用 AnimatedBuilder 组件来构建，代码如下。

```
//自定义路由构建方式二
//透明渐变
static PageRouteBuilder buildRoute2(
    int mills, int endMills, Widget page, bool opaque) {
  return PageRouteBuilder<void>(
    //背景透明方式打开
    opaque: false,
    //打开页面的过渡时间
    transitionDuration: Duration(milliseconds: mills),
    //退出页面的过渡时间
    reverseTransitionDuration: Duration(milliseconds: endMills),
    //页面构建
    pageBuilder: (BuildContext context, Animation<double> animation,
        Animation<double> secondaryAnimation) {
      return AnimatedBuilder(
        animation: animation,
        builder: (BuildContext context, Widget child) {
          return Opacity(
            opacity: Interval(0.0, 0.75, curve: Curves.fastOutSlowIn)
                .transform(animation.value),
            child: page,
          );
        },
      );
    },
  );
}
```

这两种方式的区别在于，从 Hero 动画切换的角度来看，前者从 Hero 动画开始过渡时透明渐变动画就开始执行，后者是 Hero 动画执行完成后，页面再开始执行透明渐变动画过渡；还可以结合 SlideTransition 平移过渡、ScaleTransition 缩放过渡、RoateTransition 旋转过渡形成各种酷炫的效果。

11.2.3 网络请求工具类封装

网络请求在本章中封装使用的是 Dio，会在 11.4 节中详细使用。

```
#用来加载网络数据
dio: 3.0.9
```

如图 11-17 所示为构建网络请求使用到相关的内容类目录结构。

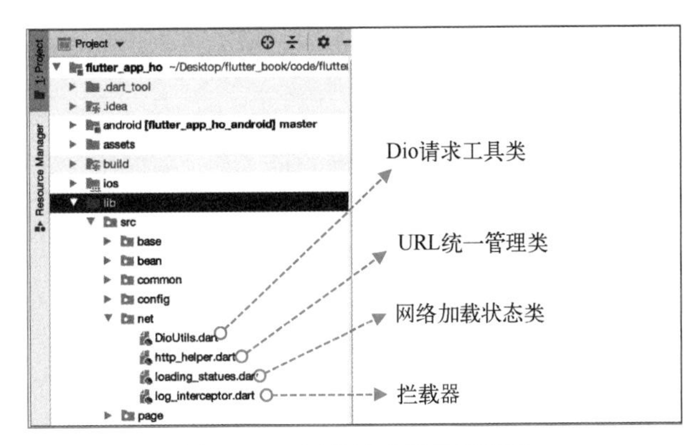

图 11-17　网络请求相关系列图

http_helper.dart 文件中用来封装应用内使用到的所有接口 URL 信息，方便日后对所有的链接修改维护，代码如下。

```
class HttpHelper {
  static const String BASE_HOST = "http://192.168.40.167:8080/";
}
```

loading_statues.dart 用来封装网络请求的状态，这个主要用于页面的交互，如图 11-18 所示为基本的页面请求交互说明，这里封装的网络请求状态就是用来实现这个交互的，代码定义如下。

```
enum LoadingStatues {
  success,//加载成功有数据
  noData,//加载成功无数据
  faile,//加载失败
  none,//默认无状态
  loading,//加载中
}
```

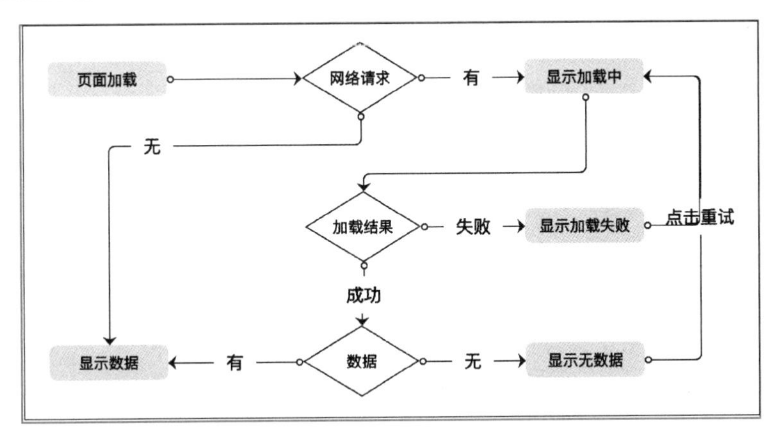

图 11-18　网络请求相关系列图

log_interceptor.dart 是封装的一个拦截器，可以监控到网络的请求以及响应等过程状态，在本章中使用到的功能都是拦截显示日志，代码见 https://github.com/zhaolongs/flutter_book_jixie/blob/v1/flutter_book_code_video/lib/net/log_interceptor.dart（代码清单 11-5）。

dio_utils.dart 文件是用来封装 Dio 实际操作的功能，定义如下。

```
class DioUtils {
  Dio _dio;
  // 工厂模式
  factory DioUtils() => _getInstance();
  static DioUtils get instance => _getInstance();
  static DioUtils _instance;

  //配置代理标识 false 不配置
  bool isProxy = false;
  //网络代理地址
  String proxyIp = "";
  //网络代理端口
  String proxyPort = "";

  DioUtils._internal() {
    BaseOptions options = new BaseOptions();
    //请求时间
    options.connectTimeout = 20000;
    options.receiveTimeout = 2 * 60 * 1000;
    options.sendTimeout = 2 * 60 * 1000;
    // 初始化
    _dio = new Dio(options);
    //当 APP 运行在 Release 环境时，inProduction 为 true;
    // 当 APP 运行在 Debug 和 Profile 环境时，inProduction 为 false。
    bool inProduction = bool.fromEnvironment("dart.vm.product");
    if (!inProduction) {
      debugFunction();
    }
  }
  static DioUtils _getInstance() {
    if (_instance == null) {
      _instance = new DioUtils._internal();
    }
    return _instance;
  }
  void debugFunction() {
    // 添加 log
    _dio.interceptors.add(LogsInterceptors());
    //配置代理
    if (isProxy) {
      _setupPROXY();
    }
  }

 ... ...

}
```

配置网络代理进行抓包，可以有效提高应用开发过程中的调试效率，代码如下。

```
/// 配置代理
void _setupPROXY() {
  (_dio.httpClientAdapter as DefaultHttpClientAdapter).onHttpClientCreate =
      (HttpClient client) {
    client.findProxy = (uri) {
      //proxyIp 地址  proxyPort 端口
      return 'PROXY $proxyIp : $proxyPort';
    };
```

```
    client.badCertificateCallback =
        (X509Certificate cert, String host, int port) {
      //忽略证书
      return true;
    };
  };
}
```

Get 请求方法封装如下。

```
/// get 请求
///[url]请求链接
///[queryParameters]请求参数
///[cancelTag] 取消网络请求的标识
Future<ResponseInfo> getRequest(
    {@required String url,
    Map<String, dynamic> queryParameters,
    CancelToken cancelTag}) async {
  //发起 get 请求
  try {
    Response response = await _dio.get(url,
        queryParameters: queryParameters, cancelToken: cancelTag);
    //响应数据
    dynamic responseData = response.data;
    //数据解析
    if (responseData is Map<String, dynamic>) {
      //转换
      Map<String, dynamic> responseMap = responseData;
      //
      int code = responseMap["code"];
      if (code == 200) {
        //业务代码处理正常
        //获取数据
        dynamic data = responseMap["data"];
        return ResponseInfo(data: data);
      } else {
        //业务代码异常
        return ResponseInfo.error(code: responseMap["code"]);
      }
    }
  } catch (e, s) {
    //异常
    return errorController(e, s);
  }
}
```

POST 方法请求如下。

```
/// post 请求
///[url]请求链接
///[formDataMap]formData 请求参数
///[jsonMap] JSON 格式
Future<ResponseInfo> postRequest(
    {@required String url,
    Map<String, dynamic> formDataMap,
    Map<String, dynamic> jsonMap,
    CancelToken cancelTag}) async {
  FormData form;
```

```
    if (formDataMap != null) {
      form = FormData.fromMap(formDataMap);
    }

    //发起 post 请求
    try {
      Response response = await _dio.post(url,
          data: form == null ? jsonMap : form,
          cancelToken: cancelTag);
      //响应数据
      dynamic responseData = response.data;
      if (responseData is Map<String, dynamic>) {
        Map<String, dynamic> responseMap = responseData;
        int code = responseMap["code"];
        if (code == 200) {
          //业务代码处理正常
          //获取数据
          dynamic data = responseMap["data"];
          return ResponseInfo(data: data);
        } else {
          //业务代码异常
          return ResponseInfo.error(
              code: responseMap["code"],
              message:responseMap["message"]);
        }
      }
    } catch (e, s) {
      errorController(e, s);
    }
  }
```

处理错误方法 errorController 封装如下。

```
Future<ResponseInfo> errorController(e, StackTrace s) {
  ResponseInfo responseInfo = ResponseInfo();
  responseInfo.success = false;

  //网络处理错误
  if (e is DioError) {
    DioError dioError = e;
    switch (dioError.type) {
      case DioErrorType.CONNECT_TIMEOUT:
        responseInfo.message = "连接超时";
        break;
      case DioErrorType.SEND_TIMEOUT:
        responseInfo.message = "请求超时";
        break;
      case DioErrorType.RECEIVE_TIMEOUT:
        responseInfo.message = "响应超时";
        break;
      case DioErrorType.RESPONSE:
        // 响应错误
        responseInfo.message = "响应错误";
        break;
      case DioErrorType.CANCEL:
        // 取消操作
        responseInfo.message = "已取消";
        break;
```

```
      case DioErrorType.DEFAULT:
        // 默认自定义其他异常
        responseInfo.message = dioError.message;
        break;
    }
  } else {
    //其他错误
    responseInfo.message = "未知错误";
  }
  return Future.value(responseInfo);
}
ResponseInfo 的定义如下:
class ResponseInfo {
  bool success;
  int code;
  String message;
  dynamic data;

  ResponseInfo(
      {this.success = true,
       this.code = 200,
       this.data,
       this.message = "请求成功"});

  ResponseInfo.error(
      {this.success = false,
       this.code = 201,
       this.message = "请求异常"});
}
```

11.3 基础组件封装

11.3.1 自定义路由弹框

在第 7 章中有对系统弹框（对话框）的系统论述，在本节是封装一个全局通用的弹框，当然也是对（第 1~10 章内容的一个综合实践），对应的代码如下。

```
//一个通用的弹出对话框
showCommonAlertDialog(
  headerTitle: "提示",
  //中间显示的内容
  contentMessag: "些内容删除后将不可恢复，确定删除吗???",
  //左侧按钮
  cancleText: "再考虑一下",
  //右侧按钮
  selectText: "考虑好了",
  //右侧按钮点击事件回调
  selectCallBack: () {
    print("选择了右侧按钮");
  },
  //左侧按钮点击事件回调
  cancleCallBack: () {
    print("选择了左侧按钮");
  },
```

11-1 自定义弹框效果

```
  //上下文
  context: context,
);
```

在这里的实现思路就是通过 Navigator 结合自定义透明渐变路由以透明背景的方式 push 一个新的页面（在 11.2.2 节中封装的路由工具类）。

showCommonAlertDialog 方法是封装的一个全局函数，用来触发透明页面，定义代码如下。

```
/// lib/app/page/common/common_dialog.dart
///便捷显示通用弹框的方法
void showCommonAlertDialog({
  @required BuildContext context,
  String contentMessag = "！！！",//中间显示的文本内容
  Widget contentWidget,//中间显示内容的 Widget
  Function cancleCallBack,//左侧取消按钮的回调
  Function selectCallBack,//右侧选择确认按钮的回调
  bool isCancleColose = true,//点击左侧按钮后弹框是否消失
  bool isSelectColose = true,//点击右侧按钮后弹框是否消失
  Function(dynamic value) dismisCallBack,//弹框消失的回调
  String headerTitle,//标题
  String selectText,//右侧选择按钮的文本
  String cancleText,//左侧取消按钮的文本
  bool isBackgroundDimiss = false,
}) {
  //通过透明的方式来打开弹框
  NavigatorUtils.openPageByFade(
      context,
      CommonDialogPage(
        contentWidget: contentWidget,
        contentMessag: contentMessag,
        cancleCallBack: cancleCallBack,
        selectCallBack: selectCallBack,
        cancleText: cancleText,
        selectText: selectText,
        title: headerTitle,
        isCancleColose: isCancleColose,
        isSelectColose: isSelectColose,
        isBackgroundDimiss: isBackgroundDimiss,
      ),
      dismissCallBack: dismisCallBack,
      opaque: false);
}
```

CommonDialogPage 是定义的一个普通的 StatefulWidget，代码如下。

```
/// lib/app/page/common/common_dialog.dart
///通用苹果风格显示弹框
class CommonDialogPage extends StatefulWidget {
  //显示的标题
  final String title;
  //显示的内容
  final String contentMessag;
  //取消按钮显示的文字
  final String cancleText;
  //确定按钮显示的文字
  final String selectText;
  //取消按钮的回调
  final Function cancleCallBack;
```

```
  //选择按钮的点击事件回调
  final Function selectCallBack;
  //点击背景是否消失
  //是否拦截Android设备的后退物理按钮的事件
  // true 是消失  是不拦截后退按钮
  final bool isBackgroundDimiss;
  final bool isCancleColose;
  final bool isSelectColose;
  //弹框中间显示内容
  final Widget contentWidget;

  CommonDialogPage(
      {Key key,
      this.contentMessag = "",
      this.contentWidget,
      this.title,
      this.cancleCallBack,
      this.selectCallBack,
      this.isBackgroundDimiss = false,
      this.selectText,
      this.isCancleColose = true,
      this.isSelectColose = true,
      this.cancleText})
      : super(key: key);

  @override
  _CommonDialogPageState createState() => _CommonDialogPageState();
}
```

CommonDialogPage 页面主体使用 Scaffold 来定义，通过 WillPopScope 组件来监听手机物理后退按钮以及全面屏的手势退出功能，通过全局设置手势识别 GestureDetector 来实现点击半透明背景关闭当前弹框页面的功能，代码如下。

```
/// lib/app/page/common/common_dialog.dart
class _CommonDialogPageState extends State<CommonDialogPage> {
  @override
  Widget build(BuildContext context) {
    return Scaffold(
      // 透明度为 54 的黑色 0～255 0 完全透明 255 不透明
      backgroundColor: Colors.black54,
      body: new Material(
        type: MaterialType.transparency,
        //监听Android设备上的返回键盘物理按钮
        child: WillPopScope(
          onWillPop: () async {
            //这里返回true表示不拦截
            //返回false拦截事件的向上传递
            return Future.value(widget.isBackgroundDimiss);
          },
          //填充布局的容器
          child: GestureDetector(
            //点击背景消失
            onTap: () {
              if (widget.isBackgroundDimiss) {
                Navigator.of(context).pop();
              }
            },
```

```
            //内容区域
            child: buildBodyContainer(context),
          ),
        ),
      ),
    );
  }
  ...
}
```

页面的主体使用线性布局 Column，居中排列的 ConstrainedBox 包裹一个 Container，这个 Container 用来实现白色的圆角边框，ConstrainedBox 用来限制内容区域的大小，代码如下。

```
/// lib/app/page/common/common_dialog.dart
Container buildBodyContainer(BuildContext context) {
  //充满屏幕的透明容器
  return Container(
    width: double.infinity,
    height: double.infinity,
    //线性布局的隔离
    child: Column(
      //子 Widget 水平方向居中
      crossAxisAlignment: CrossAxisAlignment.center,
      //子 Widget 垂直方向居中
      mainAxisAlignment: MainAxisAlignment.center,
      children: [
        //限制弹框的大小
        ConstrainedBox(
          constraints: BoxConstraints(
              //最大高度
              maxHeight: 320,
              //最小高度
              minHeight: 150,
              //最大宽度
              maxWidth: 280,
              //最小宽度
              minWidth: 280),
          child: buildContainer(context),
        )
      ],
    ),
  );
}
```

11-2 Column 与 ConstrainedBox 组合效果图

然后标题内容按钮区域在竖直方向上线性排列，所以需要使用 Column 来组合，代码如下。

```
///lib/app/page/common/common_dialog.dart
///构建白色区域的弹框
Container buildContainer(BuildContext context) {
  return Container(
    //圆角边框设置
    decoration: BoxDecoration(
      //弹框背景
      color: Colors.white,
      //四个角的圆角
      borderRadius: BorderRadius.all(
        Radius.circular(12),
      ),
```

11-3 内容区域结构效果图

```
      ),
      //弹框标题、内容、按钮 线性排列
      child: Column(
        //包裹子 Widget
        mainAxisSize: MainAxisSize.min,
        children: [
          SizedBox(height: 12,),
          //显示标题
          Text(
            widget.title??"温馨提示",
            style: TextStyle(fontSize: 18,color: Colors.blue),
          ),
          SizedBox(height: 12,),
          //显示内容
          buildCenterContentArae(),
          SizedBox(height: 12,),
          //底部按钮
          buildBottomButtonArea(),
          SizedBox(height: 2,),
        ],
      ),
    );
  }

// lib/app/page/common/common_dialog.dart
//构建中间显示部分
buildCenterContentArae() {
  //显示外部的 Widget
  if (widget.contentWidget != null) {
    return widget.contentWidget;
  } else {
    //默认显示文本
    return Padding(
      //文本内边距
      padding: EdgeInsets.only(left: 18, right: 18),
      child: Center(
        //限定内容的最小高度
        child:  ConstrainedBox(
          constraints: BoxConstraints(
            //最小高度为 50 像素
            minHeight: 50.0),
          child: Container(
            //居中
            alignment: Alignment.center,
            child: Text(
              "${widget.contentMessag}",
              //文本居中
              textAlign: TextAlign.center,
              //文本颜色
              style:Theme.of(context).textTheme.bodyText1,
            ),
          ),
        ),
      ),
    );
  }
}
```

底部按钮区域与文字内容区域有一个浅分割线，使用 Column 与 Divider 组合实现，底部的两个按钮中间也有分割线，使用 Row 来水平线性排列，代码如下。

```
// lib/app/page/common/common_dialog.dart
//底部按钮
buildBottomButtonArea() {
  //线性布局用来组合分割线与按钮
  if (widget.cancleText == null && widget.selectText == null) {
    //没有设置按钮时直接构建一个占位
    return SizedBox(
      width: 0,
      height: 0,
    );
  }
  return Column(
    mainAxisSize: MainAxisSize.min,
    children: [
      Divider(
        height: 0,
        color: Colors.grey,
        thickness: 1,
      ),
      Row(
        children: [
          //左边按钮
          buildLeftExpanded(),
          //中间分割线
          buildCenterDivi(),
          //右侧按钮
          buildRightExpanded()
        ],
      ),
    ],
  );
}
// lib/app/page/common/common_dialog.dart
//构建左侧的按钮
Widget buildLeftExpanded() {
  if (widget.cancleText == null) {
    //没有设置按钮时直接构建一个占位
    return SizedBox(
      width: 0,
      height: 0,
    );
  }
  return Expanded(
    child: InkWell(
      onTap: () {
        if (widget.isCancleColose) {
          Navigator.of(context).pop();
        }
        if (widget.cancleCallBack != null) {
          widget.cancleCallBack();
        }
      },
      child: Container(
        margin: EdgeInsets.only(top: 10, bottom: 10),
```

11-4　底部按钮区域效果图

```
          child: Text(
            widget.cancleText,
            textAlign: TextAlign.center,
            style: TextStyle(fontSize: 16, color: Colors.grey),
          ),
        ),
      ),
    );
  }

  //按钮中间的分隔线
  Widget buildCenterDivi() {
    if (widget.selectText == null || widget.selectText == null) {
      return SizedBox(
        width: 0,
        height: 0,
      );
    } else {
      return Container(
        height: 40,
        width: 1.0,
        color:  Colors.grey,
      );
    }
  }

  //构建右侧的按钮
  Widget buildRightExpanded() {
    if (widget.selectText == null) {
      //没有设置按钮时直接构建一个占位
      return SizedBox(
        width: 0,
        height: 0,
      );
    }
    return Expanded(
      child: InkWell(
        onTap: () {
          if (widget.isSelectColose) {
            Navigator.of(context).pop();
          }
          if (widget.selectCallBack != null) {
            widget.selectCallBack();
          }
        },
        child: Container(
          margin: EdgeInsets.only(top: 10, bottom: 10),
          child: Text(
            widget.selectText,
            textAlign: TextAlign.center,
            style: TextStyle(fontSize: 16, color: Colors.black),
          ),
        ),
      ),
    );
  }
```

11.3.2 权限请求弹框

如图 11-19 所示，为 Android 平台手机 APP 的一个读写文件权限的基本请求过程，按照国家工信部最新要求，APP 在使用一些危险权限时，需要给用户以详细的说明，如相机、位置、录音、电话等，在这里以文件权限列举说明。

在图 11-19 中，第①、③、⑤步中的弹框是使用 11.3.1 节中的自定义弹框来向用户说明权限申请功能的，第②步与第④步是向手机系统申请权限时系统弹出的说明，由图中可以看出，当用户第一次拒绝权限后，再次申请权限，系统权限提示是不一样的（如第④步），当用户选择拒绝且不再询问选项后，再次申请就只能去设置中心应用管理开启应用的权限（部分手机有设置权限的区别）。

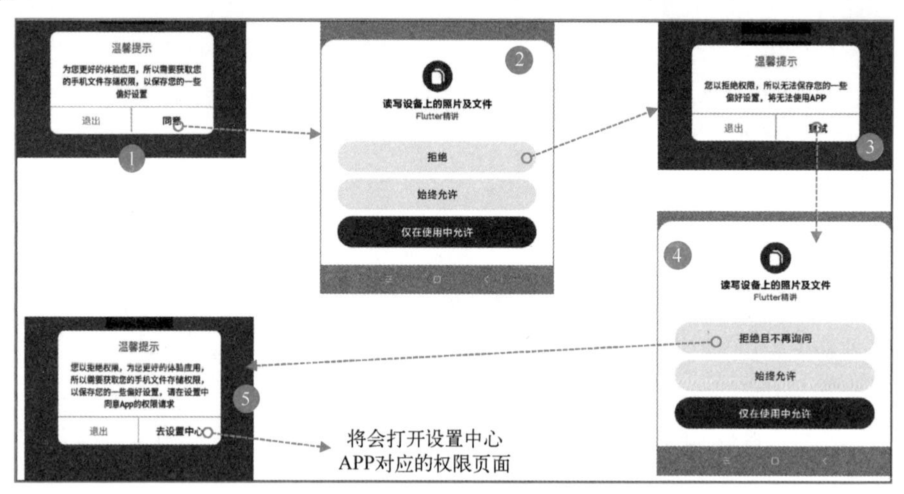

图 11-19　Android 平台的权限请求效果图

因为在一个 APP 系统中会使用到多个权限，所以在基础架构中，将上述权限的申请过程封装成一个基础组件，以简化每次权限申请的过程，权限申请使用的插件如下。

```
permission_handler: ^5.0.1+1
```

如图 11-19 所示的流程效果，使用封装的方法后，只需要两步操作。

```
//第一步定义弹框提示语
// 第一句是第一次申请权限时的提示说明
// 第二句是用户第一次拒绝后的提示说明
// 第三句是用户第二次拒绝后的提示说明
// 第四名是当前的应用程序打开设置中心失败的提示
List<String> permissList =[
  "为您更好地体验应用，所以需要获取您的手机文件存储权限，以保存您的一些偏好设置",
  "您已拒绝权限，所以无法保存您的一些偏好设置，将无法使用 APP",
  "您已拒绝权限，为您更好地体验应用，所以需要获取您的手机文件存储权限，以保存您的一些偏好设置，请在设置中同意 App 的权限请求",
  "暂时无法打开设置中心，请您打开手机设置->应用管理-同意权限",
];
```

第一步是定义提示语，然后第二步使用全局函数 showPermissionRequestPage 来开启弹框说明，代码如下。

```
//权限请求封装功能
```

```
//如果当前配置的权限通过就直接回调 dismissCallback 方法
showPermissionRequestPage(
    context: context,
    //点击退出关闭 APP
    isColseApp: true,
    //在这里请求的是文件读写权限
    permission: Permission.storage,
    //对应的弹框提示语
    permissionMessageList: permissList,
    //权限请求完成后的回调
    dismissCallback: (value) {
      //权限请求通过返回 true
      //权限请求结束获取权限后进行初始化操作
      //如果未获取权限是对权限进行关闭的

    },);
```

showPermissionRequestPage 是封装的一个全局快速打开权限请求功能弹框的函数方法，内部还是调用了 Navigator，以透明渐变的方式打开一个新的页面，代码如下。

```
///lib/app/page/common/permission_request_page.dart
///快速显示动态权限申请功能
///[context] 上下文对象，用来 push 新的 Widget 页面使用
///[permission] 对应申请的权限[Permission]也就说这是一个
///   通用的权限申请功能 Widget
///[permissionMessageList] 对应弹框显示的文案，最少有三个
///[isColseApp] 权限申请不通过时，为 true 时退出 APP
///[dismissCallback]就是权限申请完毕后的回调
///     当[isColseApp] 为 true 时此方法无效
///     当[isColseApp] 为 false 时，申请权限通过回调参数为 true
///     申请权限未通过时 回调参数为 false
showPermissionRequestPage(
    {@required BuildContext context,
    @required Permission permission,
    @required List<String> permissionMessageList,
    bool isColseApp = true,
    Function(dynamic value) dismissCallback}) {
  ///透明的方式打开权限请求 Widget
  NavigatorUtils.openPageByFade(
      context,
      PermissionRequestPage(
        permissionMessageList: permissionMessageList,
        permission: permission,
        isColseApp: isColseApp,
      ),
      opaque: false, dismissCallBack: (value) {
    ///权限请求结束获取权限后进行初始化操作
    ///如果未获取权限是对权限进行关闭的
    if (dismissCallback != null) {
      dismissCallback(value);
    }
  });
}
```

PermissionRequestPage 也是定义的一个基本的 StatefulWidget，代码如下。

```
///lib/app/page/common/permission_request_page.dart
///通用动态权限申请功能封装
```

```
class PermissionRequestPage extends StatefulWidget {
  ///当前要申请的权限
  final Permission permission;
  ///申请权限的提示语
  final List<String> permissionMessageList;
  ///不同意权限时 为 true 触发关闭 APP
  final bool isColseApp;
  PermissionRequestPage(
      {@required this.permission,
      @required this.permissionMessageList,
      this.isColseApp = true});
  @override
  _PermissionRequestState createState() => _PermissionRequestState();
}
```

然后在这里 WidgetsBindingObserver 来为 APP 设置生命周期，用来监测 APP 前后台的切换，主要用于用户从 APP 中进入设置中心后，再回到 APP 中时，需要再次检测权限是否开启，代码如下。

```
class _PermissionRequestState extends State<PermissionRequestPage>
    with WidgetsBindingObserver {
  ///lib/app/page/common/permission_request_page.dart
  @override
  void initState() {
    super.initState();
    LogUtil.e("权限请求页面");
    WidgetsBinding.instance.addObserver(this); //添加观察者
    ///检查权限
    checkPermissonFunction();
  }

  @override
  void dispose() {
    //销毁观察者
    WidgetsBinding.instance.removeObserver(this);
    super.dispose();
  }

  ///是否打开设置中心
  bool isOpenSetting = false;
  ///生命周期变化时回调
  //  resumed:应用可见并可响应用户操作
  //  inactive:用户可见，但不可响应用户操作
  //  paused:已经暂停了，用户不可见、不可操作
 //  suspending: 应用被挂起，此状态 iOS 永远不会回调
  @override
  void didChangeAppLifecycleState(AppLifecycleState state) {
    super.didChangeAppLifecycleState(state);
    if (state == AppLifecycleState.resumed && isOpenSetting) {
      checkPermissonFunction();
    }
  }
  ... ...
}
```

对于这里的页面主体就只是一个透明的背景，代码如下。

```
@override
Widget build(BuildContext context) {
  return Scaffold(
   backgroundColor: Colors.transparent,
   ///填充布局
   body: new Material(
      type: MaterialType.transparency,
      child: WillPopScope(
       onWillPop: () async {
         ///退出 APP
         closeApp();
         return Future.value(false);
       },
       child: Container(
         width: double.infinity,
         height: double.infinity,
       ),
      )),
  );
}
```

第一次进入、应用从后台返回、用户点击重试、点击退出、点击同意都会重复回调检查权限方法，以确保权限请求确实申请成功，定义代码见 https://github.com/zhaolongs/flutter_book_jixie/blob/v1/flutter_book_code_video/lib/app/page/common/permission_request_page.dart（代码清单 11-6）。

当点击弹框中的同意或者是重试时，触发系统的权限申请，代码如下。

```
///lib/app/page/common/permission_request_page.dart
///请求权限
void requestStoragePermisson() async {
  ///请求权限
  PermissionStatus status = await widget.permission.request();
  ///校验权限申请结果
  checkPermissonFunction(status: status);
}
```

申请完成后再重复检查一下权限是否真正申请通过。当用户点击了拒绝并选择了不再提示，就只能通过设置中心打开应用权限，部分手机系可能会有打开失败的情况，这时需要提示用户手动去设置同意使用权限，代码如下。

```
void openSettingFaile() {
  showCommonAlertDialog(
      contentMessag: "暂时无法打开设置中心，请您打开手机设置->应用管理-同意权限",
      cancleText:  "退出",
      cancleCallBack: () {
        closeApp();
      }, context: context);
}
```

最后就是当用户拒绝权限的方法 closeApp 的定义如下。

```
///关闭应用程序或者权限请求功能
Future<void> closeApp() async {
  if(widget.isColseApp){
   //关闭 APP
    await SystemChannels.platform.invokeMethod('SystemNavigator.pop');
```

```
    }else{
      if(Navigator.of(context).canPop()){
        Navigator.of(context).pop(false);
      }
    }
}
```

11.3.3 基类 BaseState 构建

在移动应用开发中，无论是 Android 还是 iOS，一般都会有一个基类，用来初始化一些公用的操作，如埋点信息、页面的 push 与 pop 方法封装等，在 Flutter 中的基类可定义如下。

```
///lib/app/base/base_state.dart
abstract class BaseState<T extends StatefulWidget> extends State<T> {
  @override
  void initState() {
    super.initState();
    //埋点信息 页面的进入
  }

  @override
  void dispose() {
    super.dispose();
    //埋点信息 页面的退出
  }

  //打开新的页面
  void push({@required Widget page}) {
    NavigatorUtils.pushPage(context, page);
  }

  //关闭当前页面
  void pop() {
    if (Navigator.canPop(context)) {
      Navigator.of(context).pop();
    }
  }
}
```

APP 的升级提示弹或者是优惠券使用的提示框显示需要将 APP 的状态栏隐藏，在弹框退出里再显示状态栏，所以可以将这个功能封装成一个 PopBaseState，然后在后续的使用过程中，直接继承就可以实现这样的操作，定义代码如下。

```
///弹框使用基类
///lib/app/base/pop_base_state.dart
abstract class PopBaseState <T extends StatefulWidget> extends State<T> {
  @override
  void initState() {
    super.initState();
    ///状态栏的全透明沉浸
    SystemUiOverlayStyle systemUiOverlayStyle =
    SystemUiOverlayStyle(statusBarColor: Colors.transparent);
    SystemChrome.setSystemUIOverlayStyle(systemUiOverlayStyle);
    //隐藏顶部的状态栏
    //这个方法也可把状态栏和虚拟按键隐藏掉
    //   SystemUiOverlay.top 状态栏
```

```
    // SystemUiOverlay.bottom 底部的虚拟键盘
    SystemChrome.setEnabledSystemUIOverlays([]);
  }

  @override
  void dispose() {
    super.dispose();
    //显示
    SystemChrome.setEnabledSystemUIOverlays([SystemUiOverlay.top, SystemUiOverlay.bottom]);
  }
}
```

11.3.4 App 版本升级组件

如图 11-20 所示，是 App 中的个升级提示对话框，当点击升级时，按钮状态变为下载中，并且会有从左向右的进度动画以及中间的下载百分比显示。

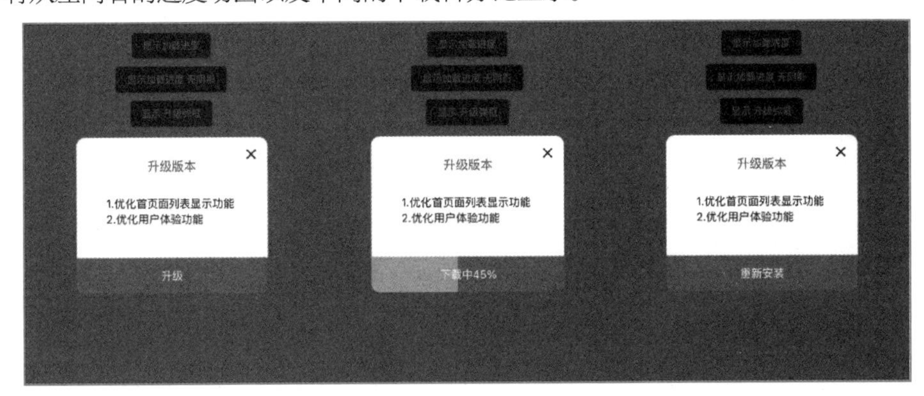

图 11-20 APP 升级弹框效果图

然后在下载完成后自动调用起安装程序，在这里指的是 Android 平台的效果，运行在 iOS 上时，点击升级直接跳转 AppStore 对应的应用主页面。

如图 11-21 所示，在 Android 中，当 apk 下载失败时，按钮显示点击重试，用户点击重试后，重新下载 apk 安装包，当下载成功后自动调用安装程序功能，手机页面会跳转到安装应用程序的系统页面，当用户在安装应用页面没点击安装再返回到当前升级页面时，按钮显示为点击安装，用户可以再次触发安装操作。

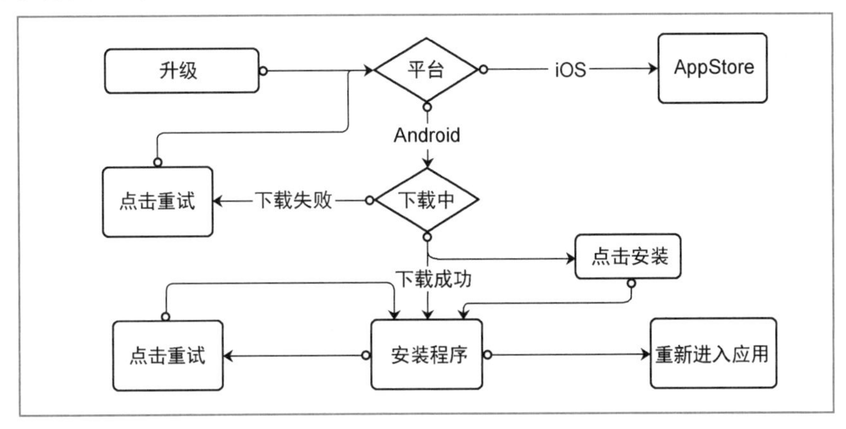

图 11-21 APP 升级流程效果图

如图 11-20 所示的弹框效果，基本调用代码如下。

```
showAppUpgradeDialog(
  upgradText: "1.优化首页面列表显示功能 \n2.优化用户体验功能",
  context: context,
);
```

showAppUpgradeDialog 是定义的一个全局函数，用来便捷打开升级弹框页面，代码如下。

```
///便捷显示升级弹框
void showAppUpgradeDialog({
  @required BuildContext context,
  //是否强制升级
  bool isForce = false,
  //点击背景是否消失
  bool isBackDismiss = false,
  //升级提示内容
  String upgradText ="",
}) {
  //通过透明的方式来打开弹框
  NavigatorUtils.openPageByFade(
      context,
      //自定义的弹框页面
      AppUpgradePage(
        isBackDismiss: isBackDismiss,
        isForce: isForce,
          upgradText:upgradText,
      ),
      opaque: false);
}
```

升级显示的弹框样式，然后下载安装 apk 的功能并将其封装在 AppUpgradePage 中，代码见 https://github.com/zhaolongs/flutter_book_jixie/blob/v1/flutter_book_code_video/lib/app/page/common/app_upgrade.dart（代码清单 11-7）。

然后主页面通过 Container 包裹一个 Column 填充当前页面，代码如下。

```
Container buildBodyContainer(BuildContext context) {
  //充满屏幕的透明容器
  return Container(
    width: double.infinity,
    height: double.infinity,
    //线性布局
    child: Column(
      //子 Widget 水平方向居中
      crossAxisAlignment: CrossAxisAlignment.center,
      //子 Widget 垂直方向居中
      mainAxisAlignment: MainAxisAlignment.center,
      children: [
        buildContainer(context),
      ],
    ),
  );
}
```

buildContainer 方法则是结合 ClipRRect 将子 Widget 裁剪为一个圆角背景区域，也就是升级弹框的内容主体区域，代码如下。

```
///构建白色区域的弹框
Widget buildContainer(BuildContext context) {
  return ClipRRect(
    //裁剪的圆角背景
    borderRadius: BorderRadius.all(
      Radius.circular(12),
    ),
    child: Container(
      width: 280, height: 220,
      color: Colors.white,
      //弹框标题、内容、按钮 线性排列
      child: buildColumn(context),
    ),
  );
}
```

主内容区域包括一个标题、升级说明、升级按钮，使用 Column 在竖直方向线性排开，因为升级内容可能会很长，所以使用一个滑动组件来包裹，代码如下。

```
//白色圆角框中线性排列的升级说明
Column buildColumn(BuildContext context) {
  return Column(
    //包裹子 Widget
    mainAxisSize: MainAxisSize.min,
    children: [
      //显示标题
      buildHeaderWidget(context),
      SizedBox(height: 12,),
      //中间显示的更新内容 可滑动
      Expanded(
        child: SingleChildScrollView(
          child: Container(
            padding: EdgeInsets.all(10),
            child: Text(
              "${widget.upgradText}",
              style: TextStyle(fontSize: 16),
            ),
          ),
        ),
      ),
      //底部的按钮区域
      buildBottomButton()
    ],
  );
}
```

显示的标题通过一个层叠布局将标题文本与关闭按钮组合在一起，关闭按钮有两个作用，一是关闭当前弹框，二是取消下载任务，三是强制更新的情况下点击触发关闭应用程序，代码如下。

```
//一个标题、一个按钮
Container buildHeaderWidget(BuildContext context) {
  return Container(
    height: 60,
    width: MediaQuery.of(context).size.width,
    child: Stack(
      children: [
```

```
      Positioned(
        left: 0,
        right: 0,
        top: 28,
        child: Text(
          "升级版本",
          textAlign: TextAlign.center,
          style: TextStyle(fontSize: 18, color: Colors.blue),
        ),
      ),
      //右上角
      Positioned(
        right: 0,
        child: CloseButton(
          onPressed: () {
          closeApp(context);
          },
        ),
      )
    ],
  ),
 );
}
```

closeApp 方法定义如下。

```
void closeApp(BuildContext context) {
  //最好是有一个再次点击时间控制
  //笔者这里省略
  //如果正在下载中 取消网络请求
  if (_cancelToken != null && !_cancelToken.isCancelled) {
    //取消下载
    _cancelToken.cancel();
  }
  //如果是强制升级 点击物理返回键退出应用程序
  if (widget.isForce) {
    SystemChannels.platform.invokeMethod('SystemNavigator.pop');
  } else {
    Navigator.of(context).pop();
  }
}
```

当下载的时候需要实时刷新进度与文本显示功能，所以使用了 StreamBuilder 结合流控制器 StreamController 来实现的局部刷新功能，通过 ClipRect 结合 Align 来实现从左向右滑动进度的视觉效果，代码如下。

```
//底部的按钮区域 构建 StreamBuilder
StreamBuilder<double> buildBottomButton() {
  return StreamBuilder<double>(
    stream: _streamController.stream,
    initialData: 0.45,
    builder: (BuildContext context, AsyncSnapshot<double> snapshot) {
      return Container(
        child: Stack(
          children: [
            //自定义按钮
            buildMaterial(context, snapshot),
            //结合 Align 实现的裁剪动画
```

```
        ClipRect(
          child: Align(
            alignment: Alignment.centerLeft,
            widthFactor: snapshot.data,
            child: Container(
              width: MediaQuery.of(context).size.width,
              height: 50,
              color: Colors.white.withOpacity(0.5),
            ),
          ),
        )
      ],
    ),
  );
 },
);
}
```

底部显示的升级按钮通过 Ink 与 InkWell 组合来实现，代码如下。

```
//自定义按钮
Material buildMaterial(BuildContext context, AsyncSnapshot<double> snapshot) {
  return Material(
    color: Colors.redAccent,
    child: Ink(
      child: InkWell(
        //点击事件
        onTap: onTapFunction,
        child: Container(
          alignment: Alignment.center,
          width: MediaQuery.of(context).size.width,
          height: 50,
          child: Text(
            //不同状态显示不同的文本内容
            buildButtonText(snapshot.data),
            style: TextStyle(fontSize: 16, color: Colors.white),
          ),
        ),
      ),
    ),
  );
}
```

按钮上显示的文本通过不用的状态来构建，代码如下。

```
String buildButtonText(double progress) {
    String buttonText = "";
    switch (_installStatues) {
      case InstallStatues.none:
        buttonText = '升级';
        break;
      case InstallStatues.downing:
        buttonText = '下载中' + (progress * 100).toStringAsFixed(0) + "%";
        break;
      case InstallStatues.downFinish:
        buttonText = '点击安装';
        break;
      case InstallStatues.downFaile:
        buttonText = '重新下载';
```

```
        break;
      case InstallStatues.installFaile:
        buttonText = '重新安装';
        break;
    }
    return buttonText;
  }
```

按钮的点击事件根据不同的状态处理不同的升级逻辑，代码如下。

```
void onTapFunction() {
  //如果是 iOS 手机就跳转 APPStore
  if (Theme.of(context).platform == TargetPlatform.iOS) {
    InstallPluginCustom.gotoAppStore(
        "https://apps.apple.com/cn/app/id1453826566");
    return;
  }
  //第一次下载
  //下载失败点击重试
  if (_installStatues == InstallStatues.none ||
      _installStatues == InstallStatues.downFaile) {
    _installStatues = InstallStatues.downing;
    downApkFunction();
  } else if (_installStatues == InstallStatues.downFinish ||
      _installStatues == InstallStatues.installFaile) {
    //安装失败时
    //下载完成时 点击触发安装
    installApkFunction();
  }
}
```

下载 apk 方法是通过 Dio 网络请求框架提供的 download 方法来实现的，进度的更新是通过 StreamController 结合上述提到的 StreamBuilder 来实现的，代码见 https://github.com/zhaolongs/flutter_book_jixie/blob/v1/flutter_book_code_video/lib/app/page/common/app_upgrade.dart（代码清单 11-8）。

下载完成后调用安装系统，使用的是一个插件，插件中已封装好 Android7、Android8、Android9 不同版下对权限申请的需要，读者直接添加依赖如下。

```
#  APP 升级安装组件 Android 中调用自动安装 apk 的程序
#ios 调用打开 APPStore
install_plugin_custom:
  git:
    url: https://github.com/zhaolongs/install_plugin_custom.git
    ref: master
```

然后调用系统安装的方法如下。

```
void installApkFunction() {
  //开始安装
  InstallPluginCustom.installApk(appLocalPath, '你的应用包名')
      .then((result) {
    print('install apk $result');
  }).catchError((error) {
    //安装失败
    _installStatues = InstallStatues.installFaile;
    setState(() {});
  });
```

```
}
```

在下载前需要获取手机本地的目录空间路径，在这里使用的是 path_provider，依赖如下。

```
#获取手机存储目录
path_provider: ^1.6.9
获取目录代码如下：
 ///获取手机的存储目录路径
///getExternalStorageDirectory() 获取的是
///    android 的外部存储 (External Storage)
/// getApplicationDocumentsDirectory 获取的是
///    ios 的 Documents` or `Downloads` 目录
Future<String> getPhoneLocalPath() async {
  final directory = Theme.of(context).platform == TargetPlatform.android
      ? await getExternalStorageDirectory()
      : await getApplicationDocumentsDirectory();
  return directory.path;
}
```

11.3.5 Html 加载组件

在 Flutter 中要解析加载 Html 内容，还需要使用插件来实现，一般的插件基于 Android 中的 WebView 以及 iOS 中的 WKWebView，在本章中使用的是 FaiWebViewWidget 插件，在使用前需要添加依赖如下。

```
dependencies:
  flutter_fai_webview: ^1.1.6
```

或者通过 github 的方式引用，代码如下。

```
flutter_fai_webview:
  git:
    url: https://github.com/zhaolongs/Flutter_Fai_Webview.git
    ref: master
```

然后定义一个通过链接便捷打开 Html 页面的方法，代码如下。

```
///lib/app/page/common/webview_page.dart
///便捷打开 Html 页面的方法
showWebViewPage(
    {@required BuildContext context,
    //加载 H5 对应的链接
    @required String pageUrl,
    //标题
    String pageTitle,
    //页面关闭回调
    Function(dynamic value) dismissCallback}) {
  //打开用 WebView 页面
  NavigatorUtils.openPageByFade(
    context,
    WebViewPage(
      pageTitle: pageTitle,
      pageUrl: pageUrl,
    ),
    dismissCallBack: dismissCallback,
  );
}
```

使用到的 NavigatorUtils 是 11.2.2 节中封装好的，页面 WebViewPage 是定义好的通用加载 Html 的页面，如二维码 11-5 所示效果，底部的左右箭头分别用来调用浏览器的后退与前进功能，WebViewPage 是本小节中定义的一个 StatefulWidget，代码如下。

```
///lib/app/page/common/webview_page.dart
///通用根据 Url 来加载 H5 页面功能的 WebView
class WebViewPage extends StatefulWidget {
  //标题
  final String pageTitle;
  //页面 URL
  final String pageUrl;
  WebViewPage({this.pageTitle, this.pageUrl});
  @override
  _WebViewPageState createState() => _WebViewPageState();
}
```

11-5
WebViewPage
页面效果图

页面的整体使用层叠布局 Stack 来构建，包括两部分，第一层的 FaiWebViewWidget 用来加载 Html 页面功能，第二层是控制前进与后退的控制栏功能，代码见 https://github.com/zhaolongs/flutter_book_jixie/blob/v1/flutter_book_code_video/lib/app/page/common/webview_page.dart（代码清单 11-9）。

callBack 就是 FaiWebViewWidget 加载 Html 的回调，与 JS 的双向通信也是通过 callBack 回调，FaiWebViewWidget 支持与 FlutterWidget 的混合加载，更多的用法读者可以查看中文文档。

```
#CSDN
https://blog.csdn.net/zl18603543572/article/details/96585707
#github
https://github.com/zhaolongs/Flutter_Fai_Webview.git
```

11.4 启动流程配置

如图 11-1 所示，要实现的是从一个 Hello World 构建成一个常用的 APP 启动流程脚手架，也是综合应用本章中封装的工具类。

APP 最初的展示效果就是一个图标展示在手机桌面上，当点击 APP 这个图标时，即可启动 APP，应用启动的一刹那，手机会先白屏或者黑屏一段时间，然后再进入应用程序的主页，但当退出应用后再次打开 APP，却又发现白屏时间极短或者压根感觉不出来，前者称为冷启动，后者称为热启动。

冷启动：当启动某个应用程序时，如果手机系统中后台没有该应用程序的进程，则会先创建一个该应用程序进程，这种方式叫冷启动。

热启动：当启动某个应用程序时，系统后台已经有一个该应用程序的进程了，则不会再创建一个新的进程，这种方式叫热启动，通常按返回键退出应用，按 Home 键回到桌面，该应用进程还一直存活，再次启动应用都叫热启动。

通常情况下，白屏现象都是在冷启动情况下出现的，如果白屏时间过长，就会给人一种 APP 很卡顿的感觉，这对于应用的用户体验是极为不好的。

11.4.1 Android 与 iOS 双平台的闪屏页面

在 Flutter 项目中的 android 目录（目录结构如图 11-22 所示）下配置 Android 应用启动显示一个启动图片功能，第一步就是将启动图片放到图片文件夹 mipmap 中，如图 11-22 中的②号位置所示，第二步就是将这个图片放到一个 xml 中，如图 11-26 中的①号位置所示的 launch_background.xml 文件，Flutter 项目会默认创建好这个文件，可以只做修改，代码如下。

```
<?xml version="1.0" encoding="utf-8"?>
<layer-list xmlns:android="http://schemas.android.com/apk/res/android">
    <!--  背景颜色-->
    <item android:drawable="@android:color/white" />
    <!--  背景图片-->
    <item>
        <bitmap
            android:gravity="center"
            android:src="@mipmap/app_icon" />
    </item>
</layer-list>
```

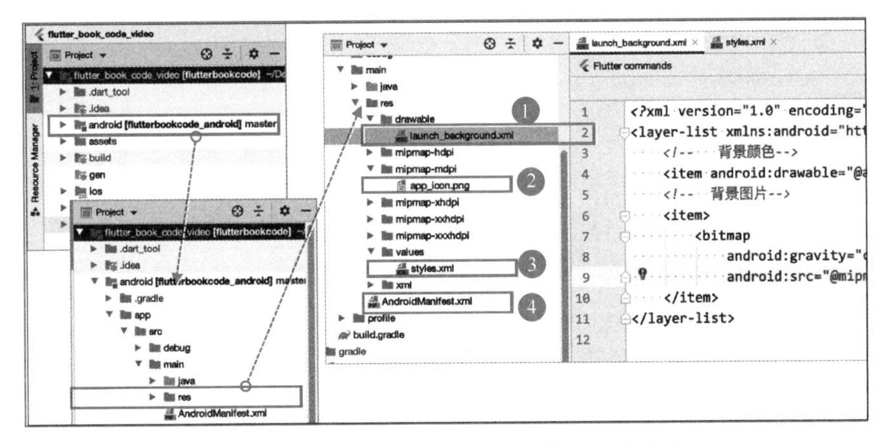

图 11-22　Android 的白屏配置相关目录说明图

第三步就是图 11-22 中的③号位置的 styles.xml 样式中引用创建的 launch_background.xml，配置如下。

```
<?xml version="1.0" encoding="utf-8"?>
<resources>
<!--启动页面背景样式-->
    <style name="LaunchTheme" parent="@android:style/Theme.Black.NoTitleBar">
        <item name="android:windowBackground">@drawable/launch_background</item>
    </style>
<!-- 其他情况 Activity 的背景样式-->
    <style name="NormalTheme" parent="@android:style/Theme.Black.NoTitleBar">
        <item name="android:windowBackground">@android:color/white</item>
    </style>

</resources>
```

第四步就是在清单文件 AndroidManifest.xml（如图 11-22 中的④号位置）中给启动 Activity 配置使用这个样式，Flutter 工程项目默认是配置好的，代码如下。

```
<application
     ...
     <activity
         android:name=".MainActivity"
         # 这里配置的样式
         android:theme="@style/LaunchTheme"
```

```
        android:windowSoftInputMode="adjustResize">
        ... ...
</application>
```

对于 iOS 的启动白屏瞬间也需要通过配置启动页面功能来解决，在 Xcode 中打开的 Flutter 工程目录如图 11-23 所示，Launch Screen File 就是配置的启动页面，在 Flutter 项目中默认配置的 LaunchScreen.storyboard 文件为启动页面。

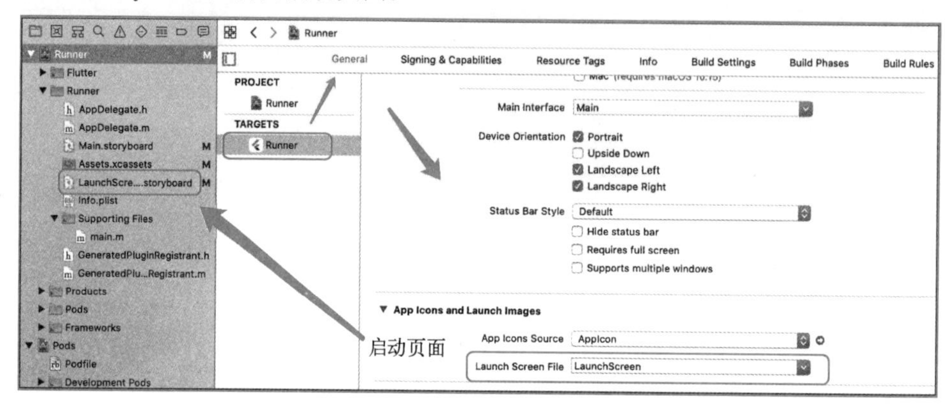

图 11-23　Xcode 中的 Flutter 工程项目图

如图 11-24 所示，在 LaunchScreen.storyboard 文件中创建一个 Image View，并设置居中的约束，然后配置显示图片为 app_icon，图片 app_icon 存放在 Assets.xcassets 文件夹中。

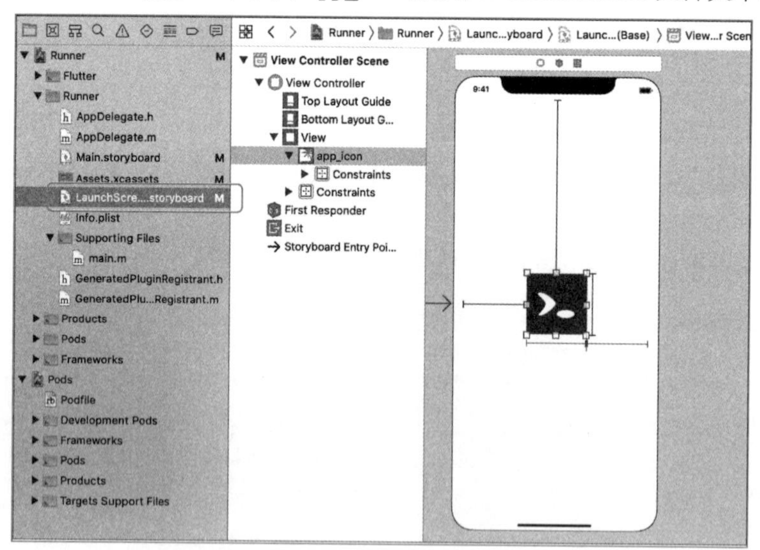

图 11-24　LaunchScreen.storyboard 中创建的图片设置约束说明图

11.4.2　启动初始化页面

首先在 Flutter 项目工程中默认的 main.dart 中配置启动的根视图以及 Flutter 项目运行 APP 报错信息捕捉 UI 显示功能，代码如下。

```
import 'package:flutter/material.dart';
import 'app/app.dart';
///lib/main.dart
```

```
///程序的入口
void main() {
  ///启动根目录
  runApp(AppRootPage());
  /// 自定义报错页面 可以捕捉 Flutter App 的报错信息
  ErrorWidget.builder = (FlutterErrorDetails flutterErrorDetails) {
    ///debug 模式下输出日志
    debugPrint(flutterErrorDetails.toString());
    return Scaffold(
      body: Container(
        width: double.infinity,
        child: Column(
          mainAxisAlignment: MainAxisAlignment.center,
          children: [
            Text("App 错误，快去反馈给作者!${flutterErrorDetails.exception.toString()}"),
          ],
        ),
      ),
    );
  };
}
```

如图 11-25 所示，启动函数 runApp 打开一个根视图 AppRootPage，配置一些最初始的数据，代码见 https://github.com/zhaolongs/flutter_book_jixie/blob/v1/flutter_book_code_video/lib/app/app_root.dart（代码清单 11-10）。

在根视图中使用到 StreamBuilder 与 StreamController 实现全局数据刷新控制，StreamController 创建的是一个多订阅流，可实现多次监听，放在 global.dart 文件中，如图 11-26 所示的代码目录结构，代码如下。

```
//全局数据更新流控制器
//多订阅流
StreamController<GlobalBean> rootStreamController = StreamController.broadcast();
//全局路由导航 Key
GlobalKey<NavigatorState> globalNavigatorKey = new GlobalKey();
// 注册 RouteObserver 作为 navigation observer.
final RouteObserver<PageRoute> routeObserver = RouteObserver<PageRoute>();
```

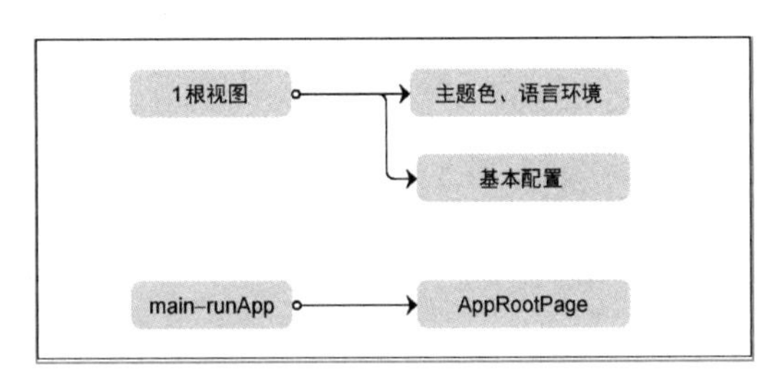

图 11-25　Flutter APP 应用启动根视图

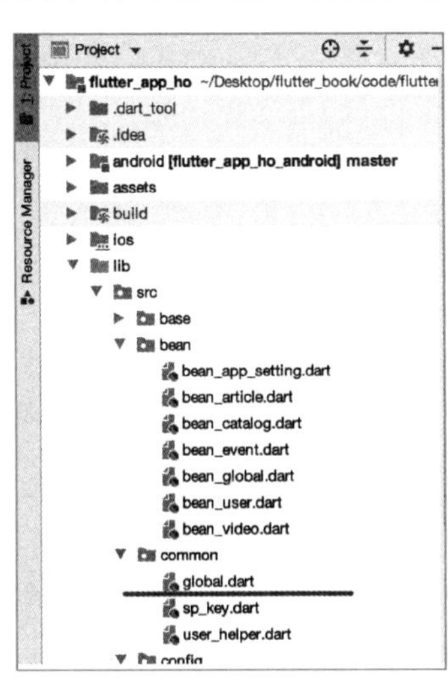

图 11-26　全局数据文件定义目录结构

GlobalBean 是封装的用于全局通信的数据模型，代码如下。

```
class GlobalBean {
  int code;
  dynamic data;
  GlobalBean(this.code, this.data);
}
```

MaterialApp 组件中配置的 home 页面（IndexPage）就是默认显示的启动页面，如图 11-27 所示为启动页面中要实现的业务逻辑功能，IndexPage 页面的定义如下。

```
///lib/src/index.dart
///启动页面
class IndexPage extends StatefulWidget {
  @override
  _IndexPageState createState() => _IndexPageState();
}

class _IndexPageState extends PopBaseState<IndexPage> {
  ///构建[IndexPage]中的显示内容
  @override
  Widget build(BuildContext context) {
    return Scaffold(
      ///层叠布局
      body: Stack(
        children: [
          ///构建背景
          Positioned(
            left: 0,
            right: 0,
            top: 0,
            bottom: 0,
            child: Image.asset(
              "assets/images/3.0x/welcome.png",
              fit: BoxFit.fill,
            ),
          ),
        ],
      ),
    );
  }
}
```

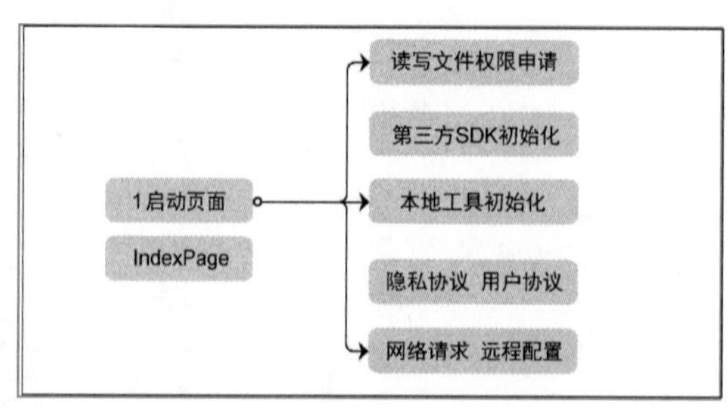

图 11-27　启动页面功能结构图

启动页面的业务逻辑功能从初始化函数开始，代码如下。

```
@override
void initState() {
  super.initState();
  //Widget 渲染完成的回调
  WidgetsBinding.instance.addPostFrameCallback((_) {
    //检查权限
    checkPermissonFunction();
  });
}
```

WidgetsBinding 是 Flutter 中显示层与绘制层中间的监听者，可通过 WidgetsBinding 来获取 Widgets 绘制每一帧的回调。

在常用的应用程序中，对文件的读写权限是第一要求，在页面第一帧绘制出来后再去检查权限，是一种处理方案，还可以结合 Future 来放到任务队列中，当 Flutter 应用正在绘制页面显示 UI 时，主队列中的任务没有做完是不会去做普通队列中的任务的（在 10.1 节异步编程中有详细论述），代码如下。

```
Future.delayed(Duration.zero, () {
  //检查权限
  checkPermissonFunction();
});
checkPermissonFunction 的功能是用来申请应用对文件的读写权限的，代码如下：
///lib/app/index.dart
///构建[IndexPage]中的异步的权限请求判断
void checkPermissonFunction() {
  //定义弹框提示语
  // 第一句是第一次申请权限时的提示说明 第二句是用户第一次拒绝后的提示说明
  // 第三句是用户第二次拒绝后的提示说明 第四句是当前的应用程序打开设置中心失败的提示
  List<String> messageList = [
    "为了您更好地体验应用，所以需要获取您的手机文件存储权限 ...",
    "您已拒绝权限，所以无法保存您的一些偏好设置，将无法使用 APP",
    "您已拒绝权限，为您更好的体验应用 ...",
    "暂时无法打开设置中心，请您打开手机设置→应用管理→同意权限",
  ];

  //权限请求封装功能
  //如果当前配置的权限通过就直接回调 dismissCallback 方法
  showPermissionRequestPage(
      context: context,
      //在这里请求的是文件读写权限
      permission: Permission.storage,
      //对应的弹框提示语
      permissionMessageList: messageList,
      ///权限请求完成后的回调
      dismissCallback: (value) {
        ///权限请求结束获取权限后进行初始化操作
        ///如果未获取权限则权限是关闭的
        initData();
      });
}
```

使用全局函数 showPermissionRequestPage 来便捷申请，如果是申请通过了，就直接跳过不显示弹框，如果没有通过就再次显示申请权限弹框，在 11.3.2 节中有详细论述。

权限申请通过后就是 initData 初始化方法，在这里会对一些基本缓存数据、工具类配置、第三方平台（如统计）进行初始化操作，代码如下。

```
///代码清单 11-11
///lib/app/index.dart
  ///常用的第三方的初始功能 如统计 获取保存的用户偏好设置
  void initData() async {
    //获取当前的运行环境
    //当 App 运行在 Release 环境时，inProduction 为 true;
    //当 App 运行在 Debug 和 Profile 环境时，inProduction 为 false。
    const bool inProduction = const bool.fromEnvironment("dart.vm.product");

    //为 ture 时输出日志
    const bool isLog = !inProduction;

    //初始化统计等第三方工具
    // ...
    //初始化本地存储工具
    await SPUtil.init();

    //初始化日志工具
    LogUtil.init(tag: "flutter_log", isDebug: isLog);

    //获取用户是否第一次登录
    _userFirst = await SPUtil.getBool(spUserIsFirstKey);

    //获取用户隐私协议的状态
    bool _userProtocol = await SPUtil.getBool(spUserProtocolKey);

    //记录
    UserHelper.getInstance.userProtocol = _userProtocol;
    //初始化用户的登录信息
    UserHelper.getInstance.init();
    //下一步
    openUserProtocol();
  }
```

使用到 UserHelper，是用来全局便捷获取登录用户相关的信息，定义代码见 https://github.com/zhaolongs/flutter_book_jixie/blob/v1/flutter_book_code_video/lib/app/common/user_helper.dart。

接下来就是判断用户是否同意用户协议内容，openUserProtocol 方法定义如下。

```
///判断用户隐私协议
void openUserProtocol() {
  //已同意用户隐私协议 下一步
  if (UserHelper.getInstance.isUserProtocol) {
    openNext();
  } else {
    //未同意用户协议 弹框显示
    showUserProtocolPage(//读者可以本书源码中查看定义，与 App 版本升级组件定义一致
      context: context,
      dismissCallback: (value) {
        UserHelper.getInstance.userProtocol = true;
        openNext();
      },
    );
  }
}
```

当用户同意协议后就可以执行下一步 openNext，首先使用网络请求工具类来获取 APP 的基本配置信息，结合全局 StreamController 更新应用的主题颜色过滤，然后再跳入下一个页面，代

码如下。

```
///进入首页面或者是引导页面
void openNext() async {
  //网络请求获取 APP 的配置信息
  ResponseInfo responseInfo =
      await DioUtils.instance.getRequest(url: HttpHelper.SETTING_URL);
  if (responseInfo.success) {
    //解析数据
    AppSettingBean settingBean = AppSettingBean.fromMap(responseInfo.data);
    //配置 APP 主题
    if (settingBean.appThemFlag == 1) {
      //将 APP 设置成灰色主题
      rootStreamController.add(GlobalBean(100, Colors.grey));
    }
  }
  //获取配置信息
  if (_userFirst == null || _userFirst == false) {
    ///第一次 隐藏 logo 显示左右滑动的引导
    NavigatorUtils.openPageByFade(context, SplashPage(), isReplace: true);
  } else {
    ///非第一次 隐藏 logo 显示欢迎
    NavigatorUtils.openPageByFade(context, WelcomePage(), isReplace: true);
  }
}
```

11.4.3 广告倒计时页面

如图 11-28 所示，当用户非第一次安装应用打开时，会显示一个 5s 的倒计时广告页面，定义为 WelcomePage。

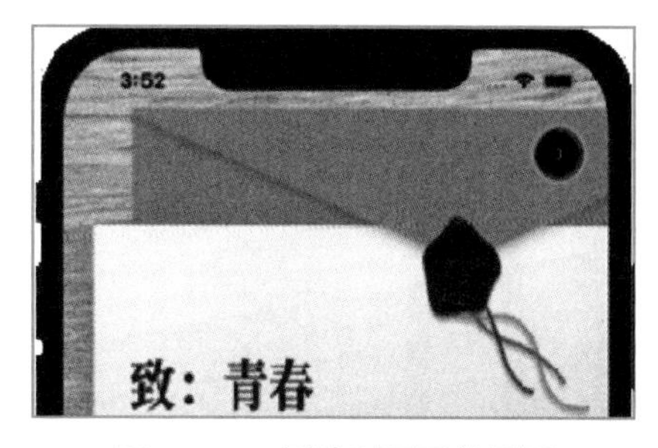

图 11-28 倒计时页面效果图

页面整体使用一个层叠布局 Stack 来构建，核心功能就是倒计时，代码如下。

```
//页面完整代码请查看 WelcomePage
//时间计时器
  Timer _timer;
 //初始的时间
  double progress = 1000;
 //倒计时时间
  double totalProgress = 6000;
 //AnimatedContainer 装饰的阴影宽度
  double borderWidth = 1.0;

 //生命周期函数 页面创建时执行一次
  @override
  void initState() {
```

```
    super.initState();
   //初始化时间计时器
   //每100ms执行一次
    _timer = Timer.periodic(Duration(milliseconds: 100), (timer) {
     //进度每次累加100,
      progress += 100;
     //计时完成后进入首页面
      if (progress >= totalProgress) {
        //完成计时后 取消计时 进入首页面
        _timer.cancel();
        goHome();
      }
      LogUtil.e("定时器 $progress");
      setState(() {});
    });
  }

 //生命周期函数 页面销毁时执行一次
  @override
  void dispose() {
   //取消定时
    _timer.cancel();
    super.dispose();
  }
```

11.4.4 滑动引导功能页面

当用户第一次安装应用并打开时，会进入一个左右滑动的引导功能页面，定义为 SplashPage，如图 11-29 所示，前三个页面右上角显示一个角标，最后一页面显示日期与左下角的去首页按钮。

图 11-29 左右滑动引导页面效果图

页面的整体使用 Stack 来构建，引导页面的核心实现功能就是通过 PageView 实现左右整页滑动切换的效果，代码如下。

```
// lib/src/splash_page.dart
```

```
//引导页面使用的图片资源 完整代码请查看本书的源码 splash_page.dart
  List<String> _splList = [
    "assets/images/3.0x/sp01.png",
    "assets/images/3.0x/sp02.png",
    "assets/images/3.0x/sp05.png",
    "assets/images/3.0x/sp03.png",
  ];

  // 底部可滑动的图片
  Widget buildPageView() {
    //PageView 用于整屏切换效果
    //默认情况下是左右切换
    return PageView.builder(
      //滑动视频滑动结束时回调
      //参数 value PageView 当前显示的页面索引
      onPageChanged: (value) {
        LogUtil.e("pageView on changed $value");
        //修改右上角的页面角标
        buildTopText(value);
      },
      //构建条目的总个数，如这里的 4
      itemCount: _splList.length,
      //每一页显示的 Widget
      itemBuilder: (BuildContext context, int postion) {
        //这里直接使用的是本地资源目录下的图片
        return Image.asset(
          _splList[postion],
          fit: BoxFit.fill,
        );
      },
    );
  }
```

11.4.5 应用首页面

一般应用的首页面会是一个容器，然后里面包含 2~5 个子页面，如二维码 11 6 所示，分为两部分内容，底部的导航菜单与主内容区域，主内容区域包含三个子页面。

通过 PageView 与 BottomNavigationBar 组合来实现，代码如下。

```
//lib/src/page/home/home_main_page.dart
//主页面的根布局
class HomeMainPage extends StatefulWidget {
  @override
  State<StatefulWidget> createState() {
    return _HomeMainState();
  }
}

class _HomeMainState extends State<HomeMainPage> {
  //当前显示页面的标签
  int _tabIndex = 0;
  //[PageView]使用的控制器
  PageController _pageController = PageController();
  //底部导航栏使用到的图标
  List<Icon> _normalIcon = [
    Icon(Icons.home), Icon(Icons.message), Icon(Icons.people)
```

11-6 应用首页面效果图

```
];
//底部导航栏使用到的标题文字
List<String> _normalTitle = ["首页","消息","我的",];
StreamSubscription _homeSubscription;

@override
void initState() {
  super.initState();
  _homeSubscription =
      rootStreamController.stream.listen((GlobalBean globalBean) {
    //刷新消息
    LogUtil.e("消息传递 刷新消息 ${globalBean.data.toString()}");
  });
}

@override
void dispose() {
  super.dispose();
  //移除监听
  _homeSubscription.cancel();
}

@override
Widget build(BuildContext context) {
  //Scaffold 用来搭建页面的主体结构
  return Scaffold(
    //页面的主内容区
    //可以是单独的 StatefulWidget 也可以是当前页面构建的如 Text 文本组件
    body: PageView(
      //设置 PageView 不可滑动切换
      physics: NeverScrollableScrollPhysics(),
      //PageView 的控制器
      controller: _pageController,
      //PageView 中的三个子页面
      children: <Widget>[
        //第一个页面
        HomeItemMainPage(),
        //第二个页面
        CatalogueMainPage(),
        //个人中心
        MineMainPage(),
      ],
    ),
    //底部导航栏
    bottomNavigationBar: buildBottomNavigation(),
  );
}

//构建底部导航栏
BottomNavigationBar buildBottomNavigation() {
  //创建一个 BottomNavigationBar
  return new BottomNavigationBar(
    items: <BottomNavigationBarItem>[
      new BottomNavigationBarItem(label: _normalTitle[0], icon: _normalIcon[0]),
      new BottomNavigationBarItem(icon: _normalIcon[1], label: _normalTitle[1]),
      new BottomNavigationBarItem(icon: _normalIcon[2], label: _normalTitle[2]),
    ],
    //显示效果
```

```
      type: BottomNavigationBarType.fixed,
      //当前选中的页面
      currentIndex: _tabIndex,
      //图标的大小
      iconSize: 24.0,
      //点击事件
      onTap: (index) {
        //切换 PageView 中的页面显示
        _pageController.jumpToPage(index);
        _tabIndex = index;
        setState(() {});
      },
    );
  }
}
PageView 中的三个子页面
```

第一个子页面 HomeItemMainPage 中放置的一个饼图，饼图可点击放大以及旋转等，使用依赖库来实现。

```
#饼图
flutter_echart: ^1.0.1
```

第二个页面 CatalogueMainPage 只是定义的一个空页面，第三个页面就是我的页面，分两种状态：第一种是未登录情况，显示一个登录按钮；第二种就是显示登录以后的内容。构建代码见 https://github.com/zhaolongs/flutter_book_jixie/blob/v1/flutter_book_code_video/lib/app/page/mine/mine_main_page.dart（代码清单 11-12）。

BaseLifeState 就是用于生命周期监听，onResumed 会在每次显示个人中心页面时回调，如从登录页面、设置中心页面回到个人中心，用户的登录状态都可能发生变化，需要实时修改页面的状态，BaseLifeState 使用的方法如下。

```
#Flutter 生命周期兼听库、Flutter 组件生命周期、Widget 生命周期
flutter_life_state: ^1.0.1
```

未登录状态下 MineNoLoginPersonPage 的效果如二维码 11-6 所示，一个渐变的背景，右上角一个设置中心图标，点击进入设置中心，中心一个登录按钮，点击时有黑色抬高的阴影，页面主体使用 Stack 层叠布局来实现，代码如下。

```
class MineNoLoginPersonPage extends StatefulWidget {
  @override
  _NoLoginPersonState createState() => _NoLoginPersonState();
}

class _NoLoginPersonState extends State<MineNoLoginPersonPage> {

  @override
  Widget build(BuildContext context) {
    return Scaffold(
      ///填充布局
      body: Container(
        width: double.infinity,
        height: double.infinity,
        decoration: BoxDecoration(
          //线性渐变
          gradient: LinearGradient(
```

```
          //渐变角度
          begin: Alignment.topLeft,
          end: Alignment.bottomRight,
          //渐变颜色组
          colors: [
            Colors.lightBlue.withOpacity(0.3),
            Colors.lightBlueAccent.withOpacity(0.3),
            Colors.blue.withOpacity(0.3),
          ],
        ),
      ),
      child: Stack(
        children: [
          //右上角的设置按钮
          buildSettings(context),
          //中间的登录按钮
          buildLoginButton(context),
        ],
      ),
    ),
  );
}

... ...
}
```

右上角的设置按钮定义如下。

```
///右上角的设置按钮
Positioned buildSettings(BuildContext context) {
  return Positioned(
    top: 44, right: 0,
    child: InkWell(
      onTap: () {
        NavigatorUtils.pushPage(
          context,
          SettingsPage(),
        );
      },
      child: Container(
        padding: EdgeInsets.only(right: 16),
        child: Icon(Icons.settings),
      ),
    ),
  );
}
```

页面中间的圆形登录按钮在手指按下时有抬高的黑色阴影，手指松开后，黑色阴影要消失，所以使用到手势识别 GestureDetector 来监听手指的按下与抬起，代码如下。

```
///手指按下的标识
bool _down = false;
Center buildLoginButton(BuildContext context) {
  return Center(
    child: GestureDetector(
      //手指按下
      onTapDown: (TapDownDetails details) {
```

```
        setState(() {_down = true;},);
      },
      //手指移出
      onTapCancel: () {
        setState(() {_down = false;},);
      },
      //手指抬起
      onTap: () {
        setState(() {_down = false;},);
        NavigatorUtils.openPageByFade(
          context,
          BobbleLoginPage(),
          mills: 1800,
          endMills: 1800,
          isBuilder: true,
        );
      },
      child: buildHero(),
    ),
  );
}
```

登录按钮与登录页面的图标使用 Hero 动画过渡，代码如下。

```
Widget buildHero() {
  return Hero(
    tag: "loginTag",
    child: Material(
      color: Colors.transparent,
      //阴影提高的动画
      child: buildAnimatedContainer(),
    ),
  );
}
```

阴影的抬高动画通过 AnimatedContainer 来控制 BoxShadow 的使用，首先定义样式如下。

```
//按下登录按钮时使用到的阴影
List<BoxShadow> _shadowList = [
  BoxShadow(
      //阴影颜色
      color: Colors.black54,
      //阴影偏移量
      offset: Offset(2, 2),
      //阴影的模糊度
      blurRadius: 2,
      //模糊半径
      spreadRadius: 1),
  BoxShadow(
      color: Colors.black54,
      offset: Offset(-2, 2),
      blurRadius: 2),
];

//登录按钮使用到的渐变样式
LinearGradient _gradient = LinearGradient(
  colors: [
    Colors.deepOrange[400],
```

```
    Colors.redAccent,
    Colors.deepOrange[400],
  ],
);

//登录按钮的文字样式
TextStyle _loginStyle = TextStyle(
    color: Colors.white, fontSize: 16,
    fontWeight: FontWeight.w500);
```

然后 AnimatedContainer 的基本使用实现如下。

```
AnimatedContainer buildAnimatedContainer() {
    return AnimatedContainer(
      alignment: Alignment.center,
      width: 88,
      height: 88,
      duration: Duration(milliseconds: 100),
      decoration: BoxDecoration(
        //圆角
        borderRadius: BorderRadius.all(Radius.circular(50,)),
        //渐变背景
        gradient: _gradient,
        //阴影
        boxShadow: _down ?_shadowList : null,
      ),
      child: Text(
        "登录",
        textAlign: TextAlign.center,
        style:_loginStyle,
      ),
    );
  }
```

11.4.6 应用登录页面

在个人中心中点击登录或者设置中心点击登录，可直接跳转到登录页面，如二维码 11-7 所示登录页面，有气泡运行的背景，Hello World 文字的图标与个人中心页面的登录按钮呈 Hero 动画过渡，底部的输入框呈渐变的样式。

页面的整体适合以 Stack 层叠布局来实现，代码如下。

```
class BobbleLoginPage extends StatefulWidget {
  @override
  _BobbleLoginPageState createState() => _BobbleLoginPageState();
}

class _BobbleLoginPageState extends State<BobbleLoginPage>
    with TickerProviderStateMixin, WidgetsBindingObserver {
  //渐变动画
  AnimationController _fadeAnimationController;

  @override
  void initState() {
    super.initState();
    //添加监听
    WidgetsBinding.instance.addObserver(this);
```

```
    _fadeAnimationController = new AnimationController(
        vsync: this, duration: Duration(milliseconds: 500));

    _fadeAnimationController.addStatusListener((status) {});
    //重复执行动画
    _fadeAnimationController.forward();
  }

  @override
  void dispose() {
    //解绑
    WidgetsBinding.instance.removeObserver(this);
    _fadeAnimationController.dispose();
    super.dispose();
  }

  ... ...

}
```

11-7 应用首页面效果图

初始化创建的渐变动画控制器，结合 FadeTransition 实现输入框以渐变方式出现，构建代码如下。

```
@override
Widget build(BuildContext context) {
  return Scaffold(
    ///填充布局
    body: Stack(
      children: [
        //第一部分 第一层 渐变背景
        buildBackground(),
        //第二部分 第二层 气泡
        BubbleWidget(),
        //第三部分 高斯模糊
        buildBlureWidget(),
        //第四部分 顶部的文字 logo 的 Hero 动画
        buildHeroLogo(context),
        //第五部分 输入框与按钮
        FadeTransition(
          opacity: _fadeAnimationController,
          child: buildColumn(context),
        ),
        //第六部分 左上角的关闭按钮
        Positioned(
          top: 44,
          left: 10,
          child: CloseButton(
            onPressed: () {
              Navigator.of(context).pop();
            },
          ),
        )
      ],
    ),
  );
}
```

第一层背景层线性渐变使用 Container 容器的 BoxDecorationx 结合 LinearGradient 来实现，代码如下。

```
//第一部分 第一层 渐变背景
Container buildBackground() {
  return Container(
    decoration: BoxDecoration(
      //线性渐变
      gradient: LinearGradient(
        //渐变角度
        begin: Alignment.topLeft,
        end: Alignment.bottomRight,
        //渐变颜色组
        colors: [
          Colors.lightBlue.withOpacity(0.3),
          Colors.lightBlueAccent.withOpacity(0.3),
          Colors.blue.withOpacity(0.3),
        ],
      ),
    ),
  );
}
```

第三部分，第三层有一个高斯模糊过渡层覆盖气泡，使用 BackdropFilter 结合图片高斯模糊过渡器来实现，代码如下。

```
//第三部分 高斯模糊
Widget buildBlureWidget() {
  return BackdropFilter(
    filter: ImageFilter.blur(sigmaX: 0.3, sigmaY: 0.3),
    child: Container(
      color: Colors.white.withOpacity(0.1),
    ),
  );
}
```

第五部分的输入框构建如下。

```
//第五部分 输入框与按钮
Widget buildColumn(BuildContext context) {
  return GestureDetector(
    onTap: () {
      hidenKeyBoard();
    },
    child: Container(
      color:
          _showInputBg ? Colors.white.withOpacity(0.9) : Colors.transparent,
      padding: EdgeInsets.all(44),
      child: buildInputColumn(context),
    ),
  );
}
```

当键盘弹出时，用户点击非输入区域就会隐藏键盘，showInputBg 用来控制是否显示背景遮罩，当键盘弹出时需要显示，键盘隐藏时，需要隐藏背景，监听键盘弹出功能通过 WidgetsBindingObserver 来处理，需要在回调方法 didChangeMetrics 中处理，代码如下。

```
bool _showInputBg = false;
//应用尺寸改变时回调
@override
void didChangeMetrics() {
  super.didChangeMetrics();
  /*
   *Frame 是一次绘制过程，称其为一帧
   * Flutter engine 受显示器垂直同步信号"VSync"的驱使不断触发绘制
   * Flutter 可以实现 60fps (Frame Per-Second),
   * 就是指一秒钟可以触发 60 次重绘，FPS 值越大，界面就越流畅
   */
  WidgetsBinding.instance.addPostFrameCallback((_) {
    //注意，不要在此类回调中再触发新的 Frame，这会导致循环刷新
    setState(() {
      ///获取底部遮挡区域的高度
      double keyboderFlexHeight = MediaQuery.of(context).viewInsets.bottom;
      print("键盘的高度 keyboderFlexHeight $keyboderFlexHeight");
      if (MediaQuery.of(context).viewInsets.bottom == 0) {
        //关闭键盘 启动 logo 动画反向执行 0.0~1.0
        // logo 布局区域显示出来
        setState(() {
          _showInputBg = false;
        });
      } else {
        //显示键盘 启动 logo 动画正向执行 1.0~0.0
        // logo 布局区域缩放隐藏
        setState(() {
          _showInputBg = true;
        });
      }
    });
  });
}
```

当在输入邮箱账户与密码时，点击键盘上的回车按钮，会分别校验一下用户是否输入内容，对应方法定义如下。

```
void checkPassword(String value) {
  if (value.trim().length == 0) {
    ToastUtils.showToast("请输入密码");
    return;
  }
}

void checkUserName(String value) {
  if (value.trim().length == 0) {
    ToastUtils.showToast("请输入用户账号");
    return;
  }
}

void hidenKeyBoard() {
  //隐藏键盘
  SystemChannels.textInput.invokeMethod('TextInput.hide');
  _passwordFocusNode.unfocus();
  _userNameFocusNode.unfocus();
}
```

点击按钮进行登录操作，代码如下。

```
///登录
void submitLoginFunction() async {
  //隐藏键盘
  hidenKeyBoard();

  //获取用户输入的内容
  String userName = _userNameController.text.trim();
  String password = _passwordController.text.trim();
  //校验
  checkUserName(userName);
  checkPassword(password);

  //参数封装
  Map<String, String> map = new Map();
  map["mobile"] = userName;
  map["password"] = password;
  //post 请求发送
  ResponseInfo responseInfo = await DioUtils.instance.postRequest(
    url: HttpHelper.UWER_LOGIN_URL,
    formDataMap: map,
  );
  //登录成功
  if (responseInfo.success) {
    //解析用户数据
    UserBean userBean = UserBean.fromJson(responseInfo.data);
    //保存本地标识
    UserHelper.getInstance.userBean = userBean;
    //关闭登录页面
    Navigator.of(context).pop(userBean);
  } else {
    //登录失败
    ToastUtils.showToast(responseInfo.message);
  }
}
```

然后登录成功后，关闭当前登录页面后回到个人中心，MineMainPage 页面中实现了 onResumed 方法，基会接收到回调，然后刷新显示登录成功的页面。

酷炫的运动的气泡背景，读者可查看本书的源码 BubbleWidget，登录页面的完整源码读者可查看本书源码的 BobbleLoginPage。

11.4.7　设置中心页面

在设置中心，主要提供退出登录、查看应用协议、检查版本更新功能，页面主体使用 ListView 结合 ListTile 来构建，代码如下。

```
///设置中心
///lib/src/page/mine/settings_page.dart
class SettingsPage extends StatefulWidget {
  @override
  _SettingsPageState createState() => _SettingsPageState();
}

class _SettingsPageState extends State<SettingsPage> {
  @override
```

```
    Widget build(BuildContext context) {
      return Scaffold(
        appBar: AppBar(
          title: Text("设置中心"),
        ),
        body: ListView(
          children: [
            //第一部分显示用户协议相关
            ListTile(
              leading: Icon(Icons.person),
              title: Text("用户协议"),
              trailing: Icon(Icons.arrow_forward_ios),
              onTap: (){ //单击事件回调
                //用户协议 弹框提示，读者可在本书源码中查看定义，与APP 版本升级组件定义一致
                showUserProtocolPage(
                  context: context,
                );
              },
            ),
            //第二部分检查更新功能
            ListTile(
              leading: Icon(Icons.web_sharp),
              title: Text("检查更新"),
              trailing: Icon(Icons.arrow_forward_ios),
              onTap: () {
                checkAppVersion();
              },
            ),
            //第三部分检查登录
            buildLoginRow(context),
          ],
        ),
      );
    }
    ... ...
  }
```

11-8 设置中心页面效果图

检查更新操作，请求网络接口，然后根据网络接口数据来适配，代码如下。

```
  void checkAppVersion() async {

    //获取当前 App 的版本信息
    PackageInfo  packageInfo = await PackageInfo.fromPlatform();

    String appName = packageInfo.appName;
    String packageName = packageInfo.packageName;
    String version = packageInfo.version;
    String buildNumber = packageInfo.buildNumber;

    //请求接口获取 App 版本信息
    ResponseInfo responseInfo = await DioUtils.instance.getRequest(url:HttpHelper. APP_
VERSION_URL);

    if(responseInfo.success){
      if(responseInfo.data!=null){
        //解析数据
        AppVersionBean versionBean = AppVersionBean.fromMap(responseInfo.data);
        //升级提示框
```

```
        showAppUpgradeDialog(
          //升级显示文案
          upgradText: versionBean.message,
          //是否是强制升级
          isForce: versionBean.isForce,
          //下载 apk 的地址
          apkUrl :versionBean.apkUrl,
          context: context,
        );
      }else{
        ToastUtils.showToast("已是最新版本");
      }

    }else{
      ToastUtils.showToast("查询失败 请稍后再试");
    }
  }
```

在这里使用到了 PackageInfo 来获取当前应用程序的版本信息，需要添加依赖如下。

```
dependencies:
  package_info: ^0.4.3+2
```

获取的日志信息如下。

```
I/flutter (10914): flutter_log e  appName flutter_app_ho
I/flutter (10914): flutter_log e  packageName com.studyyoun.flutter_app_ho
I/flutter (10914): flutter_log e  version 1.0.0
I/flutter (10914): flutter_log e  buildNumber 1
```

当用户登录状态下显示退出登录，反之显示去登录按钮，代码如下。

```
ListTile buildLoginRow(BuildContext context) {
  String text = "退出登录";
  if (!UserHelper.getInstance.userIsLogin) {
    text = "去登录";
  }
  return ListTile(
    leading: Hero(
      tag: "loginTag",
      child: Material(
        child: Icon(Icons.exit_to_app),
        color: Colors.transparent,
      ),
    ),
    title: Text("$text"),
    trailing: Icon(Icons.arrow_forward_ios),
    onTap: () {
      //清除缓存用户信息
      UserHelper.getInstance.exitLogin();
      //跳转登录页面
      NavigatorUtils.openPageByFade(
        context,
        BobbleLoginPage(),
        mills: 1000,
        endMills: 800,
        isReplace: true,
      );
```

```
      },
    );
  }
```

小结

本章讲解了一个 Flutter 项目的应用程序从 0 到 1 的过程，实现了一个基础应用开发的模板，读者可以直接使用 flutter_app_ho 项目模板来构建应用程序的 1.0 版本。同时本章还提供了一部分常用的工具类。本章可帮助读者形成 APP 程序应用架构思维。

第 12 章 短视频应用的跨平台开发——打造社交新体验

在第 11 章构建的 Flutter 项目开发模板的基础上构建一个短视频应用，如图 12-1 所示，视频列表页面与视频播放首页面是本章的重点内容，本章的源码在 flutter_video 中。

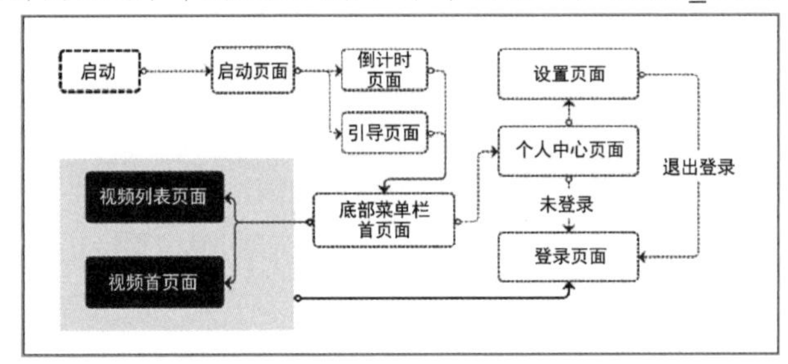

图 12-1　视频应用主页面结构图

在 11.4.5 节中，通过 PageView 来构建应用的主体页面功能，PageView 中配置了 3 个子页面，此处将前两个页面分别配置为本章中的视频首页面与视频列表页面，如图 12-2 所示就是这两个功能页面的效果图。

图 12-2　视频主页面与列表页面

播放视频需要添加依赖插件如下。

```
# 实时更新文档 https://biglead.blog.csdn.net/article/details/111327310
# 视频播放
video_player: ^1.0.1
```

需要注意的是，在 iOS 平台中，如果抛出如下异常，需要在 info.plist 文件中新增一行，配置 io.flutter.embedded_views_preview 为 true，如图 12-3 所示。

```
Trying to embed a platform view but the PrerollContext does not support embedding
```

Runner 〉 Runner 〉 Info.plist 〉 No Selection

Key	Type	Value
▼Information Property List	Dictionary	(17 items)
io.flutter.embedded_views_pr...	Boolean	YES
Localization native development re...	String	$(DEVELOPMENT_LANGUAGE)

图 12-3　ios 目录下配置 embedded_views_preview

12.1　视频列表页面

如图 12-2 所示的视频列表页面，点击每个视频可以播放，然后具有下拉刷新与上拉静默无感加载更多的功能。

视频列表页面是自定义的一个 StatefulWidget，它是嵌套在 PageView 的一个子 Widget，所以结合 AutomaticKeepAliveClientMixin 来实现页面的保持状态，代码如下。

```
///视频列表页面
///lib/src/page/catalogue/catalogue_main_page.dart
class CatalogueMainPage extends StatefulWidget {
  @override
  State<StatefulWidget> createState() {
    return _CatalogueMainPageState();
  }
}

class _CatalogueMainPageState extends State<CatalogueMainPage>
    with AutomaticKeepAliveClientMixin {
  //页面在 PageView 中保持状态
  @override
  bool get wantKeepAlive => true;

        ... ...

}
```

视频列表是通过 ListView 来构建的，其中有多个视频可播放，需要在点击播放视频前关闭其他的视频播放，所以在_CatalogueMainPageStat 中记录了一个控制器，用来记录当前播放的视频。通过 StreamController 来定义的异步跨组件的通信，其初始化代码如下。

```
///代码清单 12-1 全局唯一播放控制
///lib/src/page/catalogue/catalogue_main_page.dart
//全局唯一播放使用的 Stream
StreamController<VideoPlayerController> _streamController =
```

```
    StreamController.broadcast();

  //全局播放使用到的控制器
  VideoPlayerController _playContoller;

  @override
  void initState() {
    super.initState();
    //加载数据
    refreshData();
    //添加 Stream 监听
    _streamController.stream.listen((event) {
      //每次点击播放时会发通知到这里
      if (_playContoller != null &&
          event != null &&
          //textureId 可理解为播放器的标识
          _playContoller.textureId != event.textureId) {
        //暂停上一个播放
        _playContoller.pause();
      }
      //记录标识
      _playContoller = event;
    });
  }

  @override
  void dispose() {
    //注销
    _streamController.close();
    super.dispose();
  }
```

如图 12-4 所示，为视频列表页面主功能结构。

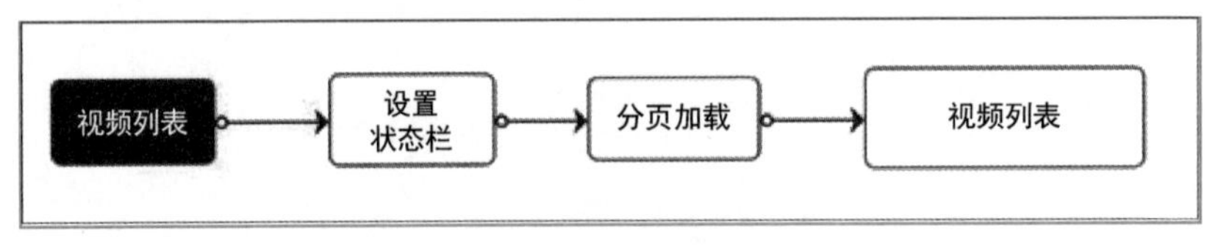

图 12-4　视频列表页面主结构

12.1.1　状态栏颜色设置

视频列表页面的 UI 布局构建，首先就是状态颜色的配置，这一个可通过 SystemChrome、AnnotatedRegion、AppBar 来分别配置，在本视频列表页面使用的是 AnnotatedRegion 方式来设置的，代码如下。

```
///代码清单 12-2 状态样颜色相关配置
///lib/src/page/catalogue/catalogue_main_page.dart
@override
Widget build(BuildContext context) {
  super.build(context);
  //设置状态栏的颜色 有 AppBar 时，会被覆盖
  return AnnotatedRegion<SystemUiOverlayStyle>(
    child: buildScaffold(),
    value: SystemUiOverlayStyle(
```

```
      //状态栏的背景色
      statusBarColor:Color(0XffCDDEEC),
      //状态栏文字颜色为白色
      statusBarIconBrightness: Brightness.light,
      //底部 navigationBar 背景颜色
      systemNavigationBarColor: Colors.white),
  );
}
```

12.1.2 下拉刷新与上拉加载更多功能

页面的主体是使用脚手架 Scaffold 来构建，通过 RefreshIndicator 来实现下拉刷新的效果，通过 NotificationListener 来实现上拉加载更多的功能，构建代码如下。

```
///代码清单 12-3 页面脚手架
///lib/src/page/catalogue/catalogue_main_page.dart
Widget buildScaffold() {
  return Scaffold(
    backgroundColor: Color(0XffCDDEEC),
    //下拉刷新组件
    body: RefreshIndicator(
      //下拉刷新方法回调
      onRefresh: () {
        //加载数据
        return refreshData();
      },
      //通知监听
      child: NotificationListener(
        //通知回调
        onNotification: (ScrollNotification notification) {
          //滑动信息处理 根据不同的滑动信息来处理页面的特效
          //如 Widget 移动、放大、缩小、旋转等
          notificationFunction(notification);
          //可滚动组件在滚动过程中会发出 ScrollNotification 之外,
          //还有一些其他的通知,
          //如 SizeChangedLayoutNotification、KeepAliveNotification、
          //   LayoutChangedNotification 等
          //返回值类型为布尔值，当返回值为 true 时，阻止冒泡,
          //其父级 Widget 将再也收不到该通知；当返回值为 false 时继续向上冒泡通知。
          return false;
        },
        child: buildListView(),
      ),
    ),
  );
}
```

当列表页面在滚动时，NotificationListener 会接收到滚动通知，当滑动到列表的 2/3 时，触发下一页数据的加载，在视觉效果上，用户不会有滑动微卡的效果，滚动监听处理如下。

```
///代码清单 12-4 页面脚手架 滚动通知 加载更多数据
///lib/src/page/catalogue/catalogue_main_page.dart
void notificationFunction(ScrollNotification notification) {
  //滑动信息的数据封装体
  ScrollMetrics metrics = notification.metrics;
  //当前位置
  double pixels = metrics.pixels;
```

```
    double maxPixels = metrics.maxScrollExtent;
    print("当前位置 $pixels");
    //滚动类型
    Type runtimeType = notification.runtimeType;
    switch (runtimeType) {
      case ScrollStartNotification:
        print("开始滚动");
        _isScroll = true;
        break;
      case ScrollUpdateNotification:
        print("正在滚动");
        break;
      case ScrollEndNotification:
        print("滚动停止");
        setState(() {
          _isScroll = false;
        });
        //当滑动距离超出当前列表的 2/3 时触发加载更多
        if (pixels >= maxPixels / 3 * 2) {
          //静默加载更多
          loadingMoreData();
        }
        break;
      case OverscrollNotification:
        break;
    }
  }
```

12.1.3 列表构建

通过 ListView 的懒加载方式来搭建列表主功能，变量_isScroll 与 NotificationListener 结合，在滑动过程中不去加载视频信息，当滑动停止时，再加载视频信息，代码如下。

```
///代码清单 12-5 列表功能
///lib/src/page/catalogue/catalogue_main_page.dart
Widget buildListView() {
  return ListView.builder(
    //视图缓存为 0
    cacheExtent: 0,
    //列表中每个子 Item 的构建
    itemBuilder: (BuildContext context, int index) {
      //取出对应的数据
      VideoModel videoModel = _videoList[index];
      //每个子 Item 的功能单独封装在 12.2 节中讲解
      return ListItemVideoWidget(
        //数据模型
        videoModel,
        key: ValueKey("$index"),
        //滚动停止后加载当前显示视图中的视频
        isScroll: _isScroll,
        //异步通信使用
        streamController: _streamController,
      );
    },
    itemCount: _videoList.length,
  );
}
```

分页加载数据及变量标识配置如下。

```
///代码清单 12-6
///lib/src/page/catalogue/catalogue_main_page.dart
//分页加载数据的页数 初始加载与下拉刷新时为 1
int pageIndex = 1;
//滑动是否停止  true 为停止
bool _isScroll = false;
//是否正在加载中  true 为加载中
bool _isLoading = false;
//视频列表数据
List<VideoModel> _videoList = [];

//下拉刷新回调
Future<bool> refreshData() async {
  if (_isLoading) {
   return false;
  }
  pageIndex = 1;
  return loadingData();
}

///加载更多
Future<bool> loadingMoreData() async {
  if (_isLoading) {
    return false;
  }
  LogUtil.e("静默加载更多");
  pageIndex++;
  return loadingData();
}
```

VideoModel 用来保存视频播放的相关信息，代码如下。

```
//lib/src/bean/bean_video.dart
//视频数据模型
class VideoModel {
  //视频名称
  String videoName ='';
  //视频链接
  String videoUrl ='';
  //视频截图
  String videoImag ='';
  //是否关注
  bool isAttention =false;
  //关注的个数
  num attentCount =0;
  //是否喜欢
  bool isLike = false;
  //点赞的个数
  num pariseCount = 0;
  //分享的次数
  num shareCount=0;
  String createTime;

  //空构造函数
  VideoModel();
```

```
  //常用于解析 JSON 数据
  VideoModel.fromMap(Map<String,dynamic> map){
    this.videoName = map["videoName"];
    this.videoUrl = map["videoUrl"];
    this.videoImag = map["videoImag"];
    this.isAttention = map["isAttention"]??false;

    this.attentCount = map["attentCount"];
    this.isLike = map["isLike"]??false;
    this.pariseCount = map["pariseCount"];
    this.shareCount = map["shareCount"];
    this.createTime = map["createTime"];
  }
}
```

12.1.4 加载数据处理

下拉刷新、上拉加载更多的方法中只是对操作的 pageIndex 进行了简单的计算，实现加载的方法在 loadingData 中，代码见 https://github.com/zhaolongs/flutter_book_jixie/blob/v1/flutter_video/lib/src/page/catalogue/catalogue_main_page.dart（代码清单 12-7）。

12.2 视频列表子 Item

本节将视频播放列表中的子 Item 抽离封装成单独的 StatefulWidget，命名为 ListItemVideoWidget（代码清单 12-5 中使用），如图 12-5 所示。

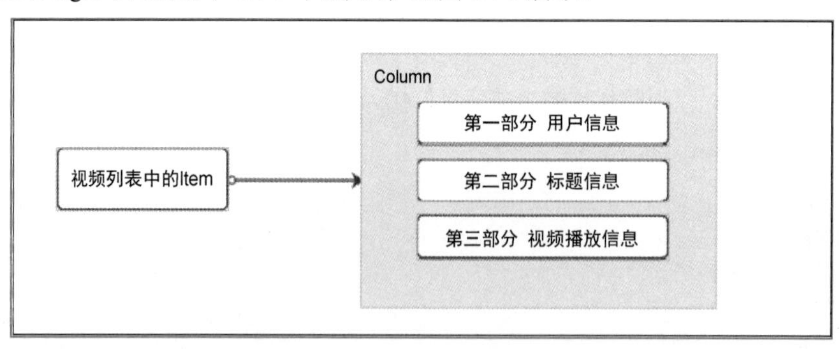

图 12-5　ListItemVideoWidget 主结构

ListItemVideoWidget 是用在 ListView 中的一个普通 Widget，所以使用一个容器来嵌套即可，代码如下。

```
///代码清单 12-8 视频列表的子 Item 构建
///lib/src/page/catalogue/list_item_video_widget.dart
class ListItemVideoWidget extends StatefulWidget {
  final VideoModel videoModel;
  final StreamController streamController;
  final bool isScroll;
  ListItemVideoWidget(this.videoModel,
      {this.streamController, Key key, this.isScroll = false})
      : super(key: key);
  @override
  _ListItemVideoWidgetState createState() => _ListItemVideoWidgetState();
```

```
}
class _ListItemVideoWidgetState extends State<ListItemVideoWidget> {
  @override
  Widget build(BuildContext context) {
    return Container(
      //外边距
      margin: EdgeInsets.only(top: 8),
      //背景颜色
      color: Colors.white,
      child: Column(
        //包裹子 Widget 高度自适应
        mainAxisSize: MainAxisSize.min,
        //左对齐
        crossAxisAlignment: CrossAxisAlignment.start,
        children: [
          //第一部分 用户的基本信息
          buildUserHeader(),
          //第二部分 显示文案区域
          Container(
            //文本 Text 组件左对齐
            alignment: Alignment.centerLeft,
            margin: EdgeInsets.only(left: 12, right: 12, top: 6),
            child: Text(
              //通过插值方法引用 可有效避免空指针异常
              "${widget.videoModel.videoName}",
              //文本内容
              textAlign: TextAlign.start,
              //文本基本样式设置
              style: TextStyle(fontSize: 14, color: Color(0xff666666)),
            ),
          ),
          //第三部分 视频播放与控制内容
          buildVideoContainer(context)
        ],
      ),
    );
  }

  ... ...

}
```

结构辅助说明如图 12-6 所示，通过 Container 的外边距设置来实现的相邻之间的 ListItemVideoWidget 的间隔功能，通过 Column 来实现三部分的竖直方向的线性排列。

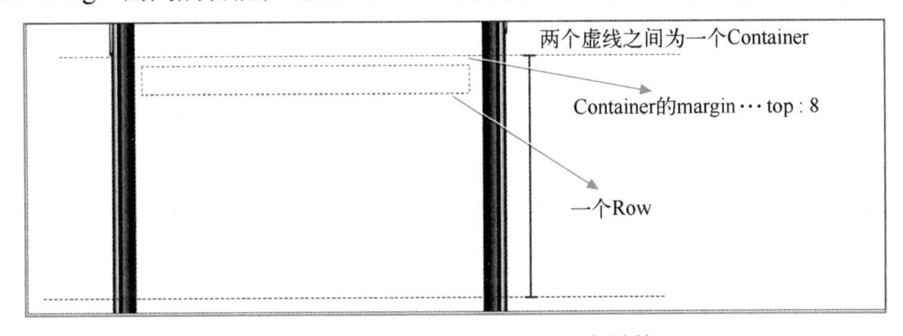

图 12-6　ListItemVideoWidget 主结构

如图 12-6 所示，第一部分的用户信息通过 Row 来实现头像图片、用户昵称、查看更多按钮，通过 ClipOval 来实现圆形头像的裁剪，在 2.8 节中有对图片加载 Image 的使用论述，通过 Expanded 来实现用户昵称部分填充空白区域的功能，代码如下。

```
///代码清单 12-9 第一部分 用户的基本信息
///lib/src/page/catalogue/list_item_video_widget.dart
Widget buildUserHeader() {
  return Container(
    //内边距
    padding: EdgeInsets.only(left: 14, right: 14, top: 10, bottom: 0),
    child: Row(
      //居中对齐
      crossAxisAlignment: CrossAxisAlignment.center,
      children: [
        //圆形头像
        ClipOval(
          child: Container(
            width: 24,
            height: 24,
            color: Colors.grey,
            //加载头像
            child: Image.asset(
              "assets/images/2.0x/app_icon.png",
              fit: BoxFit.fill,
            ),
          ),
        ),
        SizedBox(width: 8,),
        //填充空白
        Expanded(
          child: Text(
            "早起的年轻人",
            overflow: TextOverflow.ellipsis,
            maxLines: 1,
            style: TextStyle(fontSize: 14, color: Colors.black),
          ),
        ),
        GestureDetector(
          child: Padding(
              padding: EdgeInsets.only(left: 10),
              child: Icon(Icons.more_horiz_outlined)),
          onTap: () {
            LogUtil.e("点击了查看更多");
          },
        ),
      ],
    ),
  );
}
```

在 Column 的第三部分中，通过 Container 将视频播放功能约束，视频播放与控制功能封装在 VideoPlayDetailedWidget 中，在 12.3 节中有论述。

```
///代码清单 12-10 第三部分 视频播放相关
///lib/src/page/catalogue/list_item_video_widget.dart
Container buildVideoContainer(BuildContext context) {
  return Container(
```

```
    margin: EdgeInsets.only(bottom: 16, top: 8),
    //限定视频的尺寸信息
    width: MediaQuery.of(context).size.width,
    height: 200,
    //视频播放构建详见 12.3 节
    child: VideoPlayDetailedWidget(
      streamController: widget.streamController,
      isInitialize: false,
      videoModel: widget.videoModel,
    ),
  );
}
```

12.3 视频播放详情 VideoPlayDetailedWidget

依据组件封装的思想将视频播放的功能封装在 VideoPlayDetailedWidget 中，这样在首页面的视频播放功能也可以使用，定义代码如下。

```
///代码清单 12-11 播放视频功能
/// lib/src/page/home/play/video_play_detailed_page.dart
class VideoPlayDetailedWidget extends StatefulWidget {
  ///视频数据
  final VideoModel videoModel;
  ///用于全局唯一视频播放控制器通信
  final StreamController streamController;

  ///[isInitialize] 预加载视频
  final bool isInitialize;

  ///[isInitialize]为 true 时才起作用
  ///[isAutoPlay] 为 true 时加载完成自动播放
  final bool isAutoPlay;

  const VideoPlayDetailedWidget({
    Key key,
    @required this.videoModel,
    this.isAutoPlay = false,
    this.streamController,
    this.isInitialize = false,
  }) : super(key: key);

  @override
  _VideoPlayDetailedWidgetState createState() => _VideoPlayDetailedWidgetState();
}

class _VideoPlayDetailedWidgetState extends State<VideoPlayDetailedWidget>{
  … …
}
```

- 参数 videoModel 当前的视频播放对应的数据模型包括视频占位图、视频播放地址等。
- 参数 streamController 用于全局控制视频播放器的通信功能，如列表播放中只允许有一个子 Item 的视频播放，通过 streamController 将视频播放器发送到代码清单 12-1 中所示的控制层中。

- 参数 isInitialize 用来配置是否加载视频，如在列表视频快速滑动的过程中，不加载视频，也是一个性能细节提升。
- 参数 isAutoPlay 用来配置是否是自动播放，如在单页面切换播放视频中，滑动切换需要视频自动播放。

然后就是在 VideoPlayDetailedWidget 的 initState 初始化函数中根据配置对视频播放进行处理，代码如下。

```
///代码清单 12-12 初始化设置功能
/// lib/src/page/home/play/video_play_detailed_page.dart
//创建视频播放控制器
VideoPlayerController _videoPlayerController;
//视频异步加载使用的是 Future
Future _videoPlayFuture;
//是否正在播放中
bool _isPlaying = false;
@override
void initState() {
  super.initState();
  initData();
}

void initData() {
  //初始化视频播放相关功能
  //VideoPlayerController.network(url);// 网络链接
  //VideoPlayerController.file(File(url));//File 方式
  //本地 Asset 资源链接
  _videoPlayerController =
      VideoPlayerController.asset(widget.videoModel.videoUrl);
  //添加一个视频监听，视频播放会实时回调这个监听
  _videoPlayerController.addListener(() {
    //当前视频播放的状态
    bool isPlaying = _videoPlayerController.value.isPlaying;
    //主要用于视频停止播放后 暂停按钮再次显示出来
    if (_isPlaying && !isPlaying) {
      //更新本地变量标识
      _isPlaying = false;
      //当前视图不可用时 mounted 为 false
      if (mounted) {
        setState(() {});
      }
    }
  });
  //对视频进行初始化操作
  if (widget.isInitialize) {
    //File 形式的视频
    // VideoPlayerController.file(File(url));
    _videoPlayFuture = _videoPlayerController.initialize().then((value) {
      //视频初始完成后的回调 报错时不会回调
      //调用播放
      if (widget.isAutoPlay) {
        startPlaying();
      }
    }).whenComplete(() {
      //视频加载完成后的回调 任何情况都会回调
      LogUtil.e("视频加载加载回调");
      if (mounted) {
```

```
        setState(() {});
      }
    });
  }

}
```

12.3.1 视频播放控制器的常用操作方法

对视频的所有操作如播放、快进、暂停以及获取所有的视频信息都是通过 VideoPlayerController 视频控制器来进行的，常用操作方法如下。

```
///代码清单 12-13 视频控制器的常用方法
/// lib/src/page/home/play/video_play_detailed_page.dart
void videoContterFunction() {
  //获取当前视频播放的信息
  VideoPlayerValue videoPlayerValue = _videoPlayerController.value;

  //是否初始化完成
  bool initialized = videoPlayerValue.initialized;
  //是否正在播放
  bool isPlaying = videoPlayerValue.isPlaying;
  //当前播放视频的宽高比例
  double aspectRatio = videoPlayerValue.aspectRatio;
  //当前视频是否缓存
  bool isBuffer = videoPlayerValue.isBuffering;
  //当前视频是否循环
  bool isLoop = videoPlayerValue.isLooping;
  //当前播放视频的总时长
  Duration totalDuration = videoPlayerValue.duration;
  //当前播放视频的位置
  Duration currentDuration = videoPlayerValue.position;
  //当前视频是否循环 自动轮播
  bool isLooping = videoPlayerValue.isLooping;

  //暂停
  _videoPlayerController.pause();
  //播放
  _videoPlayerController.play();
  //未初始化 调用初始化
  _videoPlayerController.initialize().then((_) {
    // videoPlayerController.play();
    // setState(() {});
  });
   //视频从指定的位置开始播放
  _videoPlayerController.seekTo(Duration(milliseconds: 1200));
  //设置视频不自动轮播
  _videoPlayerController.setLooping(false);
  //设置播放速度的倍数
  _videoPlayerController.setPlaybackSpeed(1);
  //设置音量 0.0～1.0
  _videoPlayerController.setVolume(1.0);
}
```

12.3.2 视频播放视图构建

通过层叠布局 Stack 将视频播放与控制按钮层叠显示，控制播放的按钮悬浮在视频播放上面，通过 Positioned 的 fill 方法可以实现 Stack 中的填充排版。

```
///代码清单 12-14 播放视图构建
/// lib/src/page/home/play/video_play_detailed_page.dart
@override
Widget build(BuildContext context) {
  //容器用来限制大小
  return Container(
    width: MediaQuery.of(context).size.width,
    //层叠布局
    child: Stack(children: [
      //第一部分 构建视频播放
      Positioned.fill(
        child: buildvideoPlay(),
      ),
      //第二部分 构建表层的控制播放与暂停的按钮区域
      Positioned.fill(
        child: buildController(),
      ),
    ]),
  );
}
```

第一部分的视频播放，首先考虑视频是否加载，未加载时，显示占位图功能，代码如下。

```
///代码清单 12-15 第一部分 视频播放与占位图选择
/// lib/src/page/home/play/video_play_detailed_page.dart
Widget buildvideoPlay() {
  //未设置加载视频 未在播放中 显示占位图
  if (!widget.isInitialize && !_isPlaying) {
    //占位图片为 null 显示一个加载中
    if (StringUtils.isEmpty(widget.videoModel.videoImag)) {
      return LoadingWidget();
    } else {
      //显示占位图 一般是网络图片 这里使用的是 asset 资源
      return Image.asset(
        widget.videoModel.videoImag,
        fit: BoxFit.fill,
      );
    }
  } else {
    //构建视频播放
    return videoVideoPlayer();
  }
}
```

正在播放的视频再次点击，视频需要暂停播放，并且重新播放的控制按钮（12.3.3 节中构建）需要显示出来，代码如下。

```
///代码清单 12-16 第一部分 手势识别与构建视频播放
/// lib/src/page/home/play/video_play_detailed_page.dart
Widget videoVideoPlayer() {
  return GestureDetector(
    onTap: () {
      //暂停视频
      _videoPlayerController.pause();
      //刷新
      setState(() {});
```

```
      },
      //居中
      child: Center(
        // AspectRatio 组件用来设定子组件宽高比
        child: SizedBox(
          width: MediaQuery.of(context).size.width,
          child: AspectRatio(
            //设置视频的大小 宽高比。长宽比表示为宽高比。例如，16:9 宽高比的值为 16.0/9.0
            aspectRatio: _videoPlayerController.value.aspectRatio,
            //播放视频的组件
            child: VideoPlayer(_videoPlayerController),
          ),
        ),
      ),
    );
  }
```

12.3.3 视频播放控制

控制层默认显示的是一个开始播放按钮，使用变量_isClickInitialize 默认为 false 来配置，当点击开始播放按钮时，校验一下视频是否加载完成了，如果未加载完成或者是加载失败时，变量_isClickInitializ 值为 true，然后重新加载视频，此时页面上显示一个加载等待小圆圈代码详见 https://github.com/zhaolongs/flutter_book_jixie/blob/v1/flutter_video/lib/src/page/home/play/video_play_detailed_page.dart（代码清单 12-17）。

12.4 视频首页面

如图 12-2 所示的视频首页面，上下滑动切换视频显示，滑动自动播放视频。

```
///代码清单 12-19 首页面视频播放页面
///lib/src/page/home/home_item_page.dart
class HomeItemMainPage extends StatefulWidget {
  @override
  State<StatefulWidget> createState() {
    return _HomeItemState();
  }
}

///使用到[TabBar] 所以要绑定一个 Ticker
///当前页面被装载在[PageView]中，使用 KeepAlive 使用页面保持状态
class _HomeItemState extends State
    with AutomaticKeepAliveClientMixin, SingleTickerProviderStateMixin {
  //页面保持状态
  @override
  bool get wantKeepAlive => true;

  ... ...

}
```

构建首页面的第一步就是设置页面的状态栏样式，这里使用 SystemChrome 结合 AnnotatedRegion 组件来实现状态栏背景为黑色，文字为白色的样式，代码如下。

```
///代码清单 12-19 首页面的状态栏背景为黑色，文字为白色
///lib/src/page/home/home_item_page.dart
@override
Widget build(BuildContext context) {
  super.build(context);
  //状态文字设置为白色
  SystemChrome.setSystemUIOverlayStyle(SystemUiOverlayStyle.light);
  //设置状态栏的颜色 有 AppBar 时，会被覆盖
  return AnnotatedRegion<SystemUiOverlayStyle>(
    child: buildScaffold(),
    value: SystemUiOverlayStyle(
        //状态栏的背景黑色
        statusBarColor: Colors.black87,
        //状态栏文字颜色为白色
        statusBarIconBrightness: Brightness.light,),
  );
}
```

页面主体使用脚手架 Scaffold 结合层叠布局 Stack 来实现，通过 Stack 将顶部选项卡悬浮在视频上面，实现左右切换。

```
///代码清单 12-20 首页面的主体内容
///lib/src/page/home/home_item_page.dart
Scaffold buildScaffold() {
  return Scaffold(
    //层叠布局
    body: Stack(
      children: <Widget>[
        //视频内容区域
        Positioned.fill(
          child: buildTabBarView(),
        ),
        //顶部选项卡
        Positioned.fill(
          top: 54,
          child: buildTabBar(),
        ),
      ],
    ),
  );
}
```

第一层通过 TabBarView 来组合两个视频播放列表，代码如下。

```
///代码清单 12-21 第一层 构建 TabBarView
///lib/src/page/home/home_item_page.dart
Widget buildTabBarView() {
  return TabBarView(
    controller: tabController,
    children: [
      PlayListPage(
        pageIndex: 0,
      ),
      PlayListPage(
        pageIndex: 1,
      )
    ],
  );
```

```
}
```

第二层通过 TabBar 来实现标签栏，代码如下。

```
///代码清单 12-22 第二层 构建顶部标签部分
///lib/src/page/home/home_item_page.dart
Widget buildTabBar() {
  return Container(
    //对齐在顶部中间
    alignment: Alignment.topCenter,
    child: TabBar(
      controller: tabController,
      tabs: tabWidgetList,
      //指示器的颜色
      indicatorColor: Colors.white,
      //指示器的高度
      indicatorWeight: 2.0,
      //可滑动
      isScrollable: true,
      //指示器的宽度与文字对齐
      indicatorSize: TabBarIndicatorSize.label,
    ),
  );
}
```

TabBar 与 TabBarView 结合实现的左右切换的标签页面，通过控制器 TabController 来实现联动效果，在初始化函数中进行创建，代码如下。

```
///代码清单 12-23
///lib/src/page/home/home_item_page.dart
///
///[TabBar]使用的文本
List<String> tabTextList = ["关注", "推荐"];

///[TabBar]使用的[Tab]集合
List<Tab> tabWidgetList = [];

///[TabBar]的控制器
TabController tabController;

@override
void initState() {
  super.initState();
  //构建 TabBar 中使用的 Tab 数据
  for (var value in tabTextList) {
    tabWidgetList.add(Tab(
      text: "$value",
    ));
  }
  //创建 TabBar 使用的控制器
  tabController = new TabController(length: tabTextList.length, vsync: this);
}
```

首页视频详情通过 PageView 来实现，可上下滑动整屏切换，也可下拉刷新与上拉分页加载。

```
///代码清单 12-24 视频列表
/// lib/src/page/home/play/play_list_page.dart

class PlayListPage extends StatefulWidget {
```

```
  //页面的标识
  final int pageIndex;

  PlayListPage({this.pageIndex = 0, Key key}) : super(key: key);

  @override
  _PlayListPageState createState() => _PlayListPageState();
}

class _PlayListPageState extends State<PlayListPage> {
  //列表数据
  List<VideoModel> _list = [];

  //PageView 控制器
  PageController _pageController;

  @override
  void initState() {
    super.initState();
    //创建的模拟数据
    for (int i = 0; i < 10; i++) {
      VideoModel videoModel = new VideoModel();
      videoModel.videoUrl = "assets/video/list_item.mp4";
      _list.add(videoModel);
    }
    _loadingStatues = LoadingStatues.success;
    //创建 PageView 的控制器
    _pageController = new PageController(initialPage: 0);

    //加载网络数据
    refresh();
  }
  ...

}
```

在初始化方法中创建的模拟数据用于本地的测试使用，在实际项目开发中，可以将这个功能替换为使用数据库来加载本地的缓存数据，在 10.2.4 节中有介绍使用方法。

页面的主体 UI 通过 Scaffod 来构建，最外层是一个下拉刷新组件，代码如下。

```
///代码清单 12-25 页面主主体
/// lib/src/page/home/play/play_list_page.dart
@override
Widget build(BuildContext context) {
  return Scaffold(
    backgroundColor: Colors.black87,
    //页面主体内容 下拉刷新
    body: RefreshIndicator(
      //可滚动组件在滚动时会发送 ScrollNotification 类型的通知
      //[ScrollNotification]消息通知
      notificationPredicate: notificationCallBack,
      //下拉刷新回调方法
      onRefresh: () async {
        //下拉刷新加载数据
        await refresh();
        //返回值以结束刷新
        return Future.value(true);
```

```
      },
      //页面的主体内容
      //是一个 PageView
      child: buildMainBody(),
    ),
  );
}
```

notificationCallBack 回调中用来处理滑动距离判断，与代码清单 12-4 中的处理方式类似，在这里也适用。

页面的内容为多状态显示，无数据时显示为暂无数据点击刷新，使用 NoDataWidget 来实现，在 12.4.2 节中有说明，默认是加载数据中，显示 LoadingWidget 组件样式，在 11.3.3 节中封装的加载中组件。

```
///代码清单 12-26 页面多状态显示
/// lib/src/page/home/play/play_list_page.dart
//默认为加载中
LoadingStatues _loadingStatues = LoadingStatues.loading;

Widget buildMainBody() {
  //无数据时页面显示加载中
  Widget itemWidget = NoDataWidget(
    clickCallBack: () {
      //点击重新加载回调
      loadingMore();
    },
  );
  if(_loadingStatues==LoadingStatues.loading){
    //显示加载中
    itemWidget = LoadingWidget();
  }else if (_list.length > 0) {
    //显示正常的数据
    itemWidget = buildPageView();
  }
  return itemWidget;
}
```

当有视频数据时，就显示正常的视频列表数据，使用 PageView 来构建，代码如下。

```
///代码清单 12-27 PageView 构建上下切换的视图功能
/// lib/src/page/home/play/play_list_page.dart
PageView buildPageView() {
  //懒加载方式构建
  return PageView.builder(
    //控制器
    controller: _pageController,
    // pageview 中子 Item 的个数
    itemCount: _list.length,
    //滑动回调
    onPageChanged: (value) {
      if (value >= _list.length - 1) {
        //触发加载更多
        loadingMore();
      }
    },
    //上下滑动
    scrollDirection: Axis.vertical,
```

```
      //子 Item 构建器
      itemBuilder: (BuildContext context, int index) {
        //对应的数据模型
        VideoModel videoModel = _list[index];
        //视频播放详情
        return FindVideoItemPage(
          videoModel: videoModel,
        );
      },
    );
  }
```

PageView 的 onPageChanged 方法会在每次滑动切换页面后进行回调，可以在这里自定义上拉加载更多的数据功能，与 notificationCallBack 中的数据处理二选一即可。

视频播放相关内容封装在 FindVideoItemPage 组件中，如图 12-7 所示，由三部分内容组成 FindVideoItemPage，通过 Stack 来实现，代码详见 https://github.com/zhaolongs/flutter_book_jixie/blob/v1/flutter_video/lib/src/page/home/play/find_video_page.dart（代码清单 12-28）。

如代码清单 12-28 所示，第一层的播放视频 VideoPlayDetailedWidget，就是 12.3 节中定义的视频播放详情，在这里配置的参数 isAutoPlay 为 true，在滑动切换完成后会自动播放。底部的视频说明区域只用做信息展示，可通过 Column 结合两个不同样式的 Text 来实现。

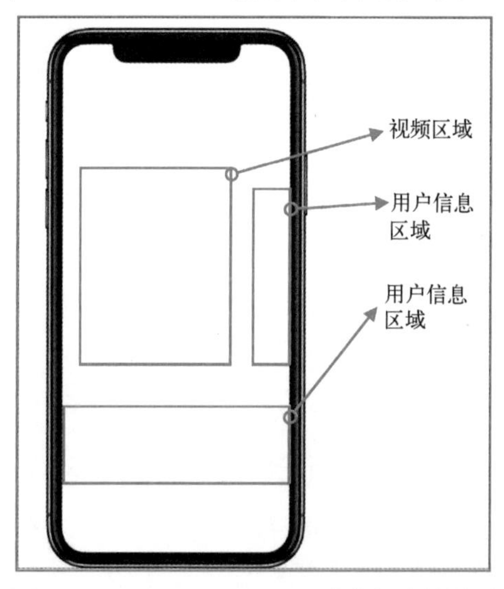

图 12-7　FindVideoItemPage 内容组成效果图

右侧的用户信息封装在 VideoPlayRightPage 中，用户头像与下面的评论等在竖直方向上呈线性排列，使用 Column 来排版，代码如下。

```
///代码清单 12-29 底部的视频说明区域
///lib/src/page/home/play/video_play_right.dart
class VideoPlayRightPage extends StatefulWidget {
  final VideoModel videoModel;

  VideoPlayRightPage({this.videoModel});

  @override
  _VideoPlayRightPageState createState() => _VideoPlayRightPageState();
}
```

```
class _VideoPlayRightPageState extends State<VideoPlayRightPage> {
  @override
  Widget build(BuildContext context) {
    ///限定宽度
    return Container(
      width: 60,
      child: Column(
        ///子组件居中
        mainAxisAlignment: MainAxisAlignment.center,
        crossAxisAlignment: CrossAxisAlignment.center,
        children: <Widget>[
          ///用户的信息
          buildUserItem(),

          ///喜欢
          buildLikeWidget(
              assetImage: widget.videoModel.isLike
                  ? "assets/images/2.0x/like_icon_2.png"
                  : "assets/images/2.0x/like_icon.png",
              msgCount: 232,
              callBack: () {}),

          ///评论
          buildLikeWidget(
              assetImage: "assets/images/2.0x/comment_icon.png",
              msgCount: 22,
              callBack: () {
                showBottomFoncton(1);
              }),

          ///转发
          buildLikeWidget(
              assetImage: "assets/images/2.0x/transpond_icon.png",
              msgCount: 32,
              callBack: () {
                showBottomFoncton(2);
              }),
        ],
      ),
    );
  }

  ...

}
```

其中，用户信息使用 Stack 层叠布局排版一个用户头像与一个关注的“+”号，当登录用户未关注视频发布者时，显示这个“+”号，如果已关注了就不显示，代码如下。

```
///代码清单 12-30 构建用户的头像区域
///lib/src/page/home/play/video_play_right.dart
Widget buildUserItem() {
  return Container(
    width: 60,
    height: 60,
    child: Stack(
```

```
        children: <Widget>[
          Align(
            //居中
            alignment: Alignment(0, 0),
            //裁剪成圆形的头像
            child: ClipOval(
              child: Container(
                width: 44, height: 44,
                color: Colors.grey,
                //加载头像
                child: CachedNetworkImage(
                  imageUrl: widget.videoModel.videoImag,
                  //加载中占位
                  placeholder: (context, url) => CircularProgressIndicator(),
                  errorWidget: (
                    BuildContext context,
                    String url,
                    dynamic error,
                  ) {
                    return Image.asset(
                      "assets/images/2.0x/app_icon.png",
                      fit: BoxFit.fill,
                    );
                  },
                ),
              ),
            ),
          ),

          ///是否关注
          widget.videoModel.isAttention
              ? Container()
              : Align(
                  alignment: Alignment(0, 1),

                  ///未关注下再显示一个小+号
                  child: Container(
                    child: Text(
                      "+",
                      style: TextStyle(fontSize: 16, color: Colors.white),
                      textAlign: TextAlign.center,
                    ),
                    width: 18,
                    height: 18,
                    decoration: BoxDecoration(
                      color: Colors.red,
                      borderRadius: BorderRadius.all(Radius.circular(9)),
                    ),
                  ),
                )
        ],
      ),
    );
  }
```

加载用户头像使用到了图片缓存组件，需要添加插件依赖如下。

```
dependencies:
```

```
  cached_network_image: ^2.5.0
```

喜欢、评论、转发这三个布局排版类似，封装如下。

```
///代码清单 12-31 构建用户的头像区域
///lib/src/page/home/play/video_play_right.dart
///[assetImage]图标名称
///[msgCount]对应的消息个数
///[callBack]点击回调
buildLikeWidget({String assetImage, int msgCount, callBack}) {
  return InkWell(
    onTap: callBack,
    child: Container(
      margin: EdgeInsets.only(top: 20),
      child: Column(
        //线性布局包裹子 Widget
        mainAxisSize: MainAxisSize.min,
        //居中对齐
        crossAxisAlignment: CrossAxisAlignment.center,
        children: <Widget>[
          //图标
          Image.asset(assetImage, width: 33, height: 33),
          //图标与文字之间的间隔
          SizedBox(height: 4),
          Text(
            "$msgCount",
            style: TextStyle(color: Colors.white, fontSize: 16),
          )
        ],
      ),
    ),
  );
```

小结

本章在第 11 章开发框架的基础上，搭建了一个市场上常见的两种比较火的视频播放 App，读者可以根据本章提供的视频播放模板，快速开发视频类应用。

第 13 章 电商类应用的跨平台开发——呈现访客至上的购物页面

在第 11 章构建的 Flutter 项目开发模板的基础上构建一个电商类应用，如图 13-1 所示，本章所涉及的页面功能为电商通用首页面、商品分类页面（请查看源码）、登录页面。

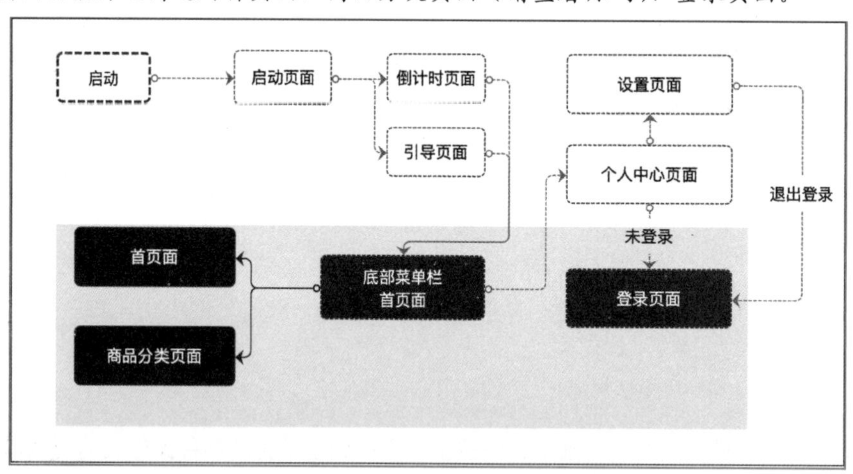

图 13-1　电商类应用结构图

13.1　指纹登录功能

当进点击登录进入到登录页面后，在 initState 方法中调用的初始化认证，如果当前设备支持指纹（面容识别）登录并且用户设置了认证功能时，自动调用弹出认证功能，效果如二维码 13-1 所示，登录页面 initBiometrics 方法代码如下。

```
///代码清单 13-1 登录页面 LoginPage 中的方法 校验是否调用指纹识别
///自动弹出 [FaceModel] 中的功能组合
 void initBiometrics() async {
   //第一步检测是否支持指纹等生物识别技术
   _isBiometrics = await checkBiometrics();
   if (_isBiometrics) {
     //第二步获取生物识别技术支持列表
     _biometricList = await getAvailableBiometrics();
```

```
    if (mounted) {
      setState(() {});
    }
    Future.delayed(Duration(milliseconds: 1000), () {
      //第三步调用认证功能
      authenticate();
    });
  }
}
```

FaceModel 的定义如下。

```
///代码清单 13-2 指纹等生物识别功能封装

class FaceModel {
  /// 本地认证框架
  final LocalAuthentication auth = LocalAuthentication();

  // 检查是否有可用的生物识别技术
  Future<bool> checkBiometrics({bool isLocal = true}) async {
    bool canCheckBiometrics;
    try {
      //检查当前设备是否支持生物识别功能（指纹或者是面容识别）
      canCheckBiometrics = await auth.canCheckBiometrics;
    } on PlatformException catch (e) {
      print(e);
      canCheckBiometrics = false;
    }
    //获取本地缓存标识
    //判断用户是否设置过允许指纹登录 未设置初始时为 null
    //一般在设置中心进行设置 第一次使用时 isSetBiometrics 为 false
    bool isSetBiometrics = await SPUtil.getBool("biometrices");
    if (isLocal) {
      // 当设置支持生物识别功能并且用户设置过使用后，返回 true
      return canCheckBiometrics &&
          (isSetBiometrics != null && isSetBiometrics);
    } else {
      return canCheckBiometrics;
    }
  }

}
```

13-1 登录页面指纹认证效果图

```
///代码清单 13-3 [FaceModel]中定义的方法 获取生物识别技术列表
/// lib/src/auth/face_model.dart
Future<List<BiometricType>> getAvailableBiometrics() async {
  //用于保存生物识别功能列表
  List<BiometricType> availableBiometrics;
  try {
    //获取列表 最多有三种 指纹、面容识别、虹膜
    availableBiometrics = await auth.getAvailableBiometrics();
  } on PlatformException catch (e) {
    print(e);
  }
  return availableBiometrics;
}
```

在调用出指纹（面容识别）功能时，需要定义显示的文案，如下所示。

```
///代码清单 13-4 [FaceModel]中定义的方法 获取生物识别技术列表
/// lib/src/auth/face_model.dart
static const andStrings = const AndroidAuthMessages(
  cancelButton: '取消',
  goToSettingsButton: '去设置',
  fingerprintNotRecognized: '指纹识别失败',
  goToSettingsDescription: '请设置指纹.',
  fingerprintHint: '指纹',
  fingerprintSuccess: '指纹识别成功',
  signInTitle: '指纹验证',
  fingerprintRequiredTitle: '请先录入指纹!',
);

static const iOSStrings = const IOSAuthMessages(
  lockOut: "指纹登录已被禁用",
  cancelButton: '取消',
  goToSettingsButton: '去设置',
  goToSettingsDescription: '请设置指纹.',
);
```

然后就是调用识别功能，一般由两种方法触发：第一种就是进入登录页面后，自动触发功能；第二种就是点击登录页面中的按钮触发。触发识别功能代码如下。

```
///代码清单 13-5 [FaceModel]中定义的方法 调用生物识别功能
/// lib/src/auth/face_model.dart
Future<bool> authenticate() async {
  bool authenticated = false;
  try {
    authenticated = await auth.authenticateWithBiometrics(
        //提示文案
        localizedReason: '扫描指纹进行身份验证',
        //显示错误提示框
        useErrorDialogs: true,
        //Android 平台提示文案
        androidAuthStrings: andStrings,
        //iOS 平台提示文案
        iOSAuthStrings: iOSStrings,
        //页面获取焦点是否重新校验
        stickyAuth: false);
  } on PlatformException catch (e) {
    print(e);
    authenticated = false;
  }
  return authenticated;
}
```

FaceModel 中的认证识别方法是使用插件 local_auth 来实现，需要在配置文件中添加依赖如下。

```
#生物识别插件
local_auth: ^0.6.3+4
```

local_auth 在 Android 平台中需要基于 FragmentActivity 使用，所在在使用 local_auth 功能时需要将启动 MainActivity 修改如下：

```
import io.flutter.embedding.android.FlutterFragmentActivity;

public class MainActivity extends FlutterFragmentActivity {

}
```

13.2 主页面根视图

电商应用的最终效果可通过扫描二维码 13-2 查看，其中的个人中心页面为 11 章中的模板代码。

13-2 应用页面结构图

主页面目录包含以下功能。

1）全局消息通信监听。

2）剪切板内容监听。

3）页面结构搭建。

4）连续点击安卓中的物理返键两次，或者在全面屏中连续左滑两次实现应用退出。

13.2.1 剪切板功能

通常一种使用场景就是用户在其他 APP 软件中复制了一段文字，然后打开当前应用后参与活动功能，在程序代码中可使用系统的剪切板功能来实现，当第一次进入应用或者是从后台回到应用时需要读取系统剪切板，主页面根目录定义详见 https://github.com/zhaolongs/flutter_book_jixie/blob/v1/flutter_shop/lib/src/page/home/home_main_page.dart（代码清单 13-6）。

13.2.2 双击退出应用功能

在主页面根视图中，通过 WillPopScope 来拦截用户的返回键手势功能，当第一次点击了安卓中的物理返回键或者是全面屏的退出手势时，给用户一个提示，当连续两次操作后，退出当前应用，代码如下。

```
///代码清单 13-7 [HomeMainPage]中定义方法 双击退出应用
///lib/src/page/home/home_main_page.dart
//上一次点击的时间
DateTime _lastQuitTime;
@override
Widget build(BuildContext context) {
  //点击 Android 手机的物理返回键，或者全面屏的手势退出功能
  return WillPopScope(
    child: buildScaffold(),
    //此方法会接收到监听
    onWillPop: () async {
      //计算时间差
      Duration flagDuration = DateTime.now().difference(_lastQuitTime);
      //两次点击间隔小于 1s 时退出
      if (_lastQuitTime == null || flagDuration.inSeconds > 1) {
        ToastUtils.showToast("连续返回两次 退出应用");
        //获取当前的时间
        _lastQuitTime = DateTime.now();
        //拦截事件响应
        return false;
      } else {
        //退出
        Navigator.of(context).pop(true);
        //不拦截事件响应
        return true;
      }
    },
  );
```

```
}
```

13.2.3 主体页面

页面的主体内容通过 PageView 来实现，底部菜单栏通过 BottomAppBar 来实现，整体通过脚手架组件 Scaffold 来构建，代码如下。

```
///代码清单 13-8 [HomeMainPage]中定义方法 主体页面实现
///lib/src/page/home/home_main_page.dart
///
//[PageView]使用的控制器
PageController _pageController = PageController();
Scaffold buildScaffold() {
  //Scaffold 用来搭建页面的主体结构
  return Scaffold(
    //页面的主内容区
    //可以是单独的 StatefulWidget 也可以是当前页面构建的组件，如 Text 文本组件
    body: PageView(
      //设置 PageView 不可滑动切换
      physics: NeverScrollableScrollPhysics(),
      //PageView 的控制器
      controller: _pageController,
      //PageView 中的三个子页面
      children: <Widget>[
        //第一个页面
        HomeItmeScrollPage(),
        //第二个页面
        HomeItemCataloguePage(),
        //第三个页面
        HomeItemCataloguePage(),
        //个人中心
        MineMainPage(),
      ],
    ),
    //底部导航栏
    bottomNavigationBar: BottomAppBar(
      //悬浮按钮 与其他菜单栏的结合方式
      shape: CircularNotchedRectangle(),
      // FloatingActionButton 和 BottomAppBar 之间的差距
      notchMargin: 6.0,
      //背景颜色
      color: Colors.white,
      //自定义底部菜单栏
      child: CustomBottomAppBar(
        clickCallBack: (int index) {
          _pageController.jumpToPage(index);
        },
      ),
    ),
    //悬浮按钮的位置
    floatingActionButtonLocation: FloatingActionButtonLocation.centerDocked,
    //悬浮按钮
    floatingActionButton: FloatingActionButton(
      child: const Icon(Icons.add),
      onPressed: () {
        print("add press ");
      },
```

13-3 底部菜单栏效果图

```
    ),
  );
}
```

CustomBottomAppBar 中封装了底部水平线性排开的四个按钮组，代码如下。

```
///代码清单 13-9 自定义首页面底部菜单栏
///lib/src/page/custom_bottom_appbar.dart
class CustomBottomAppBar extends StatefulWidget {
  ///菜单点击回调
  final Function(int index) clickCallBack;
  ///小红点提示的索引 用于消息提示
  final int tipsIndex;
  CustomBottomAppBar({this.clickCallBack, this.tipsIndex});

  @override
  _CustomBottomAppBarState createState() => _CustomBottomAppBarState();
}

class _CustomBottomAppBarState extends State<CustomBottomAppBar> {
  //当前显示页面的标签
  int _tabIndex = 0;

  @override
  Widget build(BuildContext context) {
    return Row(
      mainAxisSize: MainAxisSize.max,
      mainAxisAlignment: MainAxisAlignment.spaceAround,
      children: <Widget>[
        //参数一 tabIndex 是当前点击选中的菜单标识 参数二是每个菜单的标识，可理解为 ID
        //参数三是每个菜单中显示的小图标 参数四是每个菜单显示使用的文字
        buildBotomItem(_tabIndex, 0, Icons.home, "首页"),
        buildBotomItem(_tabIndex, 1, Icons.menu, "分类"),
        buildBotomItem(_tabIndex, -1, null, ""),
        buildBotomItem(_tabIndex, 2, Icons.email, "发现"),
        buildBotomItem(_tabIndex, 3, Icons.person, "我的"),
      ],
    );
  }
}
```

在 Row 中的子 Widget 需要等比排列，所以使用 Expanded 来适配，每个菜单栏都需要点击，所以使用到了 GestureDetector，代码如下。

```
///代码清单 13-10  用来构建底部菜单栏中每个垂直排列的小图标与文字
///lib/src/page/custom_bottom_appbar.dart
buildBotomItem(int selectIndex, int index, IconData iconData, String title) {
  return Expanded(
    //权重适配 1: 1 比例
    flex: 1,
    child: new GestureDetector(
      onTap: () {
        if (index != _tabIndex) {
          setState(() {_tabIndex = index; });
          //回调
          if (widget.clickCallBack != null) {
            widget.clickCallBack(_tabIndex);
          }
```

```
        }
      },
      child: SizedBox(
        height: 52,
        child: buildPadItem(selectIndex, index, iconData, title),
      ),
    ),
  );
}
```

底部菜单栏每一个按钮区域都是一个 Stack 层叠布局，第一层通过 Column 来组合图标与文字，第二层就是位于按钮图标右上角的小圆点，一般用于有最新内容未读的情况，代码见 https://github.com/zhaolongs/flutter_book_jixie/blob/v1/flutter_shop/lib/src/page/custom_bottom_appbar.dart（代码清单 13-11）和 https://github.com/zhaolongs/flutter_book_jixie/blob/v1/flutter_shop/lib/src/common/custom_oval_button.dart（代码清单 13-12）。

13.3 滑动折叠的首页面

13-4 向上滑动折叠首页效果图

本节中实现的效果图可通过扫描二维码 13-4 查看，在向上滑动时，搜索框先向左缩短，然后再向上平移，与此同时，搜索框下方的分类标签栏也会向上平移。

首页面主体结构通过 Scaffold 来构建，结合 AutomaticKeepAliveClientMixin 来保持页面的状态，通过 AnnotatedRegion 来设置状态栏的背景与文字颜色，代码如下。

```
///代码清单 13-13 首页面
///lib/src/page/home/home_item_scroll_page.dart
class HomeItmeScrollPage extends StatefulWidget {
  @override
  _HomeItmeScrollPageState createState() => _HomeItmeScrollPageState();
}

class _HomeItmeScrollPageState extends State<HomeItmeScrollPage>
    with SingleTickerProviderStateMixin, AutomaticKeepAliveClientMixin {
  //页面保持状态
  @override
  bool get wantKeepAlive => true;

    @override
  Widget build(BuildContext context) {
    super.build(context);
    //设置状态栏的颜色 有 AppBar 时，会被覆盖
    return AnnotatedRegion<SystemUiOverlayStyle>(
      child: Scaffold(
        backgroundColor: Colors.white,
        body: Stack(
          children: [
            //第一层的背景
            Positioned(
              top: 0,
              left: 0,
              right: 0,
              child: buildHeaderBg(),
            ),
```

```
            //第二层的内容主体
            Positioned.fill(
              child: buildBody(),
            )
          ],
        ),
      ),
      value: SystemUiOverlayStyle(
          //状态栏的背景红色 Android 8.0 以上手机设置方法
          statusBarColor: Colors.deepPurple,
          //状态栏文字颜色为白色 Android 6.0 以上手机起作用
          //iOS 状态栏文字 Brightness.dark 为白色 Brightness.light 为黑色
          statusBarBrightness: Brightness.dark,
          //底部 navigationBar 背景颜色 Android 6.0 以上手机起作用
          systemNavigationBarColor: Colors.white),
    );
  }

}
```

13.3.1 首页面背景

如二维码 13-5 所示效果，顶部背景为红色，在向上滑动过程中，背景会向上凸起，反之会向下凸起，背景层实现如下。

```
///代码清单 13-14 首页面中第一部分的背景层
///lib/src/page/home/home_item_scroll_page.dart
StreamBuilder<double> buildHeaderBg() {
  return StreamBuilder<double>(
    //滑动距离控制器
    stream: _headStreamController.stream,
    builder: (BuildContext context, AsyncSnapshot<dynamic> snapshot) {
      //路径裁剪
      return ClipPath(
        clipper: HomeHeaderClipper(
          value: _value2,
        ),
        child: Container(
          height: 290,
          color: Colors.red,
        ),
      );
    },
  );
}
```

13-5 向上滑动折叠首页效果图

通过 StreamBuilder 结合 StreamController 实现的局部刷新功能，HomeHeaderClipper 是定义的裁剪路径方式，代码如下。

```
///代码清单 13-15 首页面-背景动态裁剪
///lib/src/page/home/home_item_scroll_page.dart
class HomeHeaderClipper extends CustomClipper<Path> {
  //值范围 0.0～1.0
  double value;
```

```
  HomeHeaderClipper({this.value = 0.0,});

  @override
  Path getClip(Size size) {
    //裁剪路径
    Path path = new Path();
    //当前尺寸
    double width = size.width;
    double height = size.height;
    //单位距离
    double unitHeight = height / 4;
    //路径起点 A
    path.moveTo(0, 0);
    //曲线起点 B
    path.lineTo(0, unitHeight * 3);
    //二阶贝赛尔曲线
    path.quadraticBezierTo(
      //控制点 C
       width / 2,
       height - value * unitHeight*1.5,
       //终点 D
       width,
       unitHeight * 3);
    //曲线终点 E
    path.lineTo(width, 0);
    return path;
  }

  @override
  bool shouldReclip(covariant CustomClipper<Path> oldClipper) {
    return true;
  }
}
```

13-6 背景裁剪路径分析图

HomeHeaderClipper 中控制点 C 的位置通过 value（0.0～1.0）来控制，value 值是通过监听页面滑动距离来动态计算，通过 StreamController 进行数据刷新控制，初始化配置代码如下。

```
///代码清单 13-16 滑动距离相关计算
///lib/src/page/home/home_item_scroll_page.dart
//滑动监听控制器
ScrollController _scrollController = new ScrollController();

///首页面 搜索框 在向上滑动过程中，向水平方向缩短 然后再向上平移
///首页面 搜索框 水平方向缩短的控制值 0.0～1.0
double _value = 0.0;

///首页面 搜索框 竖直方向平移到顶部的控制值 0.0～1.0
double _value2 = 0.0;

///用于控制这个过程的 Stream 控制器
///局部更新
StreamController<double> _headStreamController =
    new StreamController.broadcast();

@override
void initState() {
  super.initState();
```

```
    //添加一个消息监听
    _scrollController.addListener(() {
      //获取当前滑动布局的滑动距离
      double pixels = _scrollController.offset;
      if (pixels <= 44) {
        //竖直方向不动
        _value2 = 0.0;
        //根据滑动距离来计算水平缩短值
        _value = pixels / 44.0;
        //发送消息
        _headStreamController.add(1.0);
      } else if (pixels > 44 && pixels <= 88) {
        //搜索框大小固定
        _value = 1.0;
        //搜索框纵向 向上平移
        _value2 = (pixels - 44) / 44.0;
        _headStreamController.add(1.0);
      } else {
        if (_value2 != 1.0) {
          _value = 1.0;
          _value2 = 1.0;
          _headStreamController.add(1.0);
        }
      }
    });

  }

  @override
  void dispose() {
    //销毁控制器
    _headStreamController.close();
    super.dispose();
  }
```

13.3.2 首页面主体

首页面主体分为两部分，一部分是标签栏上部分的（包括标签栏在内）随着滑动而改变的部分（StreamController 控制器与 13.3.1 节中的是同一个），第二部分就是标签栏之下的标签页面，两部分通过线性布局 Column 来组合，代码如下。

```
///代码清单 13-17 首页面主体构建
  ///lib/src/page/home/home_item_scroll_page.dart
  Widget buildBody() {
    //初次进入显示加载中 加载失败时 可考虑使用占位 UI
    if (_tabController == null) {
      return Center(
        child: LoadingWidget(),
      );
    }
    return Column(
      children: [
        //第一部分 顶部随着手势滑动的更新操作
        StreamBuilder<double>(
          //绑定控制器
          stream: _headStreamController.stream,
```

```
            //设置初始值
            initialData: 0.0,
            //用来构建需要更新的子 Widget
            builder: (BuildContext context, AsyncSnapshot<double> snapshot) {
              return Container(
                //宽度
                width: MediaQuery.of(context).size.width,
                //高度
                height: 188 - 56 * _value2,
                //内容区域
                child: HomeCustomAppBar(
                  value: _value,
                  value2: _value2,
                  tabController: _tabController,
                  tabList: _tabList,
                ),
              );
            },
          ),
          //第二部分 主页面
          Expanded(
            child: TabBarView(
              //禁止滑动
              physics: NeverScrollableScrollPhysics(),
              controller: _tabController,
              children: _tabBarViewList,
            ),
          )
        ],
      );
    }
```

标签分类一般是通过接口获取的动态配置的类目，代码如下。

```
///代码清单 13-18 网络请求数据获取标签
///lib/src/page/home/home_item_scroll_page.dart

Future<bool> loadingData() async {
  //通过网络请求接口
  // ResponseInfo responseInfo = await DioUtils.instance
  //     .getRequest(url: HttpHelper.Video_LIST_URL, queryParameters: {
  //   "pageIndex": pageIndex,
  //   "pageSize": 30,
  // });
  //本地模拟测试数据
  ResponseInfo responseInfo =
      await Future.delayed(Duration(milliseconds: 1000), () {
    //构建模拟数据
    List _list = [];
    for (int i = 0; i < 30; i++) {
      Map<String, dynamic> map = new Map();
      map['id'] = i;
      map['title'] = "数码$i";
      _list.add(map);
    }
    return ResponseInfo(success: true, data: _list);
  });
  //加载成功
```

```
  if (responseInfo.success) {
    List data = responseInfo.data;
    //加载成功有数据时的 JSON 数据解析转换
    successFunction(data);
    //添加到队列中刷新
    Future.delayed(Duration.zero, () {
      setState(() {});
    });
  }
  return true;
}
```

接口数据请求完成后，动态生成 Tab 与 TabBarView 中使用的内容，代码如下。

```
///代码清单 13-19 分类标签 动态生成 Tab 与 TabBarView
List<GoodsCategoryBean> _categoryList = [];
//TabBar 与 TabBarView 结合使用的控制器
TabController _tabController;
//TabBar 使用到的 Tab 数据集合
List<Tab> _tabList;
//TabBarView 使用到的页面集合
List<Widget> _tabBarViewList;
///[data]分类标签数据 根据分类来添加页面数据
void successFunction(List data) {
  //将 List 数据解析为自定义对象数据
  List<GoodsCategoryBean> itemList = [];
  data.forEach((element) {
    GoodsCategoryBean bean = GoodsCategoryBean.fromJson(element);
    itemList.add(bean);
  });
  //保存数据
  _categoryList = itemList;
  //构建控制器
  _tabController = new TabController(
    vsync: this,
    length: _categoryList.length,
  );
  _tabList = [];
  _tabBarViewList = [];
  //构建 Tab 与 TabBarView 使用的数据
  _categoryList.forEach((element) {
    //构建 Tab
    _tabList.add(Tab(
      text: element.title,
    ));
    //构建 TabBarView 中使用到的页面
    _tabBarViewList.add(HomeItemTabbarPage(
      categoryId: element.id,
      scrollController: _scrollController,
    ));
  });
}
```

GoodsCategoryBean 是分类使用到的数据模型，代码如下。

```
///代码清单 13-20 商品分类标签数据模型
///lib/src/bean/bean_goods_categore.dart
class GoodsCategoryBean{
```

```
    int id;
    String title;

    GoodsCategoryBean(this.title, this.id,);

    GoodsCategoryBean.fromJson(Map<String, dynamic> map) {
     this.title = map["title"];
     this.id = map["id"];
    }
  }
```

13.3.3 首页面缩放平移搜索框

在向上滑动过程中，搜索框向向左缩短，然后再向上平移，功能封装在 HomeCustomAppBar 中，如图 13-2 所示，HomeCustomAppBar 由三部分组成。

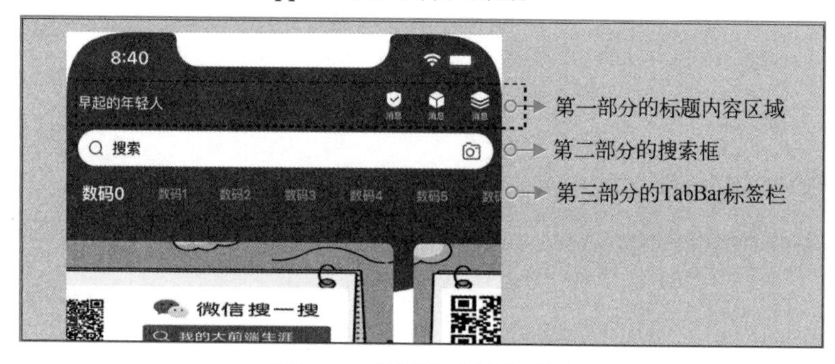

图 13-2 首页面头部分析图

当搜索框向上平移时，与顶部的文本区域重叠，所以 HomeCustomAppBar 中的这三部分内容通过层叠布局来组合，代码见 https://github.com/zhaolongs/flutter_book_jixie/blob/v1/ flutter_shop/lib/src/page/home/home_custom_appbar.dart（代码清单 13-21）。

第二部分的搜索框会根据 right 与 top 的动态修改，形成向左缩短并向上平移的组合动画，如图 13-3 所示。

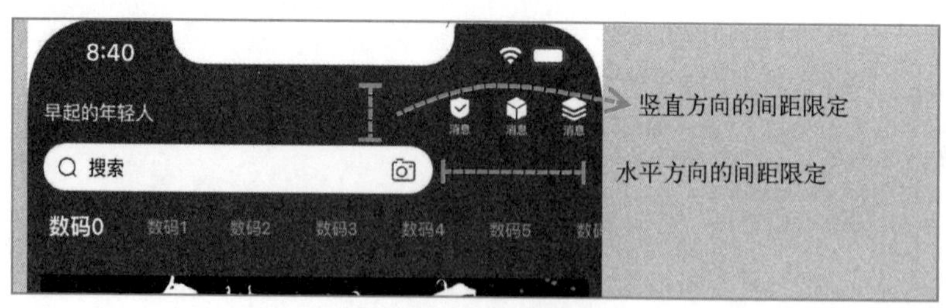

图 13-3 搜索框移动距离分析图

第三部分的标签栏向上平移的过渡是通过修改当前 HomeCustomAppBar 的整体高度来控制，在代码清单 13-16 中限定计算高度，代码如下。

```
///代码清单 13-22 TabBar 标签栏
  ///lib/src/page/home/home_custom_appbar.dart
  Widget buildTabBar() {
    if (widget.tabController == null) {
      return Container();
    }
```

```
    return TabBar(
      isScrollable: true, //可滑动
      //未选中文本样式
      unselectedLabelStyle: TextStyle(
        fontSize: 12,
        fontWeight: FontWeight.w400,
      ),
      //选中文本样式
      labelStyle: TextStyle(
        fontSize: 16,
        fontWeight: FontWeight.w600,
      ),
      //标签控制器
      controller: widget.tabController,
      //所有的标签
      tabs: widget.tabList,
    );
  }
```

第一部分的标题内容区域与右侧的图标水平方向线性排开，使用 Row 来组合，文字区域填充，结合 Expanded 来实现，代码如下。

```
///代码清单 13-23 [HomeCustomAppBar]第一部分的标题内容区域
///lib/src/page/home/home_custom_appbar.dart
Container buildHeaderText() {
  return Container(
    padding: EdgeInsets.only(left: 12),
    child: Row(
      children: [
        Expanded(
            child: Text(
          "早起的年轻人",
          style: TextStyle(color: Colors.white),
        )),
        ImageTextWidget(
          image: 'assets/images/2.0x/header_icon1.png',
        ),
        ImageTextWidget(
          image: 'assets/images/2.0x/header_icon2.png',
        ),
        ImageTextWidget(
          image: 'assets/images/2.0x/header_icon3.png',
        ),
      ],
    ),
  );
}
```

右侧的图标与文字在竖直方向线性排开，使用 Column 来组合，并封装成小组件 ImageTextWidget，代码如下。

```
///代码清单 13-24 文字与图标在竖直方向线性排列
///lib/src/page/home/image_text_widget.dart
class ImageTextWidget extends StatelessWidget {
  final String image;
  final Function onTap;
```

```
  ImageTextWidget({
    @required this.image,
    this.onTap,
    Key key,
  }) : super(key: key);

  @override
  Widget build(BuildContext context) {
    return InkWell(
      //点击事件
      onTap: onTap,
      child: Container(
        padding: EdgeInsets.only(left: 10, right: 10),
        child: Column(
          //包裹
          mainAxisSize: MainAxisSize.min,
          children: [
            Image.asset(
              image,
              height: 20,
              width: 22,
              fit: BoxFit.fill,
            ),
            Text(
              "消息",
              style: TextStyle(fontSize: 8, color: Colors.white),
            )
          ],
        ),
      ),
    );
  }
}
```

13.3.4 搜索框

搜索框是一个通用的组件，应用业务场景也比较多，一般显示出的是一个静态的搜索提示，当用户点击后再跳转至对应的搜索页面，在本应用中定义为 SearchWidget，代码如下。

```
///代码清单 13-25 搜索框
///src/page/common/search_widget.dart
class SearchWidget extends StatelessWidget {
  @override
  Widget build(BuildContext context) {
    return Container(
      //内边距
      padding: EdgeInsets.only(left: 10, right: 10),
      height: 34,
      //圆角背景
      decoration: BoxDecoration(
          color: Colors.white,
          borderRadius: BorderRadius.all(Radius.circular(20))),
      child: Row(
        children: [
          Image.asset(
            'assets/images/2.0x/search_icon2.png',
            width: 16,
```

```
          height: 16,
        ),
        SizedBox(width: 8,),
        Expanded(child: Text("搜索"),),
        Image.asset(
          'assets/images/2.0x/camera_icon2.png',
          width: 22,
          height: 22,
        ),
      ],
    ),
  );
 }
}
```

13.3.5 子页面 HomeItemTabbarPage

可滑动的子页面由两部分组合实现，一部分是轮播图、分类、秒杀等，一部分是分页加载的商品瀑布流。

一般的思路是 SingleChildScrollView 配合线性布局 Column 再结合 ListView 来实现，其中 ListView 需要设置属性 shrinkWrap 为 true 方可实现，这种结构只适用于 ListView 中少量数据的加载，如果加载的数据过多，尤其是有图片时，应用的内存会直线上升，直到崩溃。

```
test() {
  return SingleChildScrollView(
    child: Column(
      children: [
        //其他内容 如轮播图
        Expanded(
          child: ListView.builder(
            //包裹子 Widget
            shrinkWrap: true,
          ),
        )
      ],
    ),
  );
}
```

如果需要加载更多的列表数据，解决方法是使用 NestedScrollView，将滑动的列表数据放在 NestedScrollView 的 body 中，将其他列表视图顶部的内容放在 headerSliverBuilder 中，如果需要折叠，就使用 SliverAppBar，如果不需要折叠就使用 SliverToBoxAdapter，本章中使用的是 SliverToBoxAdapter，代码见 https://github.com/zhaolongs/flutter_book_jixie/blob/v1/flutter_shop/lib/src/page/home/home_item_tabbar_page.dart（代码清单 13-26）。

瀑布流使用到依赖库如下。

```
#瀑布流
flutter_staggered_grid_view: ^0.3.3
瀑布流 HomeStaggeredWidget 定义如下：
///代码清单 13-27 首页面的瀑布流
///lib/src/page/home/home_staggered_list_widget.dart
class HomeStaggeredWidget extends StatefulWidget {
  @override
  _HomeStaggeredWidgetState createState() => _HomeStaggeredWidgetState();
```

```
}

class _HomeStaggeredWidgetState extends State<HomeStaggeredWidget> {
  @override
  Widget build(BuildContext context) {
    //通过指定数量来构建
    return new StaggeredGridView.countBuilder(
      physics: ClampingScrollPhysics(),
      //内边距
      padding: const EdgeInsets.all(8.0),
      //列数一般与 staggeredTileBuilder 中的参数一成倍数
      crossAxisCount: 4,
      //商品个数 这里使用的是模拟数据
      itemCount: 100,
      itemBuilder: (context, i) {
        return itemWidget(i);
      },
      staggeredTileBuilder: (int index) {
        //参数一 crossAxisCellCount:次轴的单元数 这里指水平方向
        //参数二 mainAxisCellCount:主轴占用的单元数
        return new StaggeredTile.count(2, index == 0 ? 2.5 : 3);
      },
      //行间距
      mainAxisSpacing: 8.0,
      //列间距
      crossAxisSpacing: 8.0,
    );
  }

}
```

瀑布流中的每个子 Item 的圆角阴影可通过组件 Card 来实现，在此使用 Material 组件来构建，点击事件使用 InkWell，代码如下。

```
///代码清单 13-28
///瀑布流子 Item 布局 点击事件 阴影 [HomeStaggeredWidget]中的方法
///lib/src/page/home/home_staggered_list_widget.dart
Widget itemWidget(int index) {
  return new Material(
    //阴影
    elevation: 8.0,
    //圆角
    borderRadius: new BorderRadius.all(
      new Radius.circular(8.0),
    ),
    child: new InkWell(
      //点击事件水波纹圆角
      borderRadius: new BorderRadius.all(
        new Radius.circular(8.0),
      ),
      onTap: () {
        //响应事件 如查看详情
      },
      child: buildContainer(index),
    ),
  );
}
```

在瀑布流显示 Item 中，每个子 Item 的高度不同，通过 Column 结合 Expanded 实现图片填充空白区域，通过 Hero 动画来进行与详情页面的动画过渡，代码如下。

```
///代码清单 13-29 瀑布流子 Item 内容布局 [HomeStaggeredWidget]中的方法
///lib/src/page/home/home_staggered_list_widget.dart
Container buildContainer(int index) {
  return Container(
    padding: EdgeInsets.all(10),
    child: Column(
      children: [
        //图片填充
        Expanded(
          child: new Hero(
            tag: "$index",
            child: Material(
              color: Colors.transparent,
              child: Image.asset(
                "assets/images/2.0x/s01.jpeg",
                width: MediaQuery.of(context).size.width - 20,
                fit: BoxFit.fitWidth,
              ),
            ),
          ),
        ),
        SizedBox(
          height: 8,
        ),
        Container(
          child: buildShopTitle(),
        ),
        SizedBox(
          height: 4,
        ),
        //底部的价格
        buildPirceRow()
      ],
    ),
  );
}
```

标题部分通过 Stack 层叠布局组合文本与标签，代码如下。

```
///代码清单 13-30 瀑布流子 Item 标题 [HomeStaggeredWidget]中的方法
///lib/src/page/home/home_staggered_list_widget.dart
Stack buildShopTitle() {
  return Stack(
    children: [
      //底部的标题文字 开始部分使用空格占位
      Text(
        "\t\t\t\t\t\t\t\t\t\t\t\t\t\t\t 极品运动服装 挑战冬日的严寒 1 折处理 大家快来抢购吧",
        style: TextStyle(
          fontSize: 14,
          color: Colors.blueGrey,
        ),
        //最多显示 2 行
        maxLines: 2,
        //超出后省略号
        overflow: TextOverflow.ellipsis,
```

13-7 标题部分

```
      ),
      //第二层的标签
      Row(
        children: [
          Container(
            alignment: Alignment.center,
            width: 26, height: 16,
            child: Text(
              "商品",
              style: TextStyle(color: Colors.white, fontSize: 9),
            ),
            //背景
            decoration: BoxDecoration(
              color: Colors.blueGrey[700],
              borderRadius: BorderRadius.only(
                topLeft: Radius.circular(4),
                bottomLeft: Radius.circular(4),
              ),
            ),
          ),
          Container(
            alignment: Alignment.center,
            width: 26,
            height: 16,
            child: Text(
              "精选",
              style: TextStyle(color: Colors.white, fontSize: 9),
            ),
            decoration: BoxDecoration(
              color: Colors.redAccent,
              borderRadius: BorderRadius.only(
                topRight: Radius.circular(4),
                bottomRight: Radius.circular(4),
              ),
            ),
          )
        ],
      ),
    ],
  );
}
```

标题下方的价格通过 Row 来实现左右线性排列，代码如下。

```
///代码清单 13-31 瀑布流子 Item 价格 [HomeStaggeredWidget]中的方法
///lib/src/page/home/home_staggered_list_widget.dart
Row buildPirceRow() {
  return Row(
    children: [
      Text(
        "¥135",
        style: TextStyle(
          fontSize: 16,
          color: Colors.redAccent,
          fontWeight: FontWeight.w500,
        ),
      ),
      SizedBox(
```

```
        width: 14,
      ),
      Text(
        "¥145",
        style: TextStyle(
          //中间删除线 TextDecoration.lineThrough
          //底部下画线 TextDecoration.underline
          //顶部上画线 TextDecoration.overline
          decoration: TextDecoration.lineThrough,
          fontSize: 14,
          color: Colors.grey,
        ),
      )
    ],
  );
}
```

在 NestedScrollView 的 headerSliverBuilder 中，使用到的 BannerWidget 代码如下。

```
///代码清单 13-32 轮播图的实现
///lib/src/common/banner.dart
class BannerWidget extends StatefulWidget {
  final GlobalKey globalKey;

  BannerWidget({this.globalKey}) : super(key: globalKey);

  @override
  _BannerWidgetState createState() => _BannerWidgetState();
}

class _BannerWidgetState extends State<BannerWidget> {
  //轮播图 PageView 使用的控制器
  PageController _pageController;

  //定时器自动轮播
  Timer _timer;

  //本地资源图片
  List<String> imageList = [
    "assets/images/2.0x/banner1.webp",
    "assets/images/2.0x/banner2.webp",
    "assets/images/2.0x/banner3.webp",
    "assets/images/2.0x/banner4.webp",
  ];

  //当前显示的索引
  int currentIndex = 1000;

  @override
  void initState() {
    super.initState();
    //初始化控制器
    // initialPage 为初始化显示的子 Item
    _pageController = new PageController(initialPage: currentIndex);
    ///当前页面绘制完第一帧后回调
    WidgetsBinding.instance.addPostFrameCallback((timeStamp) {
      startTimer();
    });
```

```
  }

  @override
  void dispose() {
    //停止计时
    _timer.cancel();
    super.dispose();

  }

}
```

轮播图的自动轮播功能是基于计时器来实现，开始轮播与停止轮播的方法定义如下。

```
///代码清单 13-33 轮播图 [BannerWidget] 中的方法
///lib/src/common/banner.dart
///停止计时
void stopTimer() {
  if (_timer.isActive) {
    _timer.cancel();
  }
}

//开始倒计时
void startTimer() {
  //间隔两秒时间
  _timer = new Timer.periodic(Duration(milliseconds: 2000), (value) {
    print("定时器");
    currentIndex++;
    //触发轮播切换
    _pageController.animateToPage(currentIndex,
        duration: Duration(milliseconds: 200), curve: Curves.ease);
    //刷新
    setState(() {});
  });
}
```

轮播图通过 PageView 来实现，PageView 也是滑动组件系列，在滑动轮播时，也会向上发出滑动通知，在此结合使用 NotificationListener 来消费通知事件，当手指按下或者手动滑动时，需要停止自动轮播，手指抬起或者是按下平移滑出后，需要再恢复自动轮播，通过 GestureDetector 监听手势功能，代码见 https://github.com/zhaolongs/flutter_book_jixie/blob/v1/flutter_shop/lib/src/common/banner.dart（代码清单 13-34～代码清单 13-37）。

轮播图下方是商品分类版块，通过 GirdView 来构建，代码如下。

13-8 宫格分类部分

```
///代码清单 13-38 滑动的子页面中的宫格分类
///lib/src/page/home/home_item_tabbar_page.dart
Widget buildGridView() {
  return GridView.builder(
    //禁止滑动
    physics: NeverScrollableScrollPhysics(),
    //缓存区域
    cacheExtent: 00,
    //内边距
    padding: EdgeInsets.all(8),
    //条目个数
    itemCount: _classList.length,
```

```
    //子 Item 排列规则
    gridDelegate: SliverGridDelegateWithFixedCrossAxisCount(
      //纵轴间距
      mainAxisSpacing: 10.0,
      //横轴间距
      crossAxisSpacing: 10.0,
      //子组件宽高长度比例
      childAspectRatio: 0.9,
      //每行 5 个
      crossAxisCount: 5,
    ),
    //懒加载构建子条目
    itemBuilder: (BuildContext context, int index) {
      return buildListViewItemWidget(index);
    },
  );
}
```

```
///代码清单 13-39 滑动的子页面中分类子 Item 构建
///lib/src/page/home/home_item_tabbar_page.dart
Widget buildListViewItemWidget(int index) {
  //取出分类数据
  String title = _classList[index];
  return new Container(
   child: Column(
    mainAxisSize: MainAxisSize.min,
    children: [
      Image.asset(
        "assets/images/2.0x/app_icon.png",
        width: 44,
        height: 44,
      ),
      SizedBox(height: 8,),
      Text(
        "$title",
        style: TextStyle(fontSize: 12, color: Color(0xff333333)),
      )
    ],
   ),
  );
}
```

构建分类使用的数据定义在_ classList，在此只将数据模型保存为简单类型的图片 String，读者可更换成网络请求加载的配置的分类模型，灵活应用。

```
List _classList = [
  "小超市",
  "数码电器",
  "服饰",
  "免费水果",
  "小店到家",
  "充值缴费",
  "签到",
  "领卷",
  "领补贴",
  "会员"
];
```

如二维码 13-9 所示效果为常见电商应用中的倒计时秒杀推荐，倒计时功能与商品的展示功能在 GoodsSeckillWidget 组件中定义，代码如下。

```
///代码清单 13-40 首页面 计时分类
///lib/src/page/home/home_good_seckill_widget.dart
class GoodsSeckillWidget extends StatefulWidget {
  @override
  _GoodsSeckillWidgetState createState() => _GoodsSeckillWidgetState();
}

class _GoodsSeckillWidgetState extends State<GoodsSeckillWidget> {

  //计时器
  Timer _timer;

  @override
  void initState() {
    super.initState();
    //间隔 1s 循环执行
    _timer = Timer.periodic(Duration(seconds: 1), (timer) {
      setState(() {});
    });
  }

  @override
  void dispose() {
    //销毁计时器
    _timer.cancel();
    super.dispose();
  }

  @override
  Widget build(BuildContext context) {
    return Container(
      padding: EdgeInsets.all(10),
      height: 200,
      margin: EdgeInsets.all(10),
      //圆角背景
      decoration: BoxDecoration(
          color: Colors.white,
          borderRadius: BorderRadius.all(Radius.circular(10))),
      //竖直方向排列的内容区域
      child: buildColumn(),
    );
  }

}
```

13-9 倒计时秒杀

内容是呈线性排开，所以主要是使用 Column 与 Row 结合构建，代码如下。

```
///代码清单 13-41 首页面 计时分类 [GoodsSeckillWidget]中定义
///lib/src/page/home/home_good_seckill_widget.dart
Column buildColumn() {
  return Column(
    children: [
      Row(
        children: [
          Text(
```

```
            "商品秒杀",
            style: TextStyle(fontSize: 16, fontWeight: FontWeight.w600),
          ),
          SizedBox(
            width: 10,
          ),
          //倒计时
          buildTimeWidget(),
        ],
      ),
      SizedBox(
        height: 10,
    ),
      //水平排开商品
      Row(
        children: [
          SeckillGoodsWidget(),
          SeckillGoodsWidget(),
          SeckillGoodsWidget(),
          SeckillGoodsWidget(),
        ],
      ),
    ],
  );
}
```

计时分类中显示的倒计时一般是通过接口获取截止时间，本小节通过模拟一个截止时间来实现倒计时效果，读者在使用时，需要修改截止时间，以避免出现负时间间隔导致计算出错，使用到日期工具类 DateUtils 将字符串类型的日期转为 DateTime 对象，DateUtils 在本书 11.2.1 小节中定义。

```
///代码清单 13-42 首页面 计时分类 [GoodsSeckillWidget]中定义
///lib/src/page/home/home_good_seckill_widget.dart
Widget buildTimeWidget() {
  //倒计时截止时间
  String endTimeString = "2021-03-06 20:00:00";
  //将 String 类型的日期转为 DateTime
  DateTime endDateTime = DateUtils.getDateTime(endTimeString);
  //获取当前时间
  DateTime now = DateTime.now();
  //计算时间差
  Duration flagDuration = endDateTime.difference(now);

  //距离的 天、小时、分钟、秒 (总数)
  //如 1天、24小时、24×60秒
  int inDays = flagDuration.inDays;
  int inHours = flagDuration.inHours;
  int inMinutes = flagDuration.inMinutes;
  int inSeconds = flagDuration.inSeconds;

  //计算时间间隔 如 01天12小时33分钟45秒
  String twoDigitDyays = twoDigits(inDays.remainder(365) as int);
  String twoDigitHours = twoDigits(inHours.remainder(24) as int);
  String twoDigitMinutes = twoDigits(inMinutes.remainder(60) as int);
  String twoDigitSeconds = twoDigits(inSeconds.remainder(60) as int);

  return Row(
```

```
    mainAxisSize: MainAxisSize.min,
    children: [
      timeCellWiedget("$twoDigitDyays"),
      Text(":"),
      timeCellWiedget("$twoDigitHours"),
      Text(":"),
      timeCellWiedget("$twoDigitMinutes"),
      Text(":"),
      timeCellWiedget("$twoDigitSeconds"),
    ],
  );
}

//转双位输出
String twoDigits(int n) {
  if (n >= 10) return "$n";
  return "0$n";
}
```

在倒计时效果图中，显示数字有圆角背景，代码如下。

```
///代码清单 13-43 分类圆角背景 计时分类 [GoodsSeckillWidget]中定义
///lib/src/page/home/home_good_seckill_widget.dart
Widget timeCellWiedget(String title) {
  return Container(
    width: 18,
    height: 18,
    alignment: Alignment.center,
    //圆角背景
    decoration: BoxDecoration(
        color: Colors.red,
        borderRadius: BorderRadius.all(Radius.circular(4))),
    child: Text(
      "$title",
      style: TextStyle(fontSize: 12, color: Colors.white),
    ),
  );
}
```

活动分类推荐页面整体使用 Row 实现的水平线性排列，代码如下。

```
///代码清单 13-44 首页面 活动分类
///lib/src/page/home/home_good_class_widget.dart
class GoodsClassWidget extends StatefulWidget {
  @override
  _GoodsClassWidgetState createState() => _GoodsClassWidgetState();
}

class _GoodsClassWidgetState extends State<GoodsClassWidget> {
  @override
  Widget build(BuildContext context) {
    return Container(
      padding: EdgeInsets.all(10),
      height: 144,
      child: Row(
        children: [
          classCellWiedget("3C 数码","会员 8 折"),
          classCellWiedget("图书推荐","合并优惠"),
```

13-10 活动分类推荐

```
            classCellWiedget("运动户外","签到惊喜"),
            classCellWiedget("生活服务","刚刚上新"),
          ],
        ),
      );
    }

  }
```

四个分类需要平均分配水平空间，所以使用 Expanded 来适配，Expanded 中的 flex 属性用来设置所占的比例，默认为 1，代码见 https://github.com/zhaolongs/flutter_book_jixie/blob/v1/flutter_shop/lib/src/page/home/home_good_class_widget.dart（代码清单 13-45）。

小结

本章讲解了一个常见电商类应用主页面的基本效果实现，以及一些常见的特效功能，一个电商应用的实现，还是需要有很多细节处理，不同的业务逻辑也有对应的功能逻辑修改和不同的页面展示，仅本书一章的篇幅不可能完整讲解一整套电商应用。本章旨在帮助读者熟练组合使用本书所有章节中所述知识，以及开拓电商应用的开发入口。